# 编委会

中国可持续能源项目
大卫与露茜儿·派克德基金会
威廉与弗洛拉·休利特基金会 资助
能源基金会

# 中国工业节能进展报告2011
## ——"十一五"工业节能成效和经验回顾

# China Industrial Energy Efficiency Report 2011
## ——Achievements and Lessons Learned in the 11th Five-year Plan Period

国宏美亚（北京）工业节能减排技术促进中心 编著

海洋出版社
2012年·北京

## 内 容 简 介

本书以“十一五”中国工业节能工作为主线，多角度、多层次、全景式展示了五年来中国工业节能成就与经验，数据翔实全面、内容简明扼要、语言质朴精炼。全书分为四个部分，第一部分阐述“十一五”中国工业整体运行情况和工业节能突出成就；第二部分以钢铁、石油和化工、建材、有色金属及电力行业为对象，分别回顾五大行业节能进展情况；第三部分总结“十一五”工业领域的节能政策措施、标准和机制，分析其实施效果和存在问题；最后评述“十一五”中国工业节能经验与薄弱环节，提出“十二五”工业节能应对措施和建议。

本书可为节能主管部门的政策制定，工业企业的节能实践，科研机构的学术研究等提供重要参考。

**图书在版编目(CIP)数据**

中国工业节能进展报告 2011：“十一五”工业节能成效和经验回顾/国宏美亚工业节能减排技术促进中心编著. —北京：海洋出版社，2012.2

ISBN 978-7-5027-8186-6

Ⅰ.①中… Ⅱ.①国… Ⅲ.①工业企业—节能—研究报告—中国—2006～2010 Ⅳ.①TK01

中国版本图书馆 CIP 数据核字（2011）第 283053 号

总 策 划：邹华跃
责任编辑：于乃疆 李 勤
责任校对：肖新民
责任印制：赵麟苏
排 版：申 彪

出版发行：海洋出版社

地 址：北京市海淀区大慧寺路 8 号（716 房间）100081
经 销：新华书店
技术支持：（010）62100058

发 行 部：（010）62174379（传真）（010）62132549
（010）68038093（邮购）（010）62100077
网 址：www.oceanpress.com.cn
承 印：北京华正印刷有限公司
版 次：2012 年 2 月第 1 版
2012 年 2 月第 1 次印刷
开 本：787mm×1092mm 1/16
印 张：13.5
字 数：248 千字
印 数：1～2000 册
定 价：58.00 元

# 序

工业节能一直是中国节能工作的重中之重。“十一五”以来，随着加快转变经济发展方式战略目标的提出以及工业化进程的加速，工业节能的内涵和作用不断得到深化，已经从一个单纯的能源问题，上升到与国家经济发展方式密切相关的全局性问题，成为推动中国产业结构优化升级、加快资源节约型、环境友好型社会建设的重要抓手。

作为中国节能战线的一员，深感工业节能涉及面广、形势复杂、任务繁重。在实际工作中，也愈发体会到对工业节能进行系统总结与研究的必要性。特别是“十一五”以来，工业节能呈现出许多新变化和新特点。在“十二五”开局这样一个关键时间节点，需要及时回顾“十一五”工业节能走过的历程，全面总结工业节能工作取得的成绩，深入思考工业节能面临的问题和形势，以积极应对下一步工业节能的挑战。

国宏美亚（北京）工业节能减排技术促进中心（CIEE）经过近一年的努力，完成了《中国工业节能进展报告2011——“十一五”工业节能成效和经验回顾》。作为中国首部关注工业节能的综合性进展报告，它多角度、深层次、全景式展示了“十一五”期间中国工业节能所取得的成效，数据翔实全面、内容简明扼要、语言质朴精炼、图表清晰生动，不仅可以为政府部门推动“十二五”工业节能工作提供决策依据，也可以为有关人员开展工业节能相关研究和实践提供资料参考。

在报告即将出版之际，特别感谢国宏美亚（北京）工业节能减排技术促进中心（CIEE）为报告编写付出的辛勤劳动。希望通过本书的出版，能够使更多的业内同仁参与到工业节能工作中来，积极建言献策，为推动中国工业节能贡献智慧和力量。

**戴彦德**

国家发展和改革委员会能源研究所副所长

2011年12月12日

# 前言

工业是中国能源消耗和污染物排放的主要领域，节能减排重点在工业，难点也在工业。“十一五”期间，全国工业系统围绕国家节能减排目标，狠抓节能降耗，工业节能工作取得显著成绩，全国规模以上工业单位增加值能耗五年累计下降26%，实现节能量6.3亿吨标准煤，为国家节能目标的基本实现做出重要贡献。

“十二五”时期，中国仍处于工业化加速发展的重要阶段，能源资源和环境约束更趋明显，工业转型升级和绿色发展的任务十分繁重，工业节能减排面临的形势将更为严峻。因此，在“十一五”期末和“十二五”开局的关键时刻，需要全面回顾过去五年工业节能总体状况，及时、客观地总结过去五年工业节能成效和经验，为相关部门推动“十二五”工业节能工作，落实“十二五”工业节能目标提供参考。

在能源基金会的支持下，国宏美亚（北京）工业节能减排技术促进中心（CIEE）组织相关机构和专家完成了《中国工业节能进展报告2011——“十一五”工业节能成效和经验回顾》。报告共分四个部分：第一部分介绍“十一五”工业整体运行情况和能耗状况，并从工业能源利用效率、淘汰落后产能、节能技术进步等方面，阐述了“十一五”工业节能成就；第二部分从行业总体发展、行业能耗、节能成效、节能政策措施等角度，分别介绍了钢铁、石油和化工、建材、有色金属及电力五大行业的节能进展情况；第三部分阐述工业领域的节能政策措施、标准和机制，分析节能政策措施的实施效果及存在问题；第四部分总结和评价“十一五”工业节能经验与薄弱环节，提出“十二五”工业节能应对措施和建议。

报告力求全面、客观地反映“十一五”中国工业节能成就、经验和问题，从而为政府部门节能决策、学术团体理论研究、工业企业节能实践等提供参考。同时，作为中国首部关注工业节能的学术报告，我们希望借此展示中国在推动工业节能方面的努力和成就，增进国内外相关机构了解中国工业节能工作并加强交流与合作。

报告编写过程中，得到了许多机构和专家的大力支持和帮助。在此感谢工业和信息化部节能与综合利用司领导的指导与支持，感谢编委会及相关专家，特别是戴彦德先生和白荣春先生对报告的总体指导，感谢中国钢铁工业协会、中国石油和化学工业联合会、中国建筑材料联合会、中国有色金属工业协会和中国电力企业联合会等行业协会的专业把关，还要感谢国家发展和改革委员会能源研究所、中国标准化研究院以及相关机构专家的支持和参与。最后，特别感谢能源基金会中国可持续能源项目的资金支持和专家指导。

由于数据和时间所限，本报告还存在诸多不足。我们将在今后的工作中逐步改进、完善。今后，《中国工业节能进展报告》将会以年度出版物的形式继续与公众见面。在此，我们恳请广大读者对报告提出宝贵意见，从而不断提高报告质量，使之成为有影响力的、为国际和国内同行认可的品牌报告。

**编　者**

**2011年12月20日**

# Content 目录

# 执行摘要

《中华人民共和国国家经济和社会发展第十一个五年规划纲要》提出了“十一五”期间单位GDP能耗降低20%左右的约束性指标，这是中国“十一五”规划提出的重大战略目标，标志着中国节能减排工作迈入新的历史时期。

工业作为中国能源消耗的主要领域，面临着节能减排的重大挑战，也迎来了难得的发展机遇。面对挑战和机遇，中国工业勇于承担责任，完成了一系列使命。一方面，中国工业在“十一五”国民经济增长中，扮演中流砥柱的角色，为中国摆脱金融危机，恢复经济平稳快速增长做出积极贡献；另一方面，工业领域将节能减排作为调整经济结构、转变经济发展方式的重要抓手和突破口，实施了一系列节能减排政策措施，推动工业节能工作取得显著成效，为国家节能目标的基本实现做出重要贡献。

回顾“十一五”工作，总结经验和教训，将为“十二五”工业节能工作打下良好的基础。基于此，本书以“十一五”中国工业节能工作为主线，结合大量数据资料以及对中国“十一五”工业节能成果经验的分析判断，得到以下结论。

**一、“十一五”期间，拉动工业能源消费增长的力量依然强劲，中国工业能耗总量持续走高，年增速出现较大波动。**

“十一五”期末工业能耗比重为73.8%，比2005年提高2.3个百分点，五大行业能耗之和占工业能耗比重为65%，比2005年提高0.8个百分点。受国际金融危机和国家宏观经济政策转变等因素影响，“十一五”期间，工业能耗年增速呈现“U”字形走势，五大行业能耗平均增速呈“V”字形，部分行业能耗出现绝对量的下降，如电力行业能耗在2008年出现拐点，2009年有色金属行业能耗比2008年骤降6%以上。

**二、在巨大的节能压力下，中国工业克服重重困难，推动工业能源利用效率的大幅提高，为国家节能目标的基本实现做出重要贡献。**

“十一五”初期，全国规模以上工业企业工业增加值能耗指标由升转降，工业节能工作开始取得成效，但2006年工业增加值能耗下降率仅为1.98%，说明中国经济增长方式转变并不顺利。此后，随着工业节能政策措施的实施和加强，政策实施效力在“十一五”中后期逐渐显现，2008年全国工业增加值能耗下降率达到8.43%，节能成果逐步扩大。整个“十一五”期间，全国规模以上工业企业工业增加值能耗累计下降26%，工业节能量累计超过6.3亿吨标准煤，确保了国家节能目标的基本实现。

## 三、在技术进步的影响下，中国主要耗能产品单位能耗明显下降，与世界先进水平的差距逐渐缩小。

“十一五”期间，中国工业通过先进技术改造传统工业，加强自主创新和加快重点节能技术推广普及。电力行业中30万千瓦以上机组已经成为中国火电发电的主力型机组；水泥行业中新型干法生产线得到大规模应用，日产5000吨大型水泥生产成套设备工艺达到国际先进水平；干熄焦、蓄热式燃烧、纯低温余热发电、高压变频、新型阴极铝电解槽等一大批高效节能技术在钢铁、水泥、有色金属等行业得到普遍应用，带动工业节能技术整体水平的提高和主要工业产品单位能耗的持续下降。五年来，钢铁、原油加工、乙烯、合成氨、烧碱、纯碱、水泥、电解铝、铜冶炼综合能耗均实现不同程度的下降。中国铜冶炼综合能耗、电解铝综合能耗、燃煤发电厂供电煤耗等指标目前已经达到或者接近国际先进水平。

## 四、作为产业结构调整的重要一环，“十一五”期间中国实施淘汰落后产能政策，十几个行业的淘汰落后产能任务均超额完成。

“十一五”期间国家充分发挥政府主导作用，采取强有力措施，综合运用法律、经济、技术等手段，大力推动落后产能淘汰工作。五年来，炼钢、炼铁、焦炭、铁合金、水泥、小火电行业淘汰落后产能分别为7224万吨、12272万吨、10538万吨、663万吨、37000万吨和7682.5万千瓦，化工、造纸等行业的淘汰落后工作也取得积极进展。“十一五”期间，十几个行业的淘汰落后产能任务均超额完成，淘汰的落后产能约占全部落后产能的50%，有力支持了中国的产业结构调整，带来了可观的节能效益和社会环境效益。

**五、“十一五”期间，重点行业和重点企业作为节能突破口，成为中国节能的主力军。**

数据显示，化学原料及化学制品制造业、非金属矿物制品业、黑色金属冶炼及压延加工业等六大高耗能行业累计实现节能量 4 亿吨标准煤，对全社会节能贡献超过60%。以工业企业为主的“千家企业节能行动”，节能1.5亿吨标准煤，约占中国“十一五”全社会节能量的23%。此外，节能目标责任制考核、产品能耗强制性限额标准监督检查、能源审计、能效对标、合同能源管理、能源管理中心等政策措施，首先在重点行业和重点企业中得到实施，继而逐渐在更多行业和企业中推广，将为“十二五”期间全面提高工业企业节能管理奠定良好的基础。

**六、在政府主导下，“十一五”期间中国工业节能政策措施和机构建设等得到加强。**

“十一五”期间，工业领域围绕国家节能减排目标，加强组织领导和制度建设，落实目标责任和国家节能重大行动。2008年工业和信息化部成立后，全面统筹管理工业节能工作，各地区纷纷成立节能主管部门，部分地区还拥有节能监察队伍和执法权。依照《节约能源法（2008年版）》的要求，工业节能标准的制定提速，截至2010年底，国家发布了27项高耗能产品能耗限额强制性国家标准、44项主要终端用能产品强制性能效标准及多项工业节能监测、经济运行标准。此外，工业系统还实施了加快淘汰落后产能、严控“双高”和产能过剩行业新上项目，加强重点企业节能管理，推进节能新机制，加大节能财政投入等一系列措施，丰富了工业节能工作内容，积累了一定的实施经验。

**七、中国工业节能工作中仍存在一些薄弱环节，需要多方完善。**

各地还需进一步理顺经济发展与节能减排之间的关系，科学地开展节能工作；针对目前节能工作中以行政手段为主，市场手段不足的情况，还需进一步发展节能市场机制，建立节能长效机制；相关部门还需继续完善配套法规、标准与政策，加强政策执行能力；在节能着眼点上，需要从目前受到较多关注的单项节能逐步扩展到系统节能，乃至“源头节能”，以实现全局的节能降耗；此外，还需进一步加强节能机制和信息传播、机构和人才等建设，为工业节能提供强大的能力支撑。

**八、面对“十二五”的严峻形势和艰巨任务，工业节能工作需要继续以提高能效为核心，以转变发展方式为导向，综合运用多种手段，推进工业节能工作的深入。**

“十二五”期间，提高能源利用效率依然是中国工业节能的核心。中国工业领域需要加快产业结构调整的步伐，建立现代工业体系；继续立足于重点行业和重点企业，激发企业内在节能动力，全面提升工业节能管理水平；强化节能技术改造和创新，继续支持技术示范工程的实施和开展；理顺资源能源价格、充分发挥税费调节作用、建立健全企业投融资机制，推动节能市场化进程，逐步建立节能长效机制；加强《节约能源法（2008年版）》配套法规体系建设，加快节能基础性工作和法制化进程，开拓工业节能工作新局面。

# Executive Summary

The binding target of reducing energy consumption per unit of GDP by about 20% was put forward in *The 11th Five-Year Plan for National Economic and Social Development of the People's Republic of China*, which is a significant strategic objective during the "11th Five-Year Plan" period and symbolizes that national energy conservation and emission reduction work proceeds to a new historical period.

As the major field of energy consumption in China, industry is confronted with significant challenge of energy conservation and receives rare development opportunity as well. Under such circumstance, China's industry has shouldered the responsibility and achieved a series of missions. On one hand, it played the role of mainstay and made active contributions to getting rid of financial crisis as well as recovering steady and rapid economic increase for the national economy increase of China during the "11th Five-Year Plan" period; on the other hand, it regarded energy conservation as the important cut-in point for adjusting economic structure and transforming economic development mode, carried out a series of policies and measures, and promoted the notable achievement of industrial energy efficiency improvement, which has made important contributions to basically achieving national energy conservation goal.

The review, experience and lessons of the "11th Five-Year Plan" will lay a solid foundation for the industrial energy conservation work during the period of the "12th Five-Year Plan". On such base the book focuses on the industrial energy conservation work of China during the "11th Five-Year Plan" period, and comes to the following conclusions based on mass data information, and analyzing and estimating the achievement and experience of the past five years' work.

**I. During the "11th Five-Year Plan" period, the power driving the increase of industrial energy consumption was still powerful, the gross of industrial energy consumption continued to increase, and the annual increase turned up more rises and falls.**

At the end of the "11th Five-Year Plan" period, the proportion of industrial energy

consumption was 73.8%, which increased by 2.3 percentage points compared with that of 2005. The sum of energy consumption in five major industries accounted for 65% of industrial energy consumption, which increased by 0.8 percentage point compared with that of 2005. Affected by international financial crisis and the transformation of national macroeconomic policy, during the "11th Five-Year Plan" period, the annual increase ration of industrial energy consumption appeared the trend of "U", the average increase speed of energy consumption of five major industrial sectors appeared the trend of "V", and the magnitude of the energy consumption in some industrial sectors declined. For instance, in 2008, the energy consumption of power sector appeared the inflection point; in 2009, the energy consumption of non-ferrous metal sector plunged 6% and more compared with that of 2008.

## II. Facing the huge pressure of achieving energy efficiency goal, China's industry overcame numerous difficulties, substantially improve industrial energy efficiency, and made important contributions to achieving national energy conservation goal.

At the beginning of the "11th Five-Year Plan" period, the index of energy consumption per industrial added value of industrial enterprises above designated size began to fall, and China industrial energy conservation work began to gain achievements. However, in 2006, the index of energy consumption per industrial added value fell only to 1.98%, which indicated that the transformation of economic growth mode in China was not so easy. Afterwards, with the implementation and strengthening of industrial energy conservation policies and measures, the effect was gradually shown in the medium and later period of "11th Five-Year Plan". In 2008, the decline rate of energy consumption per industrial added value reached 8.43%, and the energy conservation achievements were gradually expanded. During the whole process of the "11th Five-Year Plan" period, the cumulated decline rate of energy consumption per industrial added value reached 26%, the industrial energy conservation sum exceeded 630 Mtce, which guaranteed the basic achievement of the national energy conservation goal.

## III. Affected by technological progress, energy consumption per unit of product was notably declined, which gradually reduced the gap between China's level and the world's advanced level.

During the "11th Five-Year Plan" period, China's industry updated traditional industries by applying advanced technology, strengthening independent innovation and accelerating popularization of key energy conservation technologies. In power sector, set of over 300,000 KW had been the main force of thermal power in China; in cement industry, the new-type dry method production line had been adopted substantially, the complete equipment technology of producing 5,000 tons cement daily had reached the advanced international level; and a great number of high-efficiency energy conservation technologies, such as dry quenching, regenerative burning, pure low temperature waste heat power generation, high voltage frequency conversion, new-type cathode aluminum cell, etc., had been applied to iron and steel, cement, and non-ferrous metal sectors at large to bring about the overall improvement of industrial energy conservation technology level and continual decline of energy consumption per unit of major industrial products. Over the five years, energy consumption per unit of major industrial products, such as iron and steel, crude oil processing, ethylene, synthetic ammonia, sodium hydroxide, calcined soda, cement, electrolytic aluminum, and copper smelt had declined in various degrees. At present, full energy consumption for copper smelt and electrolytic aluminum, as well as net coal consumption rate for fossil-fired power plants had already reached or approached the advanced international level.

## IV. As one of the important links of industrial restructuring, the policy of phasing out backward production capacity were carried out in China during the "11th Five-Year Plan" period, and dozens of major industrial sectors over-fulfilled their tasks.

During the "11th Five-Year Plan" period, the Chinese government fully played the leading role, took powerful measures, and applied means of law, economy and technology to promote the work of phasing out backward capacity. Over the five years, phasing out backward production capacity in the industries of steel-making, iron-making, coke, ferroalloy, cement, small thermal power plants has reached 72.24 million tons, 122.72 million tons, 105.38 million tons, 6.63 million tons, 370 million tons and 76.825 million KW respectively. It also has made positive progress in the industrial sectors of manufacture of chemical and manufacture of paper. During the "11th Five-Year Plan" period, dozens of major industries over-fulfilled their tasks and the backward capacity eliminated accounted for about 50% of the total, which substantially supported the industrial restructuring of China and brought about considerable energy savings and social & environmental benefit.

### V. During the "11th Five-Year Plan" period, as the breach for energy conservation, key energy-intensive industrial sectors and enterprises became the main force of energy conservation.

According to the data, six major key energy-intensive industrial sectors, such as manufacture of raw chemical material and chemical products, manufacture of non-metallic mineral products, and smelting and pressing of ferrous metals, saved a total of 400 Mtce, which contributed over 60% energy savings to the whole country. "Top 1000 Enterprises Energy Conservation Action Program" composed by industrial enterprises saved 150 Mtce, which accounted for about 23% energy savings of China during the "11th Five-Year Plan" period. In addition, the policies and measures, such as the system of responsibility for achieving the goals set for energy conversation, supervision and inspection of energy consumption norms per unit product, energy auditing, energy efficiency benchmarking, energy performance contracting, energy management center, etc., were firstly carried out in key energy-intensive industrial sectors and enterprises, and then gradually popularized in more industries and enterprises, which would lay a solid foundation for comprehensively improving the industrial energy conservation management during the "12th Five-Year Plan" period.

### VI. During the "11th Five-Year Plan" period, the policies, measures and institution construction of industrial energy conservation work of China were strengthened with the lead of government.

During the "11th Five-Year Plan" period, China's industry focused on the national energy conservation goal, strengthened the organizational leadership and institutional construction, implemented targets and responsibility, and carried out many national energy conservation action programs. After the establishment of the Ministry of Industry and Information Technology of the People's Republic of China (MIIT) in 2008, national industrial energy conservation work was planned as a whole, energy conservation management departments were established in various places one after another, and some regions were provided with the supervisory team and legal enforcement power. According to *Law of the People's Republic of China on Energy Conservation (2008)*, the establishment of industrial energy conservation standards was accelerated. Up to the end of 2010, China had released mandatory national standards for the energy consumption norms of 27 products that consume excessive quantities of energy, mandatory energy efficiency standards for 44 major terminal energy-intensive products, various standards for industrial energy conservation monitoring and economic operation. In addition, China's industry carried out series of energy efficiency policies and measures, such as phasing out backward capacity, strictly controlling approval of new projects which consume excessive quantities of energy and discharge more pollution or the project belong to overcapacity, improving the energy conservation management for key enterprises, pushing forward new energy conservation mechanisms, and increasing the financial investment for energy conservation to enrich the contents of industrial energy conservation work and accumulate the certain practical experience.

## VII. At present, there are still some weak links regarding industrial energy conservation work of China which need to be perfected in many ways.

The relationship between economic development and energy conservation shall be further straightened out in various places to carry out energy conservation work in a rational way; at present, China industrial energy conversation work mainly rely on administration means rather than market means, thus it still has lots of work to develop market mechanism and establish long-term mechanisms of industrial energy conservation work; China's government shall continue to perfect the supportive regulations, standards and policies, as well as strengthen their implementation capacity; for the coverage of energy conversation work, we shall gradually expand to the whole energy-using system and even to the source of energy consumption rather than one single part of energy-using unit, so as to achieve our energy efficiency goal overall; in addition, we shall further develop energy conservation mechanisms, dissemination of information, and the institution-building and personnel training to support industrial energy conservation work in the future.

## VIII. Facing the severe situation and arduous tasks during the "12$^{th}$ Five-Year Plan" period, industrial energy conservation work shall continue to focus on improving energy efficiency, be led by transforming development mode, and adopt various methods to carry forward the thorough development of industrial energy conservation work.

During the "12$^{th}$ Five-Year Plan" period, it is still the core for industrial energy conservation work of China to improve energy efficiency. China's industry shall accelerate industrial restructuring, establish a modern industrial system; continue to be based on key energy-intensive industries and enterprises, stimulate spontaneity of enterprises to carry out energy efficiency measures by themselves, and comprehensively improve industrial energy efficiency management; strengthen the transformation and innovation of energy conservation technologies, continue to support the implementation and development of demonstration projects; rationalize the price of resources and energy, give full play to taxes and dues an important role in adjustment of energy-using action, establish and perfect the investment and financing system for enterprises, promote the market-oriented process of energy conservation work, and gradually establish the long-term mechanism; speed-up the development of the supportive laws and regulations of *Law of the People's Republic of China on Energy Conservation (2008)*, and the process of basic work and legalization for energy conversation, to open a new chapter for industrial energy conservation.

# 第一章

# “十一五”中国工业节能进展综述

"十一五"期间，在"保增长、调结构"等国家宏观政策措施的引导下，中国工业成功克服了国际金融危机、多起重大自然灾害等不利因素的影响，保持了平稳快速增长。在工业经济持续发展的同时，国家从技术、结构和管理三方面大力推进工业节能工作。"十一五"工业节能成果卓著，为完成国家节能目标做出了积极贡献。

# 第一节 "十一五"中国工业发展概况

## 一、工业快速发展，引领中国经济增长

### （一）工业经济保持平稳快速增长

"十一五"期间，中国经济总量不断迈上新台阶。2010年，中国国内生产总值（简称GDP）达到40.12万亿元[①]。扣除价格因素，比2005年增长69.9%，年均增长11.2%[②]。

中国工业继续呈现平稳快速增长态势。2010年全部工业完成增加值突破16万亿元，比2005年增加8.3万亿元，按可比价计算增长73.7%，"十一五"期间平均每年增长11.7%，超过中国GDP年均增长率0.5个百分点。

"十一五"期间，受国际金融危机等因素的影响，中国工业经济增长率呈现"V"字形运行轨迹。2006—2007年工业经济快速发展，2007年工业增加值年增长率达到"十一五"期间的最高值——14.9%；2008年，国际金融危机爆发，中国工业发展速度有所下降；2009年工业增加值年增长率首次低于当年GDP增长速度，达到"十一五"的最低点——8.7%；此后，随着全球经济的逐步复苏和国家"保增长"政策效果的逐步显现，中国工业出现企稳回暖态势，2010年工业经济增长速度基本恢复到"十一五"初期水平，如图1-1所示。

"十一五"国民经济发展中，中国工业一直发挥着中流砥柱的作用，即使是在工业受到严重冲击的2008年和2009年，工业增加值贡献率依然占到当年GDP的40%左右，如图1-2所示。工业实力显著增强，为中国在世界经济格局中的地位做出了贡献。2010年，中国GDP超过日本，跃升为世界第二大经济体。毫无疑问，占中国国民经济40%份额的工业，为中国在世界经济中地位的不断提升起到巨大的推动作用[③]。

①《2011年中国统计年鉴》，国家统计局。
② 国家统计局——"十一五"经济社会发展成就系列报告之一：新发展、新跨越、新篇章。http://www.stats.gov.cn/tjfx/ztfx/sywcj/t20110301_402706119.htm。
③ 国家统计局——"十一五"经济社会发展成就系列报告之六：工业经济在保增长调结构中书写精彩答卷。http://www.stats.gov.cn/tjfx/ztfx/sywcj/t20110304_402707882.htm。

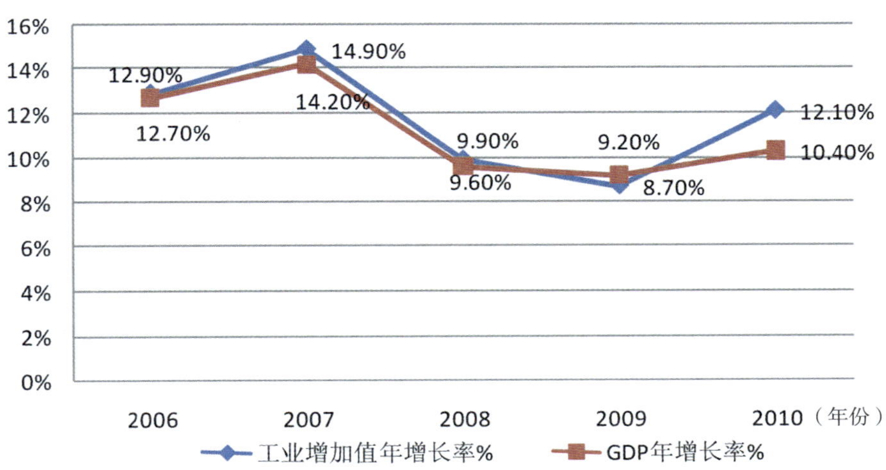


图1-1 “十一五”期间中国工业增加值增长率与GDP增长率

注：1. 2006—2009年数据来自《2010年中国统计年鉴》，根据工业增加值和GDP的2005年不变价进行的折算。

2. 2010年数据来自《2010年国民经济与社会发展统计公报》。

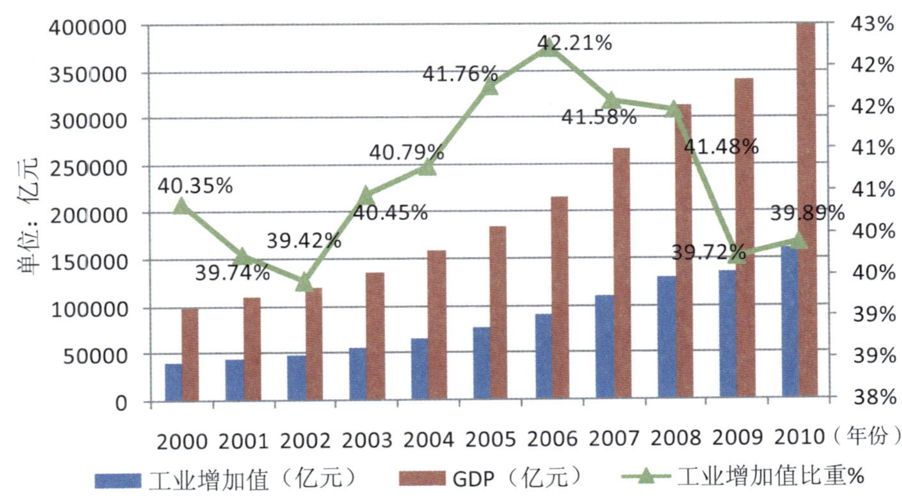


图1-2 2000—2010年中国工业增加值与GDP增长情况

注：2000—2010年数据来自历年《中国统计年鉴》，均为当年价。

## （二）主要工业品产量激增

随着中国基础设施建设和城市化进程的加快，工业产品的需求不断增加，钢铁、有色金属、石化、建材、煤炭等主要工业产品的产量增长迅速。

进入新世纪以来，中国工业原材料如钢铁、有色金属、水泥、烧碱、纯碱、乙烯等产品产量翻了几番，如图1-3所示。其中，2010年钢铁产量增加到80276.58万吨，比2005年增长112.5%，“十一五”年均增速在16.3%；十种有色金属产量增加到3120.98万吨，比2005年增长90.1%，“十一五”年均增速约在14.0%；水泥产量增加到188191.17万吨，比2005年增长76.0%，“十一五”年均增速约在12.0%；烧碱产量增加到2228.4万吨，比2005年增长80.0%，“十一五”年均增速在12.4%；纯碱产量增加到2034.8万吨，比2005年增长43.0%，“十一五”年均增速在7.4%；乙烯产量增加到1421.34万吨，比2005年增长88.1%，“十一五”年均增速在13.5%。

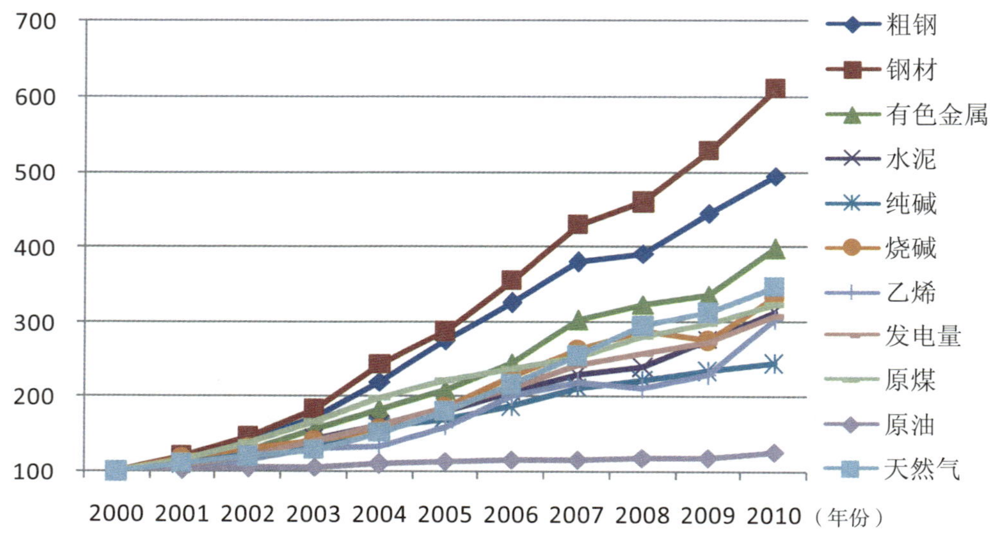


图1-3 2000—2010年中国主要工业品产量增长指数

注：1. 2000—2010年数据来自历年《中国统计年鉴》。
2. 产量增长指数为当年产品产量与2000年产量的比值（取2000年产品产量指数为100）。

工业原材料产品产量的激增也拉动了能源生产。2000—2010年，除原油产量趋于平稳外，其他主要能源产量呈现井喷。2010年全国发电量增加到42072亿千瓦时，比2005年增长69.1%，“十一五”年均增长11.0%；煤炭产量增加到32.35亿吨，比2005年增长37.8%，“十一五”年均增长6.6%；天然气产量增加到948.5亿立方米，比2005年增长92.3%，“十一五”年均增长14.0%。

目前，中国工业产品产量居世界第一位的已有220种，粗钢、煤、水泥产量已连续多年稳居世界第一。2010年，水泥产量已占世界总产量的60%左右，粗钢产量占世界钢产量的44.3%，煤炭产量占世界总产量的45%。

## 二、重工业化趋势放缓，产业结构稳步调整

### （一）重工业比重较高但增速放缓

“十一五”期间，中国重工业仍然在国民经济中占据重要地位，重工业发展速度远高于轻工业。这种重工业化趋势顺应了中国所处经济发展阶段的要求。一方面，中国城市化的快速推进需要大量的基础设施建设，必然推动重工业优先发展；另一方面，中国居民消费正从吃、穿、用类为主向住、行为主的方向升级，尤其是住房、汽车等消费支出日益成为居民消费支出的主要组成部分①。国家统计局的统计数据表明，中国商品房销售面积从2005年的5.58亿平方米增加到2010年的10.43亿平方米，增加了近一倍；汽车销售量从576万辆上升到2010年的1806万辆，增长了3倍以上。

从总体上看，“十一五”重工业增加值占中国工业增加值比重较“十五”有所上升，但比重增幅有所放缓。数据显示，重工业比重增幅从“十五”期间的6.1%下降到“十一五”期间的1.4%，下降了4.7个百分点，如图1–4所示。

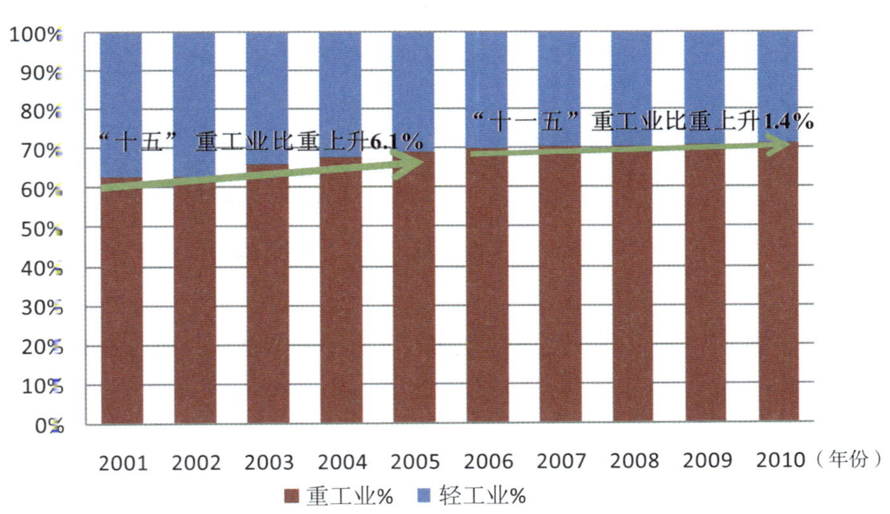


图1–4　2001—2010年中国重工业与轻工业比重

注：1. 2001—2008年数据来自《2008年中国工业节能进展报告》（国宏美亚，2009年9月）。
2. 2009—2010年数据由国家统计局公布的相关数据计算得到。

### （二）产业结构逐步优化

“十一五”期间，中国工业行业实现了不同程度的发展。主要体现在：高耗能行业增长速度减缓，能源工业结构加速优化，装备制造业实力显著提升，高新技术制造业规模不断加大。

① 中国社会科学院工业经济研究所，《2010中国工业发展报告——国际金融危机下的中国工业》，经济管理出版社，2010年8月。

2006—2010年，六大高耗能行业[①]中规模以上企业工业增加值年均增长14.6%[②]，与“十五”期间相比，其发展速度明显减缓。2010年六大高耗能行业工业增加值占全部规模以上工业增加值的30.3%，比2005年降低了2.4个百分点。这一发展变化基本体现了“十一五”期间产业结构优化调整的结果。

与此同时，中国能源工业结构加速优化。一是传统能源工业的改造和升级，如电力行业“上大压小”，煤炭资源加大整合力度，炼油工业结构升级等；二是大力发展清洁能源，如风电、水电、核电等。“十一五”期间，中国风电装机容量连续翻番增长，已跃居世界前列；水电、核电发展步伐明显加快，中国已成为水电装机容量第一大国和在建核电机组最多的国家。

“十一五”期间，装备制造业、高新技术产业等也获得快速发展。2010年，中国装备制造业增加值占规模以上工业增加值的29.6%，比2005年提高0.9个百分点，总量规模已上升到世界第二位；2010年，中国高新技术产业累计完成总产值76156亿元，总产值居世界第一，增加值规模已位居世界第二[③]，高技术制造业为中国未来向高技术产业强国迈进奠定了坚实的基础。此外，新能源、新材料、节能环保、生物医药等战略性新兴产业逐步与传统产业的改造提升结合起来，通过传统产业的提升优化为发展新兴产业奠定基础。

### （三）产业集中度稳步提高

“十一五”期间，国家大力推进企业组织结构调整和兼并重组，支持优势企业并购落后企业和困难企业，鼓励强强联合和上下游一体化经营。企业兼并重组步伐加快，产业集中度明显提高。

从大企业数量上看：2010年，规模以上工业企业户数由2005年的26.6万户增加到45万户以上[④]。

从产业集中度上看：中国前10家钢铁企业的产业集中度由2005年的35.4%提高到2010年的48.6%；2010年前20家水泥企业集团的产业集中度提高到45%；前10家铜冶炼企业、前10家电解铝企业产量占中国同行业产量的比重分别达到76%和64%；大型企业集团平板玻璃产量占总量的73%；中国千万吨级以上煤炭企业集团达到50家，产业集中度达到50%以上；前10家汽车企业产量占总产量的86%；前35家化纤企业年产能占总产能的50%。

---

① 六大高耗能行业是指非金属矿物制造业，化学原料及化学制品制造业，有色金属冶炼及压延加工业，黑色金属冶炼及压延加工业，电力、热力的生产和供应业，石油加工、炼焦及核燃料加工业。
② 该数字是作者根据《2006年中国统计年鉴》和《2007—2010年国民经济与社会发展统计公报》计算得到，仅供参考。
③ http://www.ce.cn/xwzx/kj/201106/06/t20110606_22463204.shtml。
④ 工业和信息化部，《2010年中国工业经济运行报告》。

## 三、创新能力增强，技术水平升级

"十一五"期间，国家坚持以市场为导向、企业为主体，增强自主创新能力为中心环节，增加科研资金投入，实施技改专项，推动中国工业企业技术进步和创新能力提升。

截至2009年底，依托工业企业已建设了127个国家工程中心和636个国家级企业技术中心、5011家省级企业技术中心；规模以上企业研发经费占销售收入比重为0.61%，企业发明专利申请数已占到国内发明专利申请总数的50.7%，由企业完成的重大科技成果占全部国家重大科技成果的37.0%[①]。

一批重大技术装备和关键技术取得重大突破，重大装备自主化和本土化水平不断提高。特高压装变电设备，百万吨级乙烯成套装置，钢铁行业主要工序主体装备等一大批技术装备实现自主制造；大型露天矿及大型施工机械基本实现自主化，宝钢、武钢自主研发的高磁感取向硅钢已基本替代进口；百万千瓦超超临界火电机组的锅炉、汽轮机和发电机设计制造技术，自主化率达到85%以上；日产5000吨大型水泥生产成套设备工艺、电解铝新型异型阴极槽制造工艺、大型高炉的技术经济指标等达到国际领先水平。

## 四、信息化水平提升，管理能力提高

信息化是工业现代化的重要标志，信息技术已经成为经济发展的增长点，在工业研发设计、流程控制、企业管理等领域的应用日渐深化。"十一五"中国进一步利用信息技术改造传统产业，以信息化促进工业化。目前，已有89%的机械企业建立了财务管理系统，超过90%的钢铁企业应用了采购、财务、销售等系统，ERP、SCM、CRM等信息系统在石化、建材、轻工等行业的应用不断深化。

"管理出效益"已经成为政府和企业的共识。2008年，为了进一步加强工业行业管理，整合相关部门职责，国家工业和信息化部（以下简称工信部）组建。工信部成立后，将下辖工业部门分为六大领域，即原材料工业、装备工业、消费品工业、电子信息工业、软件服务业与通信业。工信部及各级政府工业主管部门根据工业类型制定产业发展、资源开发、投资建设、生产运行、进出口调节、节能减排、科技进步、安全生产等方面的管理政策；在企业自身管理方面，随着先进管理理念的逐步渗透和管理手段的不断深入，中国工业企业在安全生产管理、风险管理、质量管理等方面的水平也有了一定程度的提高。

① 工业和信息化部，回顾"十一五"展望"十二五"之：工业、通信业和信息化"十一五"规划落实情况。http://www.miit.gov.cn/n11293472/n11293877/n13434815/13447153.html。

# 第二节 “十一五”中国工业能源消费情况

“十一五”期间，工业能源消费总量增长了30%左右，占中国能源消费总量的比重维持在70%以上。在这种情况下，中国工业势必要积极转变经济增长方式，进行产业结构调整，推广先进节能技术，带动工业能源利用效率不断提高，并助力中国工业以年均7%左右的能耗增长支撑年均11.7%的经济增长。

## 一、工业能耗总量居高不下，但平均增速低于“十五”

“十一五”期间，随着中国经济的平稳快速增长，中国能源消费总量呈现较快增长。在过去的五年间，中国能源消费总量年增增速达到6.6%。2010年中国能源消费总量已经突破32亿吨标准煤，约占世界能源消费总量的20%[①]，成为世界能源第一消费国指日可待。

“十一五”期间，中国工业继续成为推高中国能源消费的主要力量，表现在工业能耗总量不断攀升，工业能耗比重出现翘尾。2010年中国工业能耗约为24亿吨标准煤，比2005年增长四成以上；中国工业能耗年均增速约在7%，高于同期中国能源消费总量的年均增速；中国工业能耗比重在保持了四年的约71.5%后，在2010年突然提高到73.8%，比2005年增长了2.3个百分点，如图1–5所示。

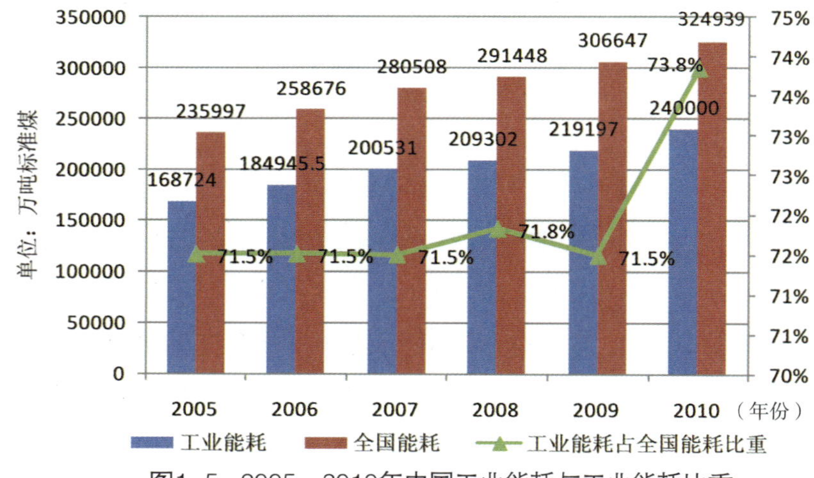


图1–5 2005—2010年中国工业能耗与工业能耗比重

注：1. 2005—2010年中国能耗数据来自《2011年中国统计年鉴》。
2. 2005—2008年工业能耗来自《2009年中国能源统计年鉴》，2009年工业能耗数据来自《2010年中国能源统计年鉴》，2010年工业能耗数据来自工信部。
3. 以上能源数据均按照发电煤耗法计算得到。

① 资料来自国家能源局。

受到国际金融危机等因素对中国工业经济的影响，“十一五”期间，中国工业能耗年增长率呈现“U”字形轨迹。中国工业能耗年增长率从2006年的9.61%一路下降到2008年的4.37%和2009年的 4.73%。此后，随着工业经济企稳回暖，工业能耗增长速度大幅提高，2010年工业能耗年增长率达到9.49%，基本恢复到“十一五”初期的水平，如图1-6所示。“十一五”前四年，中国工业能耗与中国能源消费总量的增长轨迹基本一致。但在2010年，中国工业能耗年增长率出现期末翘尾，比同年中国能源消费总量增长率高出了3.5个百分点，这就解释了2010年中国工业能耗比重激增的原因。

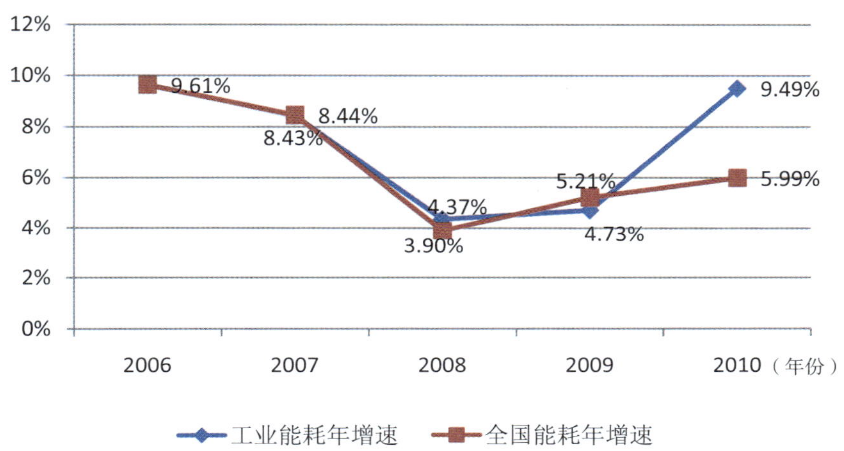


图1-6 “十一五”期间中国能源消费总量和中国工业能耗的年增长率

虽然“十一五”期间中国工业能耗依然居高不下，但与“十五”相比，中国工业在经济发展速度略有上升的同时，能耗年均增速降低了3个百分点（“十五”期间，中国工业增加值年均增长11%，而工业能耗年均增长在10%）。说明中国工业能源利用效率相较“十五”，有了较大幅度的提高。

## 二、高耗能行业能耗比重上升，但增速有所放缓

“十一五”期间，主要高耗能行业如钢铁、石化、建材、有色金属、电力五大行业的能源消费量整体上呈现上升趋势[①]。2009年五大高耗能行业能耗总量为14.8亿吨标准煤，比2005年增长了31.50%，年均增长7.08%，略高于中国工业能耗年增长速度。五大行业能耗比重之和占到中国能源消费总量的一半左右，占到中国工业能耗的65%以上。其中，钢铁、石化两个行业能耗之和接近当年中国工业能耗的一半。

① 石化行业总能耗的40%作为原料被消耗，钢铁行业的主要原料之一是焦炭，有色金属行业部分产品也以能源为原料，但所占比例不大。

从能耗比重变化上看，2009年五大高耗能行业能耗比重之和比2005年有所上升，但升幅不足1个百分点。其中，钢铁行业能耗比重上升超过2个百分点，建材行业能耗比重上升0.5个百分点，有色金属行业能耗比重上升0.4个百分点；而石化和电力行业能耗比重有所下降，其中，石化行业能耗比重下降约2个百分点，如图1-7所示。

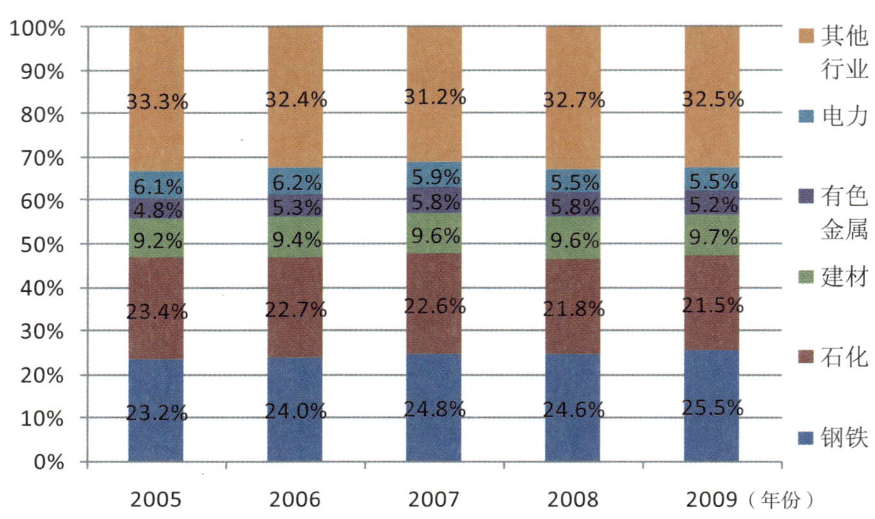


图1-7 2005—2009年中国五大高耗能行业占工业能耗的比重

注：1. 钢铁行业能耗取黑色金属冶炼及压延业加工业能耗值，因其统计口径与中国钢铁协会统计不完全可比，此数据分析仅供参考。
2. 石化行业包括天然气和油气开采业，石油加工、炼焦及核燃料加工业，化学原料及化学制品制造业，化学纤维制造业，橡胶制品业。
3. 建材行业包括非金属矿采选业与非金属矿物制品业。
4. 有色金属行业包括有色金属矿采选业与有色金属冶炼及压延业。
5. 电力行业是指电力、热力的生产与供应业，该数据分析仅供参考。
6. 以上行业数据均为发电煤耗计算法得到的能耗值。

资料来源：
1. 2005—2008年钢铁、电力数据来自《2009年中国能源统计年鉴》，2009年钢铁、电力数据来自《2010年中国能源统计年鉴》；
2. 2005—2009年石化、建材和有色金属能耗数据分别来自中国石油和化学工业联合会、中国建筑材料联合会以及中国有色金属工业协会。

从2005—2009年行业能耗增速变化趋势上看，以2008年为时间节点，五大行业能耗增速呈现明显的"先高后低"趋势。2006—2007年，五大高耗能行业能耗增长速度较快，平均能耗增速在10%以上，有色金属行业能耗的年增速甚至达到20%，远高于同期中国工业能耗年增速；2008年受到国际金融危机等因素的影响，五大高耗能行业平均能耗增速骤降为2.08%，比当年中国工业能耗年增速低了两个百分点，其中，石化行业能耗年增速低于0.5%，电力行业能耗甚至出现负增长；2009年五大行业能耗平均年增速逐步回升到5.09%，再次高于当年中国工业能耗年增速，但有色金属行业能

耗出现负增长，如图1-8所示。

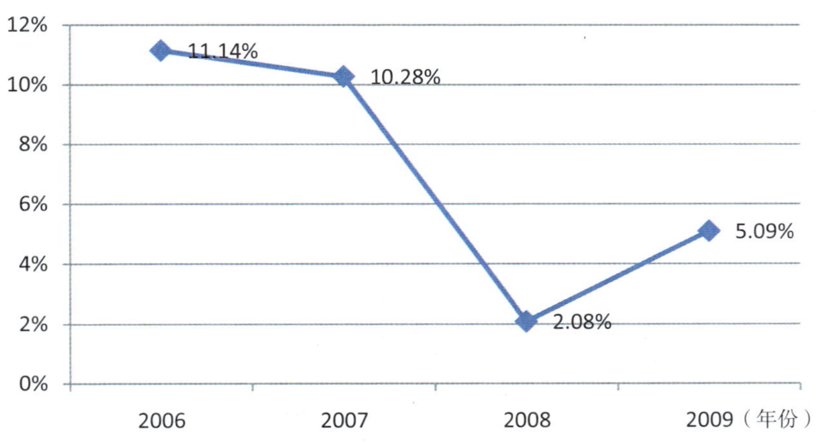


图1-8　2006—2009年中国五大高耗能行业平均年增速

比较各个高耗能行业能耗的年变化，钢铁和有色金属两个行业年均增速较高，达到9%以上；石化和电力行业能耗年均增速相对较低，约在4%。从五大行业能耗增速趋势图上看，钢铁和建材行业能耗呈现一路上涨的趋势；石化行业能耗增长曲线则一直较为平缓；电力行业能耗涨势在2007年逐步放缓，行业能耗也在2008年出现拐点；有色金属行业能耗则呈现大起大落之势，2009年之前，行业能耗增速一直领先于其他行业，但2009年行业能耗却比2008年骤减了6.2%，基本与2007年能耗持平，如图1-9所示。

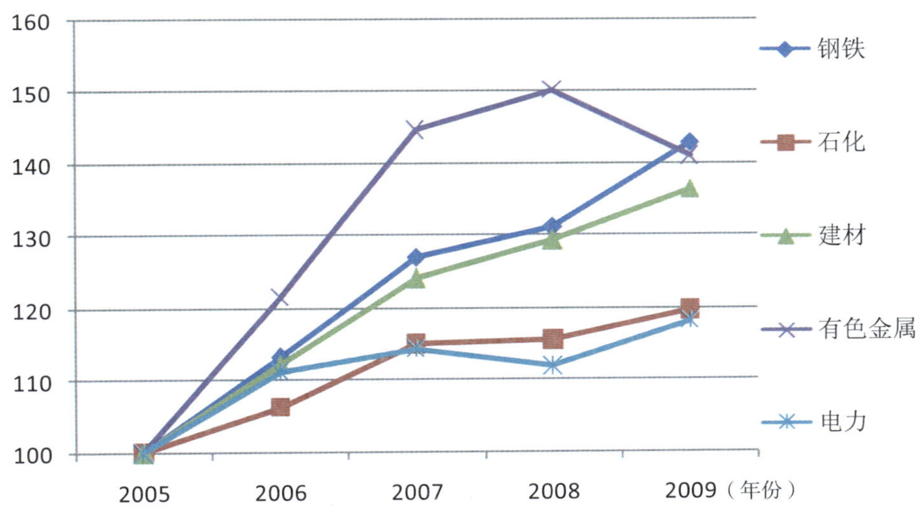


图1-9　2005—2009年五大高耗能行业能耗增长指数

注：2005年的行业能耗指数为100，2006—2009年能耗指数是行业当年能耗与2005年能耗的比值。

## 三、以煤为主的能源消费结构有所优化

“十一五”期间，工业终端能耗依旧以化石燃料为主，如图1-10所示。2009年，煤和焦炭的消费比重占到工业终端能耗的一半以上，原油及其他油品的消费比重为11.95%，电力消费比重在19.74%。

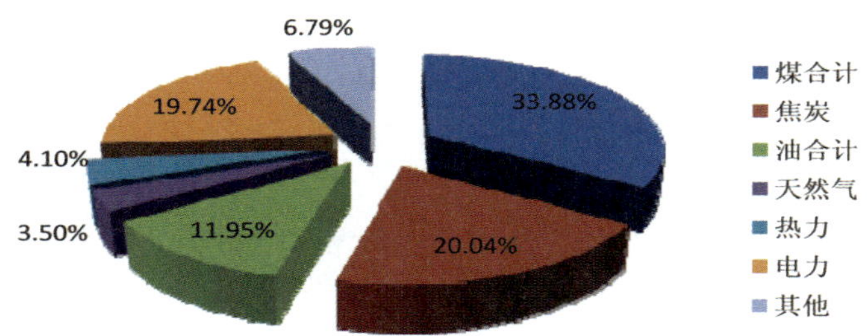


图1-10　2009年中国工业终端能源消费结构

注：1. 为计算方便，取2009年工业终端能耗的电热当量为153098.71万吨标准煤（中国能源平衡表中按电力折算标准煤方法列出两组数据，即发电煤耗法和电热当量法。平衡表中按发电煤耗法计算的终端能耗未扣除能源工业能源和发电损失；按电热当量法计算的终端能耗，扣除了发电损失）。
2. 煤合计包括原煤、洗精煤、型煤、其他洗煤。
3. 油合计包括原油、柴油、汽油等油制品。
4. 以上数据均来自《2010年中国能源统计年鉴》。

与“十五”相比，“十一五”期间工业能源消费结构有了进一步改善。2009年工业终端能耗中煤消费比重和油品消费比重分别比2005年下降了3.8%和1.2%，比2000年下降了6.8%和5.4%，见表1-1。但是，中国工业对电力的依赖性有所增强，2009年中国工业电力消费比重比2005年提高了2.2个百分点，比2000年提高了4.3个百分点。

表1-1　2000—2009年中国工业终端能耗消费结构

| 年份 | 煤合计 | 焦炭 | 油合计 | 天然气 | 热力 | 电力 |
|---|---|---|---|---|---|---|
| 2000 | 40.7% | 14.0% | 17.4% | 3.1% | 5.5% | 15.4% |
| 2001 | 37.9% | 15.2% | 17.2% | 3.3% | 5.7% | 16.6% |
| 2002 | 36.4% | 15.0% | 17.8% | 3.3% | 5.8% | 17.9% |
| 2003 | 38.3% | 15.9% | 16.0% | 3.4% | 5.1% | 17.5% |
| 2004 | 40.8% | 16.0% | 14.9% | 2.9% | 4.5% | 17.2% |
| 2005 | 37.7% | 19.4% | 13.1% | 3.0% | 4.8% | 17.5% |
| 2006 | 35.3% | 20.7% | 12.8% | 3.3% | 4.7% | 18.6% |
| 2007 | 32.9% | 20.2% | 12.6% | 3.6% | 4.6% | 19.8% |
| 2008 | 33.6% | 19.7% | 12.7% | 3.8% | 4.2% | 19.6% |
| 2009 | 33.9% | 20.0% | 12.0% | 3.5% | 4.1% | 19.7% |
| 2009比2000 | –6.8% | 6.0% | –5.4% | 0.4% | –1.4% | 4.3% |
| 2009比2005 | –3.8% | 0.6% | –1.2% | 0.5% | –0.7% | 2.2% |

注：1. 2000—2008年数据来自《2009年中国能源统计年鉴》。
2. 2009年数据来自《2010年中国能源统计年鉴》。

### 四、"十一五"工业能耗特点成因分析

"十一五"中国工业能耗总体特点是：能耗总量持续增加，能源利用效率大幅提高，能耗增速出现较大波动。

工业能耗总量的持续增长，其主导因素是中国工业化、城镇化进程的加速。特别是新千年以来，中国工业化快速发展并呈现新特征，重工业化加速，高耗能行业规模扩张加剧，拉动工业能耗不断攀升。"十一五"末中国工业能源消费总量攀升到24亿吨标准煤，工业能耗比重比2005年提高了2.3个百分点。

"十一五"期间中国工业能耗持续增加，但工业能源效率得到大幅提高，这得益于国家一系列切实有效的节能政策措施。其中，技术进步在工业节能中发挥了基础性作用。"十一五"期间，中国一方面应用先进技术改造传统工业，提高电力、钢铁、石化等传统能源生产部门和终端用能部门的技术水平；另一方面开展技术创新，利用先进技术开发利用新能源，改善能源结构。"十一五"期间，中国工业以年均7%左右的能耗增长支撑年均11.7%的经济增长，扭转了"十五"后期单位国内生产总值能耗大幅上升的趋势。

"十一五"工业能耗的另外一个特征是，能耗增速出现较大波动，造成这种情况的原因是多方面的，其中最重要的原因是受国际金融危机以及随之而来的国家宏观政策影响。2008年下半年开始，中国工业增速显著下滑，规模以上工业增加值增速跌至近10年来的最低。受此影响，中国部分高耗能行业能耗在2008年出现拐点，拉低了整个中国工业能耗增速。为实现国家经济增长"保八"的目标，中国政府宏观政策发生重大转变，即从紧缩性的"双控"（控制经济过快增长和控制通货膨胀），急速转向扩张性的宽松货币政策和宽松财政政策，并做出4万亿元人民币的刺激性投资以及出台十大产业振兴规划等措施来提振经济。在宏观经济政策的刺激下，中国工业增长在2009年触底后企稳，并逐步反弹。而中国工业能耗增速也随之呈现了"U"形反转，中国工业能耗增速在"十一五"期末翘尾，2010年工业能耗增速基本恢复到"十一五"初期水平。

## 第三节 "十一五"中国工业节能取得明显成效

"十一五"规划纲要明确提出：2010年单位GDP能源消耗要比"十五"末降低20%左右。这一节能约束性目标的提出，对于能源消费比重占到70%以上的中国工业

来说，意味着挑战，也意味着巨大的发展机遇。在艰巨的节能任务和自身发展迫切需求面前，中国工业克服重重困难，节能减排取得了巨大成就，为国家节能目标的基本实现做出了重要贡献。

“十一五”期间，中国各地区、各部门认真落实国家的决策部署，把节能作为调整经济结构、转变发展方式的重要抓手和突破口，采取了一系列强有力的政策措施，努力实现“十一五”国家节能目标。据国家发展和改革委员会和国家统计局公布的《“十一五”各地区节能目标完成情况表》显示：2010年中国单位GDP能耗比2005年下降19.1%，基本实现“十一五”国家节能目标①。

中国工业成为实现国家节能目标的主力军。“十一五”期间，规模以上企业的单位工业增加值能耗累计下降26%，比单位GDP能耗累计下降率高出约7个百分点，工业节能量累计超过6.3亿吨标准煤②。

六大高耗能行业实现节能量4亿吨标准煤，对全社会节能贡献超过60%。其中，化学原料及化学制品制造业和非金属矿物制品业五年累计节能均超过1亿吨标准煤；黑色金属冶炼及压延加工业节能7000多万吨标准煤；电力、热力的生产和供应业节能8000多万吨标准煤③。

以工业企业为主的“千家企业节能行动”，节能1.5亿吨标准煤，约占中国“十一五”节能量的23%，超额完成“十一五”节能任务④。

以工业节能技术改造和资源综合利用为主的“十大重点节能工程”，五年累计形成节能能力约3.4亿吨标准煤⑤，超过中国“十一五”节能量的一半。

## 一、工业能源总体利用效率不断提高

“十一五”期间，中国工业能源消费弹性系数和单位工业增加值能耗都呈现整体下降趋势，说明工业能源总体利用效率不断提高。

### （一）工业能源消费弹性系数降低

“十一五”期间，中国工业能源消费弹性系数由2005年的0.916下降到2010年的0.784。从年变化来看，工业能源消费弹性系数从2006年的0.975一路下滑到2008年最

①《“十一五”各地区节能目标完成情况表》（国家发展和改革委员会、国家统计局公告〔2011〕9号）。
② “十一五”工业节能量数据来自工信部。来自国家发展和改革委员会的消息称：“十一五”期间，中国节能量在6.3亿吨标准煤。这里由工业增加值能耗下降计算出的工业节能量与单位GDP下降计算出的中国节能量并不完全可比。
③ 来自国家统计局能源司，网址：http://news.xinhuanet.com/politics/2011-02/03/c_121049217.htm。
④ 来自中华人民共和国中央人民政府网站。标题：“十一五”节能减排回顾——千家企业超额完成任务。网址：http://www.gov.cn/gzdt/2011-03/14/content_1824681.htm。
⑤ 来自中华人民共和国中央人民政府网站。标题：我十大重点节能工程形成3.4亿吨标准煤节能能力。网址：http://www.gov.cn/jrzg/2011-02/23/content_1809161.htm。

低点—— 0.441。此后，随着中国工业增加值增长率于2009年降至谷底，同年工业能源消费弹性系数有所反弹；期末受到工业能耗翘尾因素影响，2010年工业能源消费弹性系数上升至0.784，远高于2007—2009年的工业能源消费弹性系数，这种现象值得警惕，如图1-11所示。

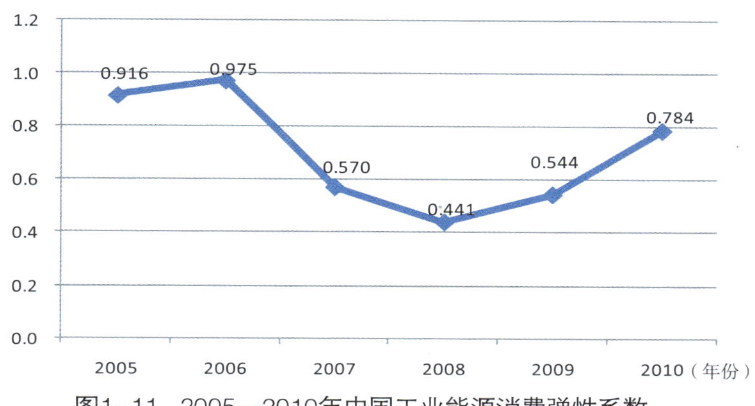


图1-11　2005—2010年中国工业能源消费弹性系数

### （二）工业增加值能耗持续下降

工业增加值能耗是反映工业能源利用效率的重要指标之一。从2005年到2010年，中国工业增加值能耗由2.59tce/万元下降到1.92tce/万元[①]，累计下降幅度达到26%，年均下降5.8 %，高于同期中国单位GDP能耗降幅，见表1-2。

**表1-2　2005—2010年中国单位GDP能耗和工业增加值能耗下降情况**

| 年份 | 单位GDP能耗（tce/万元） | 单位GDP能耗下降率（%） | 工业增加值能耗（tce/万元） | 工业增加值能耗下降率（%） |
|---|---|---|---|---|
| 2005 | 1.276 | — | 2.59 | — |
| 2006 | 1.241 | 2.74 | 2.54* | 1.98 |
| 2007 | 1.179 | 5.04 | 2.40* | 5.46 |
| 2008 | 1.118 | 5.20 | 2.20* | 8.43 |
| 2009 | 1.077 | 3.61 | 2.05* | 6.62 |
| 2010 | 1.033* | 4.01 | 1.92* | 6.61* |
| 累计下降 | — | 19.1 | — | 26 |

注：1. 2006—2010年中国单位GDP能耗值下降率和累计下降率均来自国家发展和改革委员会；2005—2009年中国单位GDP能耗来自国家发展和改革委员会，2010年数据是作者推算，仅供参考。
2. 2006—2010中国工业增加值能耗数值系作者根据相关部门发布数据进行的折算，仅供参考。
3. 2010年工业增加值能耗下降率是作者根据工信部公布的"十一五"中国工业增加值能耗累计下降率进行的折算，仅供参考。
4. 标注*数据供参考。

① 据工信部消息称："十一五"前4年，中国规模以上工业增加值能耗分别下降了1.98%、5.46%、8.43%和6.62%；"十一五"中国工业增加值能耗累计下降26%左右。根据国家统计局、国家发展和改革委员会和国家能源领导小组办公室发布的《2005年各省、自治区、直辖市单位GDP能耗等指标公报》，2005年中国工业增加值能耗为2.59 tce/万元。作者根据工信部公布的单位工业增加值能耗历年下降率和累计下降率，推算出2006—2010年中国工业增加值能耗，结果供参考。

“十一五”期间，中国工业增加值能耗年下降率呈现倒“V”字形。2006年单位工业增加值能耗只比2005年下降了1.98%；此后，国家进一步加大了节能降耗工作力度，2007年单位工业增加值能耗比2006年下降5.46%；2008年随着国家各项节能工作的落实和国际金融危机的影响等，中国工业增加值能耗降幅达到“十一五”期间新高——8.43%；2009年和2010年中国单位工业增加值降幅较2008年出现了一定程度的递减，但仍高于2007年的下降率，如图1–12所示。

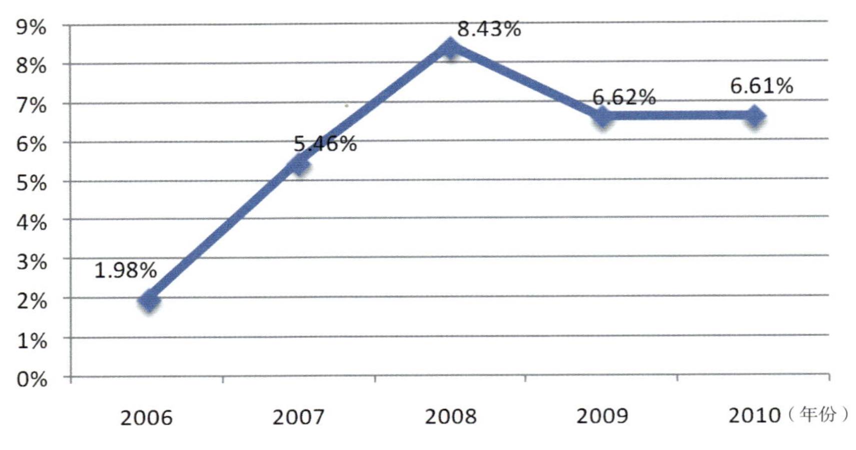


图1–12 “十一五”期间中国工业增加值能耗下降情况

注：1. 2006—2009年工业增加值能耗下降率数据来自工信部。
2. 2010年数据是作者根据工信部公布的“十一五”中国工业增加值能耗累计下降率进行的折算，仅供参考。

从高耗能行业的工业增加值能耗上看，2009年钢铁、石化、建材、有色金属行业的工业增加值能耗分别比2005年下降了23.2%、13.5%、44.9%、24.9%，见表1–3。

表1–3 2005—2009年中国钢铁、石化、建材和有色金属行业工业增加值下降率

| 行业 | 工业增加值能耗（tce/万元） | | 下降率（%） |
|---|---|---|---|
| | 2005年 | 2009年 | |
| 钢铁 | 6.78 | 5.21 | 23.2 |
| 石化 | 3.35 | 2.89* | 13.5 |
| 建材 | 6.50* | 3.58* | 44.9 |
| 有色金属 | 3.72 | 2.79 | 24.9 |

注：1. 2005年、2009年钢铁和有色金属行业工业增加值能耗来自中国钢铁工业协会和中国有色金属工业协会。
2. 石化行业工业增加值能耗下降率、2005年工业增加值能耗数据来自中国石油和化学工业联合会。2009年工业增加值能耗是作者根据行业工业增加值能耗累计下降率和2005年工业增加值能耗折算得来。
3. 建材行业工业增加值能耗累计下降率数据来自中国建筑材料联合会。其中，2005年工业增加值能耗是作者根据行业协会提供的当年行业能耗和工业增加值相比得来，2009年工业增加值能耗是作者根据2005—2009年行业工业增加值能耗累计下降率和2005年数据进行的折算。
4. 标注*数据供参考。

## 二、产品单耗与世界先进水平的差距缩小

"十一五"期间，中国主要耗能产品单位能耗明显下降。2005—2010年，重点统计钢铁企业吨钢综合能耗下降12.88%；石化行业中原油加工、乙烯、合成氨、烧碱、纯碱和电石综合能耗分别下降4.89%、10.65%、6.64%、20.16%、16.21%和9.04%；水泥综合能耗下降32.54%；铝工业中，氧化铝综合能耗下降40.8%，铝锭（电解铝）交流电耗下降4.19%；其他有色金属如铜冶炼、铅冶炼和湿法炼锌综合能耗分别下降45.6%、35.67%和48.95%；电力行业中，6000千瓦及以上火电机组平均供电煤耗下降了10%，发电煤耗下降了9.04%，如图1-13所示。

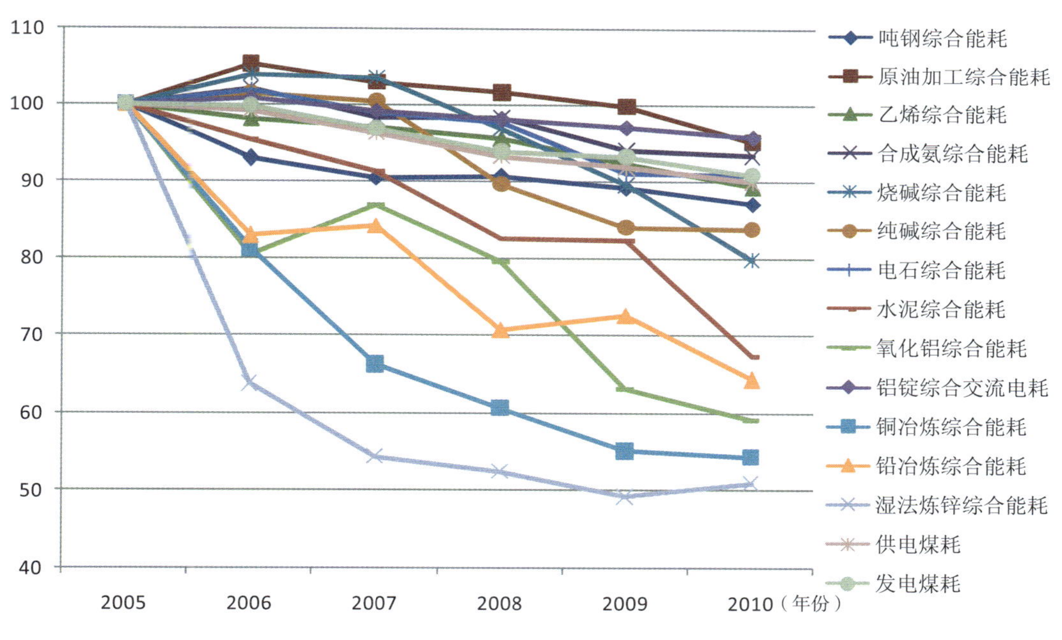


图1-13 2005—2010年主要高耗能产品综合能耗下降指数

注：除2010年水泥行业综合能耗数据来自国家统计局外，其他数据均来自各相关行业协会。

"十一五"期间，钢铁、石化、建材、有色金属、电力等行业主要产品单位能耗普遍下降，与世界先进水平的差距不断缩小，部分产品单位能耗已经达到或接近世界先进水平。

钢铁行业：2008年吨钢可比能耗比日本高出83kgce，但相较2005年两者差距缩小了9kgce，相较2000年缩小了55kgce，见表1-4。

表1-4 2000—2008年中国与日本吨钢可比能耗比较 （单位：kgce/t）

| 国家 | 2000年 | 2005年 | 2008年 |
| --- | --- | --- | --- |
| 中国 | 784 | 732 | 709 |
| 日本 | 646 | 640 | 626 |

注：1. 数据来自《2010年中国能源统计年鉴》附录2-21：主要高耗能产品单位能耗中外比较。
2. 以上数据均为等价值。

石化行业：目前，膜极距离子膜法烧碱单位产品综合能耗已经基本达到世界先进水平；纯碱工业中部分联碱法工厂的单位产品能耗已经与世界先进水平相当；先进的大型乙烯装置综合能耗代表了世界先进水平。

建材行业：水泥综合能耗与世界先进水平相比仍存在差距，但是目前中国一大批4000吨/日以上规模新型干法生产线的能耗指标已经接近世界先进水平，5000吨以上大型水泥生产成套设备工艺已经达到世界先进水平。

有色金属行业：2007年铝锭综合交流电耗指标已经超过国际原铝协会制定的2010年世界原铝节能目标（铝锭综合交流电耗要达到14600千瓦时/吨），2010年中国铝锭综合交流电耗为13964.27kW·h/t，达到世界先进水平。“十一五”期间，铜冶炼综合能耗下降到398.81kgce/t，也达到世界先进水平。此外，2010年铅冶炼综合能耗下降到421.11kgce/t，已经接近世界先进水平。

电力行业：目前，火电机组平均供电煤耗低于美国、澳大利亚，处于世界先进水平；电网线损率也与美国基本相当。

## 三、超额完成淘汰落后产能任务

淘汰落后产能是“十一五”期间工业节能的一项重要内容。2007年国家出台的《节能减排综合性工作方案》中提出了13个行业的淘汰目标和任务，这13个行业无一例外地属于工业范畴。据来自国家统计局和行业协会的数据显示：“十一五”期间累计淘汰炼钢、炼铁、焦炭、铁合金、水泥和造纸落后产能7224万吨、12272万吨、10538万吨、663万吨、37000万吨和1030万吨，见表1-5。在能源生产领域，电力行业“上大压小”，5年间累计关停煤耗高、污染重的小火电机组超过7682.5万千瓦，超额完成“十一五”淘汰任务的53.7%；煤炭资源加大整合力度，累计关闭小煤矿9000处，淘汰落后产能4.5亿吨/年。几十大行业均超额完成淘汰任务，淘汰的落后产能约占全部落后产能的50%。

表1–5 "十一五"期间中国淘汰落后产能完成情况

| 行业 | 淘汰内容 | 单位 | 淘汰目标 | 实际淘汰量 | 目标完成情况 |
|---|---|---|---|---|---|
| 电力 | 实施"上大压小"关停小火电机组 | 万千瓦 | 5000 | 7682.5 | 超额完成53.7% |
| 煤炭 | 关闭小煤矿 | 亿吨 | 2 | 4.5 | 超额完成125% |
| 炼钢 | 年产20万吨及以下的小转炉、小电炉 | 万吨 | 5500 | 7224 | 超额完成31.4% |
| 炼铁 | 300立方米以下高炉 | 万吨 | 10000 | 12272 | 超额完成22.7% |
| 水泥熟料 | 等量替代立窑水泥熟料 | 万吨 | 25000 | 37000 | 超额完成48.0% |
| 平板玻璃 | 淘汰"平拉法"（含格法）落后产能 | 万重量箱 | 3000 | 3800 | 超额完成26.7% |
| 焦炭 | 碳化室高度4.3米以下的小机焦 | 万吨 | 8000 | 10538 | 超额完成31.7% |
| 铁合金 | 6300千伏安以下矿热炉 | 万吨 | 400 | 663 | 超额完成65.8% |
| 电石 | 6300千伏安以下炉型 | 万吨 | 200 | 305.47 | 超额完成52.7% |
| 电解铝 | 小型预焙槽 | 万吨 | 65 | 80 | 超额完成23.1% |
| 造纸 | 年产3.4万吨以下草浆生产装置，年产1.7万吨以下化学制浆生产，排放不达标的年产1万吨以下以废纸为原料的纸厂 | 万吨 | 650 | 1030 | 超额完成58.5% |

注：1. 淘汰目标来自2007年《国务院关于印发节能减排综合性工作方案的通知》（国发〔2007〕15号）和《国务院关于进一步加强淘汰落后产能工作的通知》（国发〔2010〕7号）。
2. 电解铝行业淘汰落后产能数据为行业协会估算值，仅供参考。
3. 煤炭、平板玻璃、焦炭、铁合金、造纸行业淘汰落后产能数据来自国家统计局，其他数据分别来自中国电力企业联合会、中国钢铁工业协会、中国建筑材料联合会、中国石油和化学工业联合会以及中国有色金属工业协会。

中国多个工业行业淘汰落后产能目标的超额完成，对于整个产业结构调整和优化产生积极影响，不仅带来可观的节能量，还形成不可估量的社会和环境效益。

## 四、工业节能技术水平大幅进步

"十一五"期间，国家加大了对工业节能技术研发的支持力度，设立技术改造专项资金，修订《节能技术政策大纲》，发布了节能产品、节能技术目录，开展燃煤工业锅炉（窑炉）改造等十大重点节能工程，推广先进适用的节能技术，并应用百余项节能技术改造传统工业行业。

通过节能技术改造和先进技术推广，中国工业节能技术明显进步，见表1-6。

**表1-6 2000—2010年中国高耗能行业的节能技术进步**

| | 2000年 | 2005年 | 2006年 | 2007年 | 2008年 | 2009年 | 2010年 | 节能效果 |
|---|---|---|---|---|---|---|---|---|
| **钢铁** | | | | | | | | |
| 连铸比（%） | 82.5 | 97.5 | 98.6 | 98.9 | 99.2 | 99 | — | 加工1吨连铸坯可节能70kgce |
| 干熄焦普及率（%） | 6 | 31 | 40 | 45 | 50 | 70 | 73 | 吨焦发电75kW·h |
| **石化** | | | | | | | | |
| 离子膜法烧碱产量比重（%） | | | 30.6 | | 78.0 | 84.3 | | 离子膜法烧碱电耗占成本比重比隔膜法降低18.7%左右 |
| 密闭式电石产能比重（%） | | | 8 | 12 | 20 | 28 | 40 | 密闭式电炉能对电石炉尾气回收、再利用，节能效果显著 |
| **建材** | | | | | | | | |
| 新型干法产量占水泥产量比重（%） | 12 | 40 | 55 | 56 | 61 | 72.25 | 80.7 | 大型新法生产线单位产品能耗比机立窑低20% |
| 水泥散装率（%） | | 37 | | | | 46.3 | | 每万吨水泥散装与袋装相比，节能237tce |
| 浮法工艺产量占平板玻璃产比重（%） | 57 | 79 | 82 | 83 | 83 | 84 | | 浮法玻璃法热耗比普通平板玻璃低18% |
| **电解铝** | | | | | | | | |
| 大型预焙槽占产量比重（%） | 52 | 52 | 82 | 83 | 86 | 94 | 97 | 160kA以上大型预焙槽比自焙槽节电9% |
| **电力** | | | | | | | | |
| 300MW及以上机组占火电装机容量比重（%） | 42.7 | 48.25 | 48.3 | 61 | 66.08 | 69.43 | 72.68 | 100MW及以下机组供电煤耗380～500gce/kW·h，300MW及以上机组290～340gce/kW·h |

注：资料来自中国电力企业联合会、中国钢铁工业协会、中国炼焦行业协会、中国有色金属工业协会、中国建筑材料工业协会与中国化工节能技术协会。

钢铁行业连续铸锭技术迅速普及，早在2008年中国重点统计企业的连铸比已经达到99.2%。"十一五"期间，钢铁行业还大规模推广干熄焦技术、高炉煤气干式除尘TRT（高炉煤气顶压透平）技术和转炉煤气干式除尘技术。干熄焦普及率从2005年的31%上升到2010年的73%；2010年约有655座高炉实施了余热余压TRT节能技改，约有597座高炉配套干式除尘TRT，比2005年增加了550座；2010年中国钢铁行业共有49座转炉干法除尘装备，比2005年增加了41台。

石化行业中，离子膜法烧碱产量比重由2005年的30.6%提高到2009年的84.3%；密闭式电石产能比重由2006年的8%，提高到2010年的40%左右。

在建材行业，新型干法水泥产量占水泥总产量的比重上升到80%左右，比2005年提高了40个百分点，而水泥散装率也从2005年的37%提高到2009年的46.3%。平板玻璃生产中，2009年浮法玻璃工艺比重提高到84%，比2005年提高5个百分点。

有色金属行业，电解铝工业中大型预焙槽生产量占电解铝总产量比重由2005年的52%大幅提高到2010年的97%，为铝工业能源利用水平的提高做出突出贡献。

电力行业中30万千瓦以上机组已经成为中国火电发电的主力型机组。2010年30万千瓦以上机组占火电装机容量比重达到72.68%，比2005年提高了约25个百分点。

工业行业节能技术进步，直接促进了行业主要工业产品单位能耗下降、资源综合利用水平提高，也使得技术进步成为支撑"十一五"中国工业节能的主要力量。

## 五、工业节能管理和机构建设得到加强

为了加大重大能源问题的组织协调和工作力度，"十一五"期间，国家着重建立强有力的节能减排领导协调机制。2007年，中国政府成立了"国家应对气候变化及节能减排工作领导小组"，由温家宝总理任组长，国家副总理及国务委员任副组长，国家各相关部委领导人任小组成员。此后，"国家应对气候变化及节能减排工作领导小组"每年召开小组会议，全面负责节能减排工作。

从2007年开始，在国家印发的政策文件中，逐渐明确中央各部门在各项节能工作任务中的分工。其中，国家发展和改革委员会负责节能减排的综合协调，指导推动节能降耗工作，环境保护部负责减排的协调推动工作，统计局负责能源监测和统计。2008年工信部成立后，开始制定工业领域的节能相关政策，公布工业领域每年节能计划，并组织实施淘汰落后产能、能效对标、企业能源管理能力建设等重大节能行动。

在节能分级管理方面，各地区纷纷成立了节能主管部门，部分地区还拥有了节能监察队伍。目前，全国30多个省份已经成立了省级节能监察中心或节能中心；全国333个地级市中，成立节能监察机构有227家，占68%；全国2858个县级市，成立节能监察机构有347个，占12%。这些节能监察机构中，部分已经拥有执法权，负责本地区单位产品能耗限额标准，国家明令淘汰的用能产品、设备、生产工艺制度，固定资产投资项目节能评估和审查制度等执行情况的监督监察。

## 六、工业节能政策法规与标准进一步完善

早在1997年，中国就颁布了第一部《中华人民共和国节约能源法》（以下简称《节约能源法》）。进入21世纪后，随着国家能源消费形势不断变化，以及国家在节能战略、规划、产业政策和管理措施上不断完善，2007年，中国对该法进行了新一轮的修改，并于2008年4月1日起颁布实施。新《节约能源法》的颁布和实施对于中国“十一五”乃至更长时间内的节能工作具有决定性意义，它明确了节能在中国经济社会建设中的重要地位，涵盖中国节能几乎所有的工作重点，并指出了落实节能的主要措施和手段。此后，中国各个领域的节能工作都围绕着《节约能源法》继续展开。

《节约能源法（2008年版）》直接促使了工业标准体系的完善，也成为中国工业节能政策措施出台和执行的依据。

“十一五”期间，工业节能标准制定提速。截至2010年底，国家发布了27项高耗能产品能耗限额强制性国家标准、44项主要终端用能产品强制性能效标准及多项工业节能监测、经济运行标准。这些标准或直指高耗能行业淘汰落后产能和市场准入条件，或用于指导节能产品认证和推广，或者有利于规范企业节能管理等。

“十一五”期间，几乎每一项重大国家节能政策的出台，都涉及工业。依照《节约能源法（2008年版）》的要求，工业领域紧紧围绕国家节能减排约束性目标，加强组织领导和制度建设，落实目标责任和国家节能重大行动，实施了加快淘汰落后产能，严控“两高”和产能过剩行业新上项目，加强重点用能企业节能管理，推动节能技术改造，推进节能新机制等一系列措施，见表1–7。

**表1–7 “十一五”期间中国工业节能相关政策措施**

| | |
|---|---|
| 产业结构调整 | 加快淘汰落后产能 |
| | 抑制产能过剩、控制高耗能行业过快增长 |
| | 培育和扶持战略性新兴产业发展 |

（续表）

| | |
|---|---|
| 节能管理政策 | 落实节能目标责任制 |
| | 组织实施千家企业节能行动 |
| | 固定资产投资项目节能评估与审查 |
| | 加强央企和中小企业节能监督和指导 |
| | 能源利用状况报告制度 |
| | 设立能源管理岗位 |
| | 开展能耗限额标准执行情况监督 |
| 技术进步措施 | 支持节能技术研发 |
| | 公布节能技术、节能产品推广目录 |
| | 组织实施"十大重点节能工程" |
| | 开展节能技术示范工程 |
| | 以信息化改造传统工业，促进"两化"融合 |
| 激励措施与经济手段 | 利用财政资金支持企业节能技改 |
| | 对经济欠发达地区淘汰落后进行转移支付 |
| | 利用财政资金扶持合同能源管理发展 |
| | 利用财政资金推广节能产品 |
| | 对限制类和淘汰类企业实施差别电价 |
| | 对从事节能环保的企业实施所得税优惠政策 |
| | 调整高耗能产品的进出口退税 |
| | 引导金融机构加强对节能项目的信贷支持 |
| | 以节能产品、设备政府采购的方式，发挥政府带头作用 |

## 七、工业节能市场化水平不断提升

"十一五"期间，中国节能市场有了较大改善，主要表现在节能减排产业逐渐兴起，技术转让表现活跃，以清洁发展机制（CDM）为代表的减排机制逐步催生了国内碳交易市场。

在节能环保产业发展方面，中国节能服务业初具规模，从事合同能源管理的节能服务公司从最初的3家发展到700余家，2010年中国节能服务公司完成总产值超过836.29亿元，从业人员已经达到17.5万人①，分别比2005年提高了16倍和10倍。

"十一五"期间，各地依托生产力促进中心、国家级技术转移示范机构、各地技术交易所或者技术转移中心等技术转让机构，搭建地区技术转让平台，促进先进技术的交易与孵化，加速了先进节能技术的示范、推广与创新。

① 中国节能协会节能服务产业委员会，《"十一五"中国节能服务产业发展报告》，2011年1月13日。

截至2011年，国家发展和改革委员会已经批准了3000多个CDM项目，预计每年减少二氧化碳排放超过5亿吨[①]。CDM的飞速发展推动了中国国内节能和低碳技术市场的进步，也培养了一批专门从事节能减排的技术服务公司。此外，碳交易作为一种新生事物也逐步被国内金融机构所熟知，天津环境交易所、北京环境交易所等机构也开始尝试引入碳交易、节能量交易。

## 八、工业企业的节能意识和能力得到提高

"十一五"期间，中国企业节能意识和能力逐渐提高，节能手段也逐步多样化。节能目标责任制和其他强制性节能手段的实施，为企业节能工作创造外部条件。而国内外对节能产品的需求，也成为中国企业持续节能的内在动力。

"十一五"期间，中国工业企业节能采取"重点推进"策略，国家集中力量开展了千家企业节能行动、"十大重点节能工程"和淘汰落后产能等重大举措。随着重点企业节能工作的展开，影响和带动上下游企业及相关行业节能意识。其中，千家企业节能行动将企业节能工作责任从企业管理层，一步步分解到车间直至普通技术员，从而在整体上增强企业节能意识；以"十大重点节能工程"为代表的节能技术改造，采取财政拨款的方式对企业节能量进行奖励，不仅让企业真正享受到节能实惠，还极大促进了企业节能积极性；淘汰落后产能专项行动手段越来越严厉，组织领导越来越有力，使越来越多的"淘汰落后产能企业"得到关停。

一些节能新机制和新手段也在企业节能意识和能力提高方面发挥作用。2007年出台的国家强制性产品能耗限额标准已经成为行业准入条件和企业生产经营条件，必将带来企业生产领域的一场变革；2009年能源管理体系国家标准的出台将会促使企业建立类似质量管理体系、环境管理体系的能源管理制度，以适应市场需要和竞争需求；"十一五"以来，能效对标、能源审计、节能自愿协议、合同能源管理等节能新机制方兴未艾，不仅能提高企业节能水平，也锻炼了大批节能工作队伍，使企业获得节能的持续动力。

此外，在国家"节能产品惠民工程"、"能效标识"、"节能产品认证"等政策措施的带动下，中国的消费者逐步倾向于选择节能产品。在国际上，随着全球对低碳经济的日益重视和发达国家设置的种种"绿色壁垒"，以出口为导向的中国企业必须降低产品中的"碳含量"，否则将面临巨大的"碳关税"压力。国内和国外因素结合起来，对中国产品生产逐渐形成"倒逼"之势，必将导致中国企业不断重视节能工作，从而生产出越来越多节能、高效的产品，以保持自身市场地位。

① 中国清洁发展机制网。http://cdm.ccchina.gov.cn/web/item_data.asp?ColumnId=63。

# 第二章

# "十一五"中国行业节能进展

# 第一节 钢铁行业

钢铁行业是中国重要的原材料行业之一，对于国民经济发展、拉动就业和消费具有重要作用。中国已经成为世界钢铁大国，钢铁产量连续15年位居世界第一。但是，中国还不是世界钢铁强国，产能过剩、技术水平较低等问题一直影响着中国钢铁行业的健康发展。"十一五"期间，钢铁行业以节能减排为重要抓手，加快产业结构调整、促进发展方式转变。随着产业结构的不断优化、技术水平的逐步提升，钢铁行业节能成就突出，有力地保证了国家"十一五"节能减排目标的实现。

## 一、行业发展概况

### （一）粗钢产量持续增长，产能利用率提高

"十一五"期间，中国粗钢产量持续增长。2010年粗钢产量为6.37亿吨，约为2005年产量的1.8倍，年平均增速约为12.5%。

从产量增长速度上看，"十一五"粗钢产量年均增速大幅低于"十五"平均水平。据初步测算，整个"十一五"期间粗钢产量年均增幅约比"十五"期间降低了11个百分点。特别是在2008年，中国粗钢产量增速下滑到2.86%，创下了2000年以来的历史最低点，如图2-1所示。

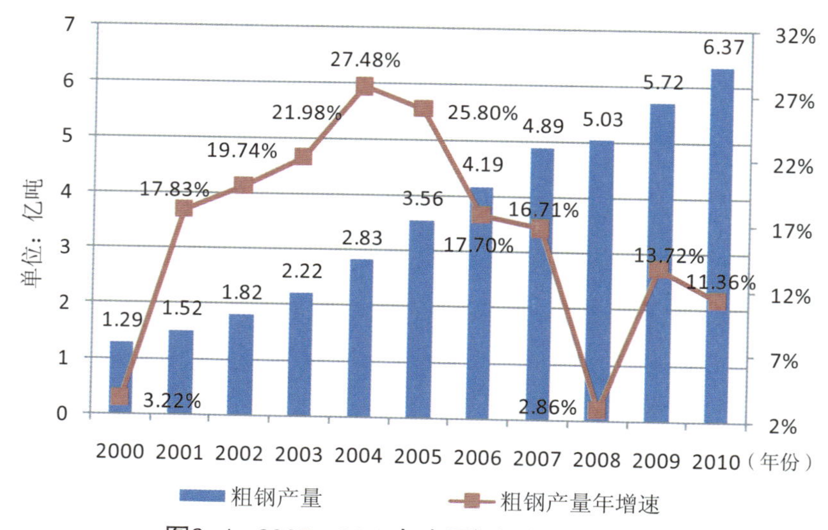


图2-1 2000—2010年中国粗钢产量与年增速

注：数据来自国家统计局。

从产能利用率上看，2010年粗钢产能利用率约为82%，比2005年提高了约6个百分点。这显示出“十一五”期间，中国钢铁行业在提高产能利用率方面取得了一定成绩。

### （二）钢铁产品结构优化，但市场逐步供过于求

“十一五’期间，中国钢铁行业大力开发和生产国内相对短缺的钢材品种，钢材品种和质量不断提升，大量取代了进口钢材。随着产品质量的提升和产品结构的不断优化，国产钢材市场占有率不断提高，2009年中国国产钢材市场占有率达97%，比2005年提高了5.2个百分点。

自2006年起，中国国内钢铁由供不应求转变为供过于求，产销量不匹配的矛盾逐步显现。2006到2008年，钢铁产量与实际需求量的差距由0.19亿吨扩大到0.65亿吨（国际金融危机是2008年钢铁销量萎缩的主要原因之一），约1/4的钢铁及制成品依赖国际市场。2009年随着市场的回暖，国内钢铁产销量的差距缩小到0.04亿吨，如图2-2所示。

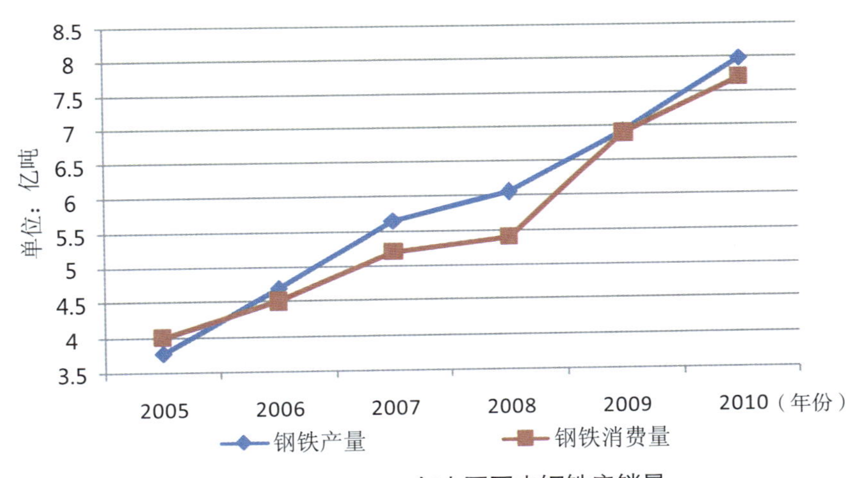


图2-2　2005—2010年中国国内钢铁产销量

注：数据来自国家统计局。

### （三）行业技术水平提高，自主创新能力加强

“十一五”期间，中国钢铁行业技术水平和创新能力显著提高。

截至2010年底，中国1000立方米以上高炉约有260座，占中国炼铁产能的52%，比2005年提高了约20个百分点；100吨以上转炉200座，50吨以上电炉80多座，占中国炼钢总产能的51%。从技术水平上看，中国大型高炉的技术经济指标已经达到甚至超过世界先进水平，100吨以上转炉和50吨以上超高功率电炉基本达到国外同类装备的先进水平。

在自主创新方面，中国钢铁行业各主要工序的主体装备基本实现国产化。其中，中小型冶金装备全部实现国产化，大型冶金装备国产化率达到90%以上；高效低成本

冶炼技术、新一代控轧控冷技术等关键工艺技术的推广使用，提高了钢铁行业的生产效率，促进了节能和资源综合利用；真空精炼装备技术、冷轧机组等装备技术的国产化，标志着中国钢铁行业已具备主要工序核心装备、关键工艺的自主集成能力和世界一流水平的千万吨级钢铁的自主建造能力。

### （四）企业兼并重组步伐加快，产业集中度提高

“十一五”期间，中国钢铁企业联合重组取得了突破性进展，一批具有代表性的钢铁企业不断形成。宝钢集团、鞍钢集团、首钢集团加速重组，以河北钢铁集团、山东钢铁集团、湖南华菱钢铁集团、东北特钢集团为代表的区域内钢铁企业逐步形成。

钢铁企业联合重组步伐加快，提高了产业集中度，扩大了千万吨级钢铁企业对行业发展的影响力。2010年中国排名前十的钢铁企业粗钢产量占中国粗钢产量比重达到48.6%，比2005年提高13.9%；2010年千万级钢铁集团粗钢产量占中国粗钢产量比重的54.3%，比2005年增加近25个百分点。

### （五）行业发展较快，但速度低于“十五”

据国家统计局统计数据显示，“十一五”期间，黑色金属冶炼与压延业①的工业增加值由2005年的5776.9亿元增长到2010年的10773.3亿元，年均增速在13%左右（均为2005年不变价），略高于同期中国工业经济发展速度，见表2-1。

**表2-1　中国黑色金属冶炼与压延业工业增加值**

| | 2005年 | 2006年 | 2007年 | 2008年 | 2009年 | 2010年 |
|---|---|---|---|---|---|---|
| 工业增加值（亿元） | 5776.9 | 6687.1* | 8118.2* | 8783.9* | 9653.5* | 10773.3* |
| 年增加率（%） | — | 15.8* | 21.4 | 8.2 | 9.9 | 11.6 |

注：1. 以上数据均为2005年不变价。
2. 2005年工业增加值数据来自《2006年中国统计年鉴》。
3. 2006年工业增加值数据来自《2007年中国统计年鉴》，原数据为当年价，作者折算成2005年不变价，并以此得到2006年工业增加值同比增长率，结果供参考。
4. 2007—2010年工业增加值同比增长率数据来自历年《国民经济与社会发展统计公报》，2007—2010年工业增加值数据为折算得到，供参考。
5. 标注*数据为作者折算，供参考。

从增长速度变化上看，黑色金属冶炼与压延业工业增加值年增速呈“先增后减”。2007年行业工业增加值年增速达到“十一五”最高点——21.4%；此后在国际金融危机等因素的影响下，行业工业增加值年增速在2008年跌入低谷——8.2%；2009年和2010年，则形成期末翘尾之势。

① 规模以上黑色金属冶炼及压延加工业包括钢铁生产企业和铁合金，不包括炭素、金属制品、耐火和采矿。国家统计局的统计口径与中国钢铁协会统计口径不完全可比。

## 二、行业能耗状况

钢铁行业一直是中国的耗能大户。“十一五”期间，钢铁行业能耗占中国能源消费总量比重保持在16%左右，占中国工业能耗比重24%左右，是中国原材料工业中能耗比重最高的行业。

2006—2009年，黑色金属冶炼与压延加工业能耗由44354.5万吨标准煤增长到55989.05万吨标准煤，年平均增速为9%，低于同期行业工业增加值年均增长率约4个百分点，如图2-3所示。

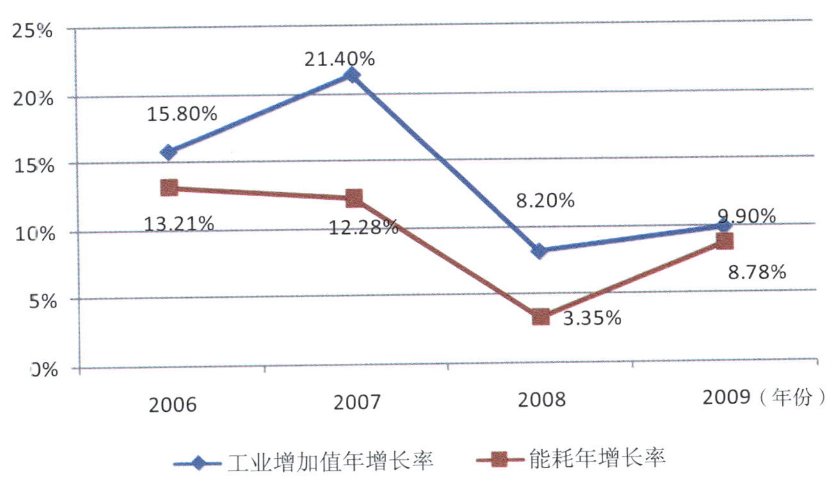


图2-3 2006—2009年中国黑色金属冶炼与压延业工业增加值增长率与能耗增长率

注：1. 2006—2008年能源数据来自《2009年中国能源统计年鉴》。
2. 2009年能源数据来自《2010年中国能源统计年鉴》。
3. 2006年工业增加值年增长率是作者折算得到，2007—2009年数据来自《国民经济与社会发展统计公报》，原数据为同比增长率，均为不变价。

## 三、行业节能主要成效

### （一）行业能源利用效率逐步提高

钢铁行业能源利用效率可以用以下三个指标来衡量：一是单位产品能耗；二是单位工业增加值能耗；三是主要工序能耗。“十一五”期间，钢铁行业主要能耗指标都呈现下降趋势，反映了钢铁行业在节能减排方面的巨大成就。

从单位产品能耗来看，2010年重点统计企业的吨钢综合能耗达到604.6kgce/t（当量值，下同），如图2-4所示，比2005年下降了约90kgce/t，下降率达到12.88%，实现节能量约4800万吨标准煤[①]；2010年重点统计企业吨钢可比能耗达到581.14kgce/t，比2006年下降了42kgce/t，如图2-5所示。

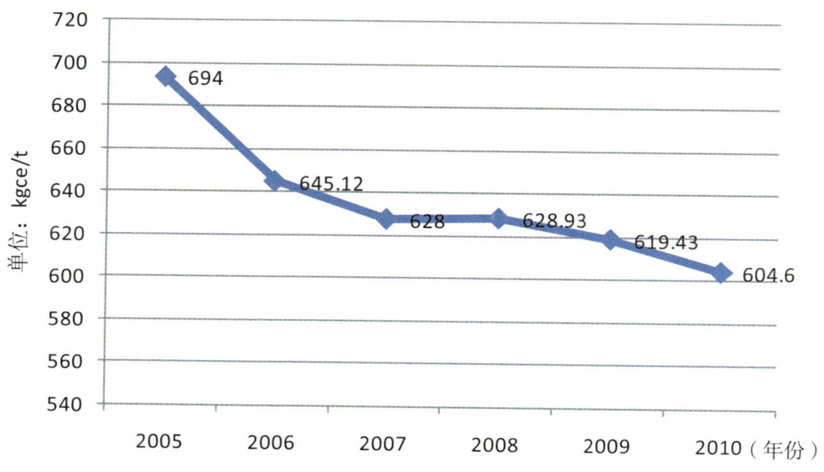


图2-4 "十一五"期间中国重点统计企业吨钢综合能耗

注：数据来自中国钢铁工业协会。

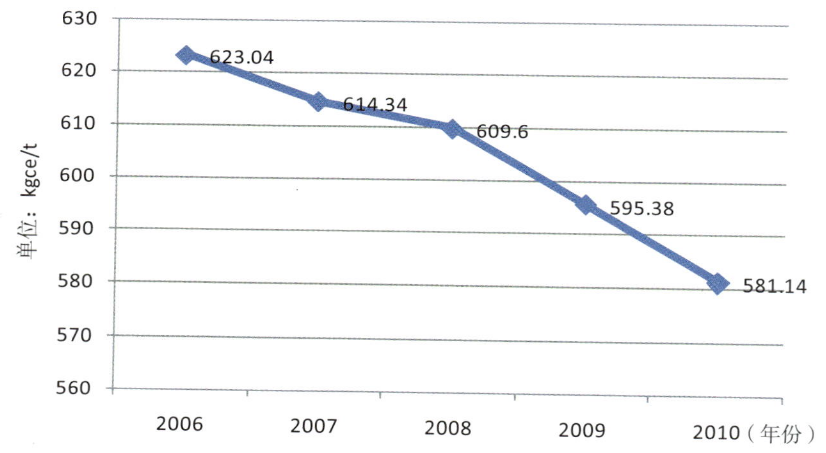


图2-5 2006—2010年中国重点统计企业吨钢可比能耗

注：数据来自中国钢铁工业协会。

从单位工业增加值能耗上看，2009年黑色金属冶炼与压延业单位工业增加值能耗为5.21吨标准煤/万元，比2005年下降了1.57吨标准煤/万元。2009年钢铁行业单位工业增加值能耗比2005年下降了23.2%左右[②]。

钢铁行业单位产品能耗和单位工业增加值能耗的下降，是钢铁生产中各工序能效提高共同作用的结果。中国钢铁行业的主要工序包括焦化、烧结、球团、炼

①② 数据来自中国钢铁工业协会。

铁、转炉、电炉和轧钢。其中，炼铁工序能耗占到总能耗的60%左右，是所有工序中最耗能的。2010年，重点统计钢铁企业的焦化、烧结、炼铁、转炉、电炉工序能耗分别为105.89kgce/t、52.65kgce/t、407.76kgce/t、4.68kgce/t、73.98kgce/t，分别比2005年下降了24.17%、12.44%、8.51%、74.91%和23.68%，见表2-2。调研表明，中国重点统计钢铁企业平均工序能耗基本达到产品能耗强制性限额标准中限定值的要求[①]。

**表2-2　中国重点能源统计钢铁企业工序能源消耗**　（单位：kgce/t）

| 年份 | 焦化 | 烧结 | 炼铁 | 转炉 | 电炉 |
|---|---|---|---|---|---|
| 2005 | 139.64 | 60.13 | 445.71 | 18.65 | 96.93 |
| 2010 | 105.89 | 52.65 | 407.76 | 4.68 | 73.98 |
| 2010比2005（+/-） | -24.17% | -12.44% | -8.51% | -74.91% | -23.68% |

注：资料来自中国钢铁工业协会。

### （二）淘汰落后产能取得显著成就

“十一五”期间，钢铁行业淘汰落后产能主要集中在淘汰落后装备和生产工艺上。2007年《节能减排综合性工作方案》中要求淘汰300立方米以下高炉和年产20万吨及以下的小转炉、小电炉。该方案还提出了“十一五”期间钢铁行业淘汰落后产能目标，即淘汰炼铁生产能力10000万吨，淘汰炼钢生产能力5500万吨。

实际上，“十一五”期间钢铁行业共淘汰炼铁12272万吨，炼钢7224万吨，均超额完成目标，见表2-3。

**表2-3　“十一五”期间中国钢铁行业淘汰落后产能的实际完成量**

| 行业 | 淘汰措施 | 单位 | 2006年 | 2007年 | 2008年 | 2009年 | 2010年 | 合计 |
|---|---|---|---|---|---|---|---|---|
| 炼铁 | 300立方米以下高炉 | 万吨 | 400 | 4659 | 1000 | 2113 | 4010 | 12272 |
| 炼钢 | 20吨及以下转炉和电炉 | 万吨 | 0 | 3747 | 600 | 1691 | 1186 | 7224 |

注：资料来自中国钢铁工业协会。

钢铁行业淘汰落后产能的完成，使行业中落后装备比重逐步缩小。2008年，300立方米以下的高炉产能占总产能的比重由2005年的26.5%下降到7.6%；20立方米以下的转炉产能由2005年的10.64%下降到2%左右。在这种情况下，钢铁行业开始提高淘汰标准。2010年在《国务院关于进一步加强淘汰落后产能工作的通知》中，要求在2011年之前，淘汰400立方米以下炼铁高炉，淘汰30吨及以下炼钢转炉、电炉。

① 数据来自中国钢铁工业协会。

## （三）节能技术水平明显提高

"十一五"期间，钢铁行业增加节能投入，推广先进工艺，开展节能技术改造，特别是实施推广了以干熄焦技术、高炉煤气干式除尘、转炉煤气干式除尘为代表的节能措施，促进行业节能技术水平不断提高，见表2-4。

**表2-4　中国钢铁工业先进技术或工艺的普及率**

| 主要工序 | 先进技术或工艺 | 描述 | 普及率2010年 | 资源综合利用率、二次能源利用率2010年 |
|---|---|---|---|---|
| 焦化 | 干熄焦技术 | 吨焦发电75千瓦时 | 投产104套<br>普及率73% | 焦炉煤气98.15% |
| 烧结 | 烧结机余热发电技术 | 吨铁烧结矿发电12千瓦时 | | |
| 炼铁 | 高炉TRT技术 | 吨铁发电40千瓦时 | 655座 | 高炉煤气 95.30% |
| | 煤气干法除尘技术 | 吨铁节电19千瓦时 | 597座 | |
| | CCPC技术 | 每立方米高炉煤气发电1千瓦时 | 建成15套（2008年） | 高炉余渣97.4%（2009年） |
| 转炉 | 连铸铸锭工艺 | 生产1吨连铸坯节能70千克标准煤 | 连铸比99.2%（2008年） | 转炉煤气回收量 81立方米/吨钢<br>转炉余渣93.1%（2009年） |
| | 转炉煤气干法除尘 | 节能3.7千瓦时/吨钢 | 49台 | |
| 轧钢 | 蓄热式燃烧技术 | 热回收率>80%<br>节能>30% | 400多台（2008年） | |

注：1. 以上先进技术普及率、资源综合利用率以及二次能源利用率均为钢铁行业重点统计企业数据。
2. 连铸比是连铸合格坯产量占钢总产量的百分比。
3. 资料来自中国钢铁工业协会。

（1）干熄焦技术：截至2010年，中国投产运行的干熄焦装置达104套，比2005年增加了84套，约合10117万吨/年干熄焦能力，占到中国炼焦总产能的22.5%左右。2010年重点统计钢铁企业干熄焦技术普及率约为73%，比2005年提高了42%。目前，中国干熄焦套数和干熄焦能力均居世界第一，世界上最大的260吨/时干熄焦装置已在中国投产运行。

（2）烧结机余热发电技术：据测算，吨铁烧结矿发电12千瓦时。"十一五"期间，烧结机余热发电技术得到一定程度的推广。

（3）高炉煤气干式除尘TRT：2010年，中国已经有655座高炉实施了余压余热TRT（高炉煤气顶压透平）节能技术改造，约有597座高炉配套干式除尘TRT，比2005年增加了550座。TRT数量与干式TRT数量及能力，均居世界第一。

（4）CCPC（低热值煤气联合循环发电装置）：2008年中国已经建成CCPC约15套，年回收煤气4500亿立方米，发电150亿千瓦时。

（5）连续铸锭工艺：据测算，生产1吨连铸坯，可节能70千克标准煤。2008年中国国内重点钢铁企业连铸比为99.2%，约比2005年提高1.5个百分点。

（6）转炉煤气干法除尘：2010年，中国钢铁行业共有49台转炉干法除尘装备，比2005年增加了41台，每年可节电1.65亿千瓦时。

（7）蓄热式燃烧技术：加热炉采用蓄热式燃烧技术可以节能30%～50%，同时还可以使企业内已富余的低热值高炉煤气得到充分利用，使加热炉的热效率提高到70%以上。截至2008年底，中国钢铁行业已有蓄热式加热炉400多台。

钢铁行业中先进技术的推广应用，除了提高行业能源利用效率之外，还大幅度提高了资源综合利用率和二次能源利用率。

近年来，钢铁行业中以高炉渣、转炉渣为代表的固体废弃物综合利用水平显著提高。2009年重点统计钢铁企业高炉渣利用率达到97.4%，比2005年提高5.6个百分点；转炉钢渣利用率达到93.1%，比2005年提高2.7个百分点。

此外，随着TRT、干熄焦技术的推广应用，钢铁生产中副产煤气如转炉煤气、高炉煤气和焦炉煤气的利用率和利用量都有较大幅度的提高。2010年，重点统计企业的转炉煤气回收量达到81立方米/吨钢，比2005年提高70.5%；高炉煤气利用率达到95.30%，比2005年提高4.56个百分点；焦炉煤气利用率达到98.15%，比2005年提高2.67个百分点。

### （四）钢铁企业在“千家企业节能行动”中发挥突出作用

钢铁行业是“千家企业节能行动”中能耗比重最高的行业，也是节能量最大的行业。根据《2009年千家企业节能目标责任考核结果的公告》，2009年参与考核的218家钢铁企业，累计实现节能量4812.30万吨标准煤，约占同期千家企业节能量的36%，是“千家企业节能行动”中节能效果最为显著的行业，如图2-6所示。

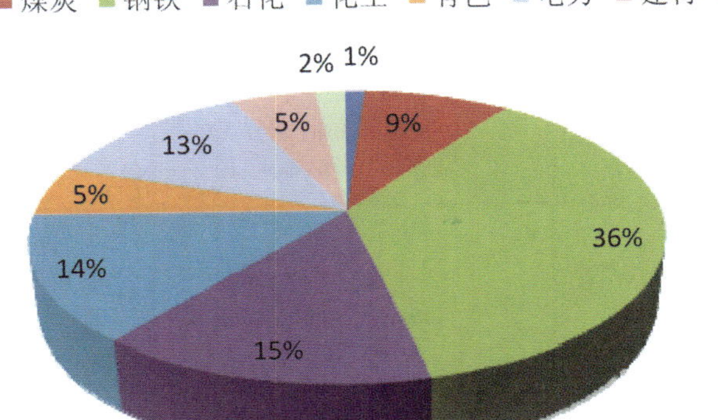


图2-6 2006—2009年中国“千家企业节能行动”分行业节能量比重

注：数据来自国家发展和改革委员会《2009年千家企业节能目标责任考核结果的公告》（2010年第10号）。

## 四、行业主要节能政策措施

钢铁行业一直是中国节能工作的重点领域。"十一五"期间，钢铁行业将总量调控与淘汰落后产能、抑制产能过剩等措施结合起来，开展节能技术改造，应用节能新机制，推动行业节能减排取得显著进步。

### （一）调控钢铁总量

为促使钢铁行业由规模扩张粗放式发展转向质量效益型发展，"十一五"期间，国家积极对钢铁行业进行"总量调控"。

2005年，在《钢铁产业发展政策》中，国家要求钢铁行业在一定条件下，"实现总量适度发展"；2006年，国家在《关于钢铁工业控制总量淘汰落后加快结构调整的通知》中，明确提出要"严格控制钢铁工业新增产能"；2008年，在《钢铁产业调整和振兴规划》中，国家逐步严格钢铁行业项目审批，"原则上不再核准和支持单纯新建、扩建产能的钢铁项目"；2010年，在《国务院办公厅关于进一步加大节能减排力度加快钢铁工业结构调整的若干意见》中，提出"将抑制钢铁产能过快增长作为落实节能减排工作的重中之重"，并明确在"2011年底之前不再核准、备案任何扩大产能的钢铁项目"，见表2-5。

**表2-5　中国钢铁行业"总量调控"政策演变**

| 政策名称 | 发布时间（年） | 主要内容 |
| --- | --- | --- |
| 钢铁产业发展政策 | 2005 | 从2005年开始的十年内，钢铁工业在水资源总量减少和能源消耗增加不多的前提下，实现总量适度发展 |
| 关于钢铁工业控制总量淘汰落后加快结构调整的通知 | 2006 | 严格控制钢铁工业新增产能 |
| 钢铁产业调整和振兴规划 | 2008 | 严格控制钢铁总量，不再核准和支持单纯新建、扩建产能的钢铁项目，所有项目必须以淘汰落后为前提 |
| 关于抑制部分行业产能过剩和重复建设引导产业健康发展的若干意见 | 2009 | 减少或者不增加产能；不再核准和支持单纯新建、扩建产能的钢铁项目 |
| 国务院办公厅关于进一步加大节能减排力度加快钢铁工业结构调整的若干意见 | 2010 | 将抑制钢铁产能过快增长作为落实节能减排工作的重中之重，除国家已批准开展前期工作的项目外，2011年底前不再核准、备案任何扩大产能的钢铁项目；国家发展和改革委员会要牵头组织对2005年以来建设的钢铁项目进行清理 |

### （二）加大淘汰落后产能力度

“十一五”期间，钢铁行业淘汰落后产能力度不断加大。

（1）淘汰落后产能的工艺与装备标准不断提高。2008年之前，钢铁行业淘汰落后产能主要集中在300立方米以下炼铁高炉和20吨以下炼钢转炉、电炉；2008年之后，钢铁行业要求淘汰400立方米及以下高炉、30吨及以下转炉和电炉；2010年，工信部在《钢铁行业节能减排的指导意见》中要求在2011年底前实现淘汰400立方米及以下高炉炼铁能力12540万吨，30吨及以下转炉和电炉炼钢能力2820万吨的目标。

（2）淘汰落后产能目标逐步分解到企业。2007年，“十一五”钢铁行业淘汰落后产能目标逐步确立；2009年，国家工信部逐步将淘汰落后产能年度计划分解下达到各省市；2010年，工信部开始了淘汰落后产能专项行动，公布了《2010年工业行业淘汰落后产能企业名单公告》，要求在2010年9月底之前关闭炼铁企业175家，炼钢企业28家。

### （三）加强行业节能指导

2010年，国家发布了两个关于钢铁行业节能减排的指导性文件：一是《国务院办公厅关于进一步加大节能减排力度加快钢铁工业结构调整的若干意见》，二是《工信部关于钢铁行业节能减排的指导意见》。

在《国务院办公厅关于进一步加大节能减排力度加快钢铁工业结构调整的若干意见》中，要求逾十个国家部委对钢铁行业项目审批、淘汰落后、企业兼并重组等21项重点任务进行分工与协作。

在《工信部关于钢铁行业节能减排的指导意见》中，工信部明确了2011年和2015年钢铁企业吨钢综合能耗和各工序能耗目标，提出到“十二五”末，重点大中型企业基本建成资源节约型、环境友好型企业，能耗、水耗达到国际先进水平。具体措施包括：加快淘汰落后、强化工序能耗和二次能源利用、开展能效对标活动、加强资源综合利用、组织实施节能减排重点工程、强化企业节能管理等。

### （四）强化企业节能管理

2010年，国家工信部发布《钢铁行业生产经营规范条件》，对钢铁企业在环境保护、能耗、生产规模等方面做了一系列规定，以推进钢铁行业的规范管理和节能减排。

《钢铁行业生产经营规范条件》要求钢铁企业具备健全的能源管理体系，配备必要的能源计量器具，有条件的企业要建立能源管理中心。

钢铁企业主要生产工序能源消耗指标须符合《粗钢生产主要工序单位产品能源消耗限额》（GB 21256—2007）和《焦炭单位产品能源消耗限额》（GB 21342—2008）的规定，其中，焦化工序能耗不大于155kgce/t、烧结工序能耗不大于56 kgce/t、高炉工序能耗不大于446kgce/t、普钢电炉工序能耗不大于92kgce/t、特钢电炉工序能耗不大于171kgce/t。吨钢新水消耗不超过5吨。高炉渣综合利用率不低于97%，转炉渣不低于60%，电炉渣不低于50%。

### （五）扩大节能技术推广

钢铁行业节能技术推广主要体现在以下几方面。

（1）扩大先进节能装备的应用范围。鼓励3000立方米以上高炉，200吨及以上转炉在钢铁企业中的发展。在高炉中配套余压发电装置和煤粉喷吹装置，烧结机配套烟气脱硫和余热回收利用装置，焦炉配套干熄焦及收尘、煤气脱硫装置，焦炉、高炉、转炉配套煤气回收装置，电炉配套除尘和余热回收装置，铁合金矿热电炉配套烟尘回收处理、余热和煤气回收装置等。

（2）组织实施节能减排技术改造重点工程（高温高压干熄焦、高炉干式压差发电（TRT）、炼焦煤调湿、烧结余热发电、大型热电联产、蓄热式燃烧、高炉干法除尘、转炉干法除尘等），印发了《钢铁行业烧结烟气脱硫实施方案》、《钢铁企业烧结余热发电技术推广实施方案》等文件。

（3）加快节能信息化建设。2009年，在工信部的主导下，钢铁行业成为首个开展能源管理中心建设的行业。为此，工信部发布了《钢铁行业能源管理中心建设实施方案》，计划用3年时间（2009—2011年），在年生产能力300万吨钢以上的钢铁企业中推广建设能源管理中心，预计总投资为50亿元，预期可形成600万吨标准煤的节能能力。2009年10月，财政部与工信部发布了《工业企业能源管理中心建设示范项目财政补助资金管理暂行办法》，在工业领域开展能源管理中心建设示范工作，中央财政安排资金对示范项目给予适当支持，此举将进一步推进企业能源管理中心在钢铁、有色、化工、建材等重点用能行业的示范工作。钢铁行业争取到“十二五”末，全行业基本实现能源管理信息化、数字化及自动化，显著提高企业科学用能、科学管理水平。

### （六）应用节能新机制

钢铁行业是率先开展能效对标活动的重点行业之一。截至2010年，钢铁行业能效对标指标体系已经建立，鞍钢、太钢、唐钢等钢铁企业的能效对标工作已经开展。2010年，工信部进一步要求以钢铁、有色金属、化工、建材四个行业为突破口，推进相关企业能效对标活动。此后，工业主管部门联合行业协会定期发布主要工序能耗领先水平和“领跑”企业名单，引领钢铁企业结合自身能耗现状，开展对标达标活动，不断挖掘节能减排潜力。

中国首个节能自愿协议试点也始于钢铁行业。2003年，山东济钢和莱钢与山东省经贸委分别签订了节能自愿协议，创新性地提出了钢铁企业节能环保指标（包括吨钢综合能耗、吨钢可比能耗、节能量、节能率、主要工序能耗、余热利用率等）。经过两年的努力，两家钢铁企业节能效果显著，客观上推动了节能自愿协议在山东省乃至整个中国范围内的推广和应用。

此外，“十一五”期间，钢铁行业也是较早利用合同能源管理进行节能技术改造、开展能源管理体系试点和进行能源管理体系认证的重点行业之一。

### 五、“十一五”期间行业节能小结

“十一五”期间，钢铁行业[①]在工业增加值增长13%的情况下，能耗平均每年只增长9%左右；克服了落后产能难以淘汰的顽疾，超额完成“十一五”淘汰任务；重点统计企业的能耗指标如单位产品能耗、主要工序能耗等也实现不同程度的下降，部分企业节能指标已达到世界先进水平。

但是，中国钢铁行业仍然存在部分区域的产能过剩问题，淘汰落后产能跟不上新增产能的发展速度，部分企业烧结、炼铁、转炉工序能耗仍未达到国家强制性限额指标。由于对于一些节能关键技术研究和投入不足，先进技术的应用和推广仍然受到一些限制。因此，钢铁行业节能是一项需要长期坚持的工作。

“十二五”期间，钢铁行业将继续把节能减排作为行业转型升级的重要抓手，贯彻“精料、新技术、循环效率”的节能方针，坚持以铁、焦、烧工序为中心，以提高高炉、焦化、转炉煤气与全流程余热余压回收率为重点，以提高能源管理水平为重要措施，建立节能减排长效机制，建设资源节约型、环境友好型企业，努力实现绿色发展战略。

## 第二节　石油和化工行业

石油和化工行业是中国国民经济重要的能源和基础原材料工业，也是国民经济的支柱性产业，经过多年发展，形成了包括油气开采、炼油、基础化学原料、化肥、农药、专用化学品、橡胶制品等约50个重要子行业，可生产6万多个（种）产品，涉及国民经济各领域的完整工业体系，中国已经成为世界最大的石油和化工产品生产和消

① 指黑色金属冶炼与压延加工业。

费国之一。

“十一五”时期，石油和化工行业继续保持较快发展，总产值、利润、销售收入和资产年均增长率分别为21.3%、13.2%、21.5%和21.4%，是历史发展最快的时期之一。2010年，全行业有20多种大宗产品产量位居世界前列。

石油和化工行业也是能源消耗大户。在所有原材料工业中，其能源消费量仅次于钢铁行业，位居第二位，是中国工业节能减排的重点对象之一。“十一五”以来，国家制定了促进节能减排的一系列政策措施，通过加强行业指导、淘汰落后产能、调整产业结构、推广节能技术、加强企业节能管理，积极推进石油和化工行业的节能减排工作。“十一五”期间，石油和化工行业能源消耗量和污染物排放量上升的势头得到了一定程度的遏制，原油加工、乙烯、合成氨、烧碱、纯碱、电石等单位产品综合能耗较“十一五”初期均有不同程度的下降，产生了可观的节能量。

## 一、行业发展概况

### （一）产业规模不断提升，经济规模逐步扩大

从“十一五”整体发展趋势看，石油和化工行业的产业规模不断得到提升，经济规模逐步扩大。

目前，中国已成为全球第二大石化产品生产大国，20多种大宗产品产量位居世界前列，其中，氮肥、磷肥、纯碱、烧碱、硫酸、电石、农药、染料、轮胎、甲醇、合成树脂、合成橡胶、合成纤维等排名世界第一；原油加工量、乙烯等排名世界第二；原油产量排名世界第四；天然气产量居世界第五。2010年原油产量达到2.03亿吨，比2005年增长11.9%；乙烯产量1421.34万吨，比2005年增长了88.1%。

2006年，中国石油和化工行业规模以上生产企业为2.64万家，到2010年增加到3.66万家，增幅达到39%。2006年规模以上生产企业实现工业总产值4.6万亿元（当年价，下同），2010年实现总产值8.88万亿元，比2006年翻了近一番。

“十一五”期间石油和化工行业经济发展速度呈现明显的“V”形走势。2006年，行业总产值增幅达到54.55%，为“十一五”期间的最高值；2009年是石油和化工行业进入新世纪以来最为艰难的一年，由于受国际金融危机等因素影响，2009年石油和化工工业总产值呈现了负增长；2009年后，随着国家产业调整与振兴政策的实施，以及总体经济形势的好转，石油和化工行业总产值年增长率回升到25.62%，与2008年行业经济增长速度基本持平，如图2-7所示。

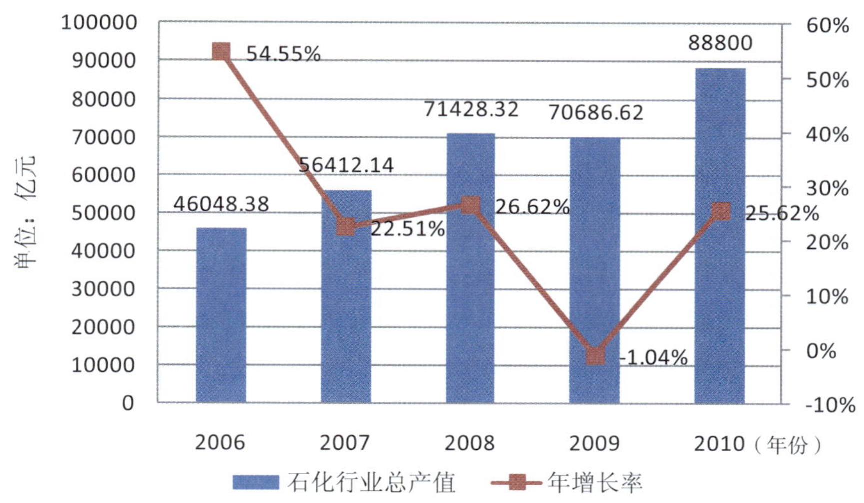


图2-7 "十一五"期间中国石油和化工行业总产值

注：数据来自国家统计局。

"十一五"期间，石油和化工行业进出口额增加1.3倍，2010年达到4587.8亿美元，累计引进外资4271.8亿元。2010年，原油进口继续高速增长，全年进口量约2.4亿吨，同比增长13.9%，是进口量最大的产品。

### （二）产业投资稳步增长，投资结构日趋优化

"十一五"期间，石油和化工行业是最具投资吸引力的行业之一，固定资产投资以较高速度增长。2010年投资规模达到1.26万亿元，是2005年的3倍，年均增幅达24%。由于市场需求快速增长，2010年炼油行业完成投资2035.1亿元，年均增长20%；化工行业完成投资6851.4亿元，年均增长26%，如图2-8所示。

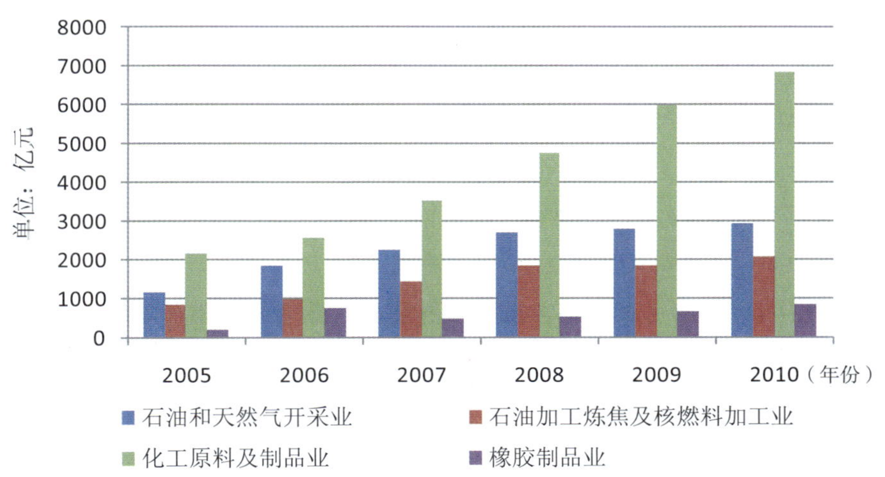


图2-8 2005—2010年中国石油和化工行业固定资产投资额

注：数据来自历年《中国统计年鉴》。

“十一五”期间，产能过剩的基础化学原料、氮肥等行业投资出现负增长，市场短缺的合成材料、专用化学品等高端石化产品投资增幅高出整个产业平均值一倍，产业投资高端化趋势明显，产业投资结构日趋优化。

### （三）产业结构不断优化，产业布局日益合理

“十一五”期间，通过政策引导、科技创新、资产重组等一系列措施，石化产业在产业结构、产业布局等方面不断优化。石化产业按照产业集群化、一体化和园区化的发展模式，逐步形成了长三角、珠三角、环渤海三大石油化工聚集区，云、贵、鄂三大磷肥产业区，川渝和新疆氮肥基地，青海和新疆钾肥基地。甲醇、电石、煤制烯烃等煤化工行业向内蒙古、陕西、新疆、宁夏等富煤地区集中。截至2010年底，石化产业已形成19个千万吨级的炼油基地，炼油能力已占总加工能力的46%。镇海炼化、大连石化的炼油能力超过2000万吨；中石化与中石油的炼厂平均规模现已分别增至714万吨/年和590万吨/年。

“十一五”期间，国家出台了《乙烯工业中长期发展专项规划》，规划布局了一批依托现有企业改扩建项目，以及广东惠州、福建、新疆独山子、天津、宁波镇海、四川成都、辽宁抚顺、湖北武汉八大乙烯工程。目前，上海、茂名、天津、镇海、独山子等5个百万吨级乙烯基地的建成投产，使乙烯企业平均规模提高到62万吨/年。

## 二、行业能耗状况

石油和化工行业对能源的依赖度很高，是能源消费大户。能源不仅为石油和化工行业提供燃料和动力，也是某些产品的重要原料。其中，作为原料的能源量约占行业总能耗的40%（不含原油加工）。根据快报数据，2010年中国油气开采业、石油加工、炼焦及核燃料加工业、化学原料及化学制品制造业、化学纤维制造业、橡胶制品业的能源消费量为48148万吨标准煤，全行业能源消费量占中国能源消费总量的14.81%，占工业能源消费量的20.06%。从2005年到2010年，石化行业能耗占工业能耗、中国能耗比重持续下降，2010年石化行业能耗占工业能耗比重下降了约3个百分点，占中国能耗比重下降了约2个百分点，见表2–6。这表明石化行业在结构调整和节能方面取得了较好的成效。

**表2–6　2005—2010年中国石油和化工行业能耗比重和年增长率**

| | 2005年 | 2006年 | 2007年 | 2008年 | 2009年 | 2010年 |
|---|---|---|---|---|---|---|
| 石化能耗（万吨标准煤） | 39427 | 41946 | 45358 | 45546 | 47192 | 48148 |
| 石化占中国能耗比重（%） | 16.71 | 16.22 | 16.17 | 15.63 | 15.39 | 14.81 |
| 石化占工业能耗比重（%） | 23.37 | 22.68 | 22.62 | 21.76 | 21.53 | 20.06 |

注：资料来自中国石油和化学工业联合会与国家统计局。

“十一五”期间，中国石油和化工行业能源消费年增长率呈现明显的放缓趋势，以2007年为时间节点，2005—2007年，石化行业能耗年增长率在6.39%～8.13%之间，而2008—2010年间下降到0.41%～3.61%之间，这表明石化行业在“十一五”后期，节能成果有所扩大，如图2-9所示。

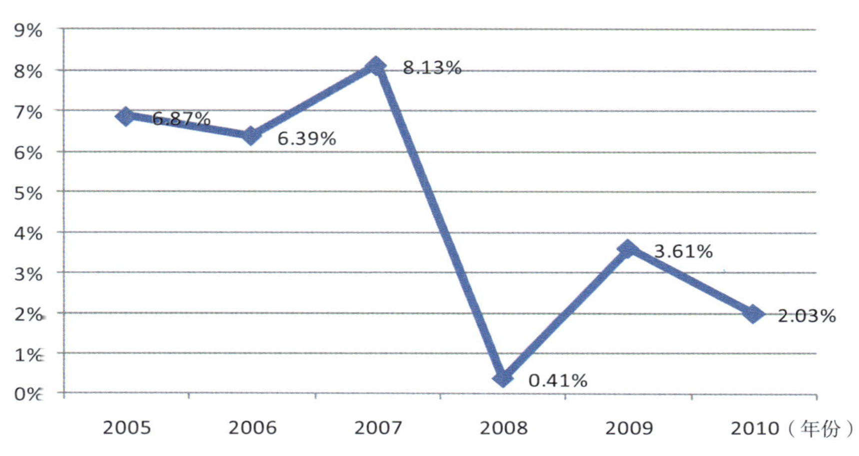


图2-9　2005—2010年中国石油和化工行业能耗年增长率

注：1. 数据为扣除了焦炭和核燃料加工能耗的石化行业能源消费量。
2. 2010年数据为快报数据，均来自中国石油和化学工业联合会。

## 三、行业节能主要成效

自“十一五”以来，石油和化工行业工业增加值能耗、重点耗能产品单位能耗持续下降，节能工作稳步推进。

“十一五”期间，石油和化工行业万元工业增加值能耗累计下降16.1%，其中原油加工下降24.1%、乙烯下降8.7%、合成氨下降13.7%、烧碱下降19.1%、电石下降14.9%、纯碱下降28.9%。

2005年原油加工单位产品能耗为73.00kgoe/t，2010年降到69.43kgoe/t，降幅为4.89%；2005年乙烯单位产品能耗为690.00kgoe/t，2010下降为616.50kgoe/t，降幅为10.65%；2005年合成氨单位产品能耗为1452.80kgce/t，2010年下降为1356.40kgce/t，降幅达6.64%；2005年烧碱单位产品能耗（隔膜法和离子膜法加权平均）为596.50kgce/t，2010年能耗为476.35kgce/t，降幅达20.16%；2005年纯碱（氨碱和联碱加权平均）单位产品能耗为395.80kgce/t，2010年下降为331.66kgce/t，降幅达16.21%；2005年电石单位产品能耗为1120.00kgce/t，2010年下降为1018.79kgce/t，降幅达9.04%，见表2-7。

表2-7　2005—2010年中国石油和化工行业重点产品能耗变化

| 产品 \ 能耗 | 单位 | 2005年 | 2010年 | 下降率（%） |
|---|---|---|---|---|
| 原油加工 | kgoe/t | 73.00 | 69.43 | 4.89 |
| 乙烯 | kgoe/t | 690.00 | 616.50 | 10.65 |
| 合成氨 | kgce/t | 1452.80 | 1356.40 | 6.64 |
| 烧碱 | kgce/t | 596.50 | 476.35 | 20.16 |
| 纯碱 | kgce/t | 395.80 | 331.66 | 16.21 |
| 电石 | kgce/t | 1120.00 | 1018.79 | 9.04 |

注：资料来自中国石油和化学工业联合会。

## （一）原油加工

1. 基本情况

截至2009年底，中国共有炼油厂188家，分布在除西藏、云南、贵州、重庆、山西以外的省市区。2010年石化产业超过千万吨级别的炼油基地已有19个，中石化与中石油的炼油厂平均规模现已分别增至714万吨/年和590万吨/年。在炼油工业中长期发展专项规划和产业振兴规划的指导下，“十一五”期间中国炼油工业实现快速、健康发展，一批大型炼油项目相继建成投产，油品质量稳步提高，基本满足了经济和社会发展需求。2010年中国原油加工量达到4.2亿吨[①]，较“十一五”初期增长37%以上，如图2-10所示。

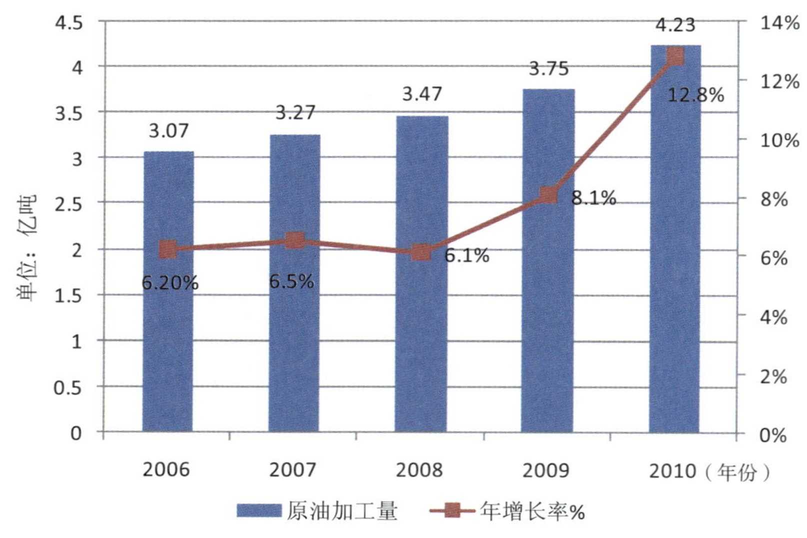


图2-10　“十一五”期间中国原油加工量

注：资料来自中国石油和化学工业联合会。

① 资料来自国家统计局：http://content.caixun.com/NE/02/ed/NE02ed8k.shtm。

2. 原油加工节能成效

“十一五”期间，中国炼油行业通过技术改造、产业结构调整、加强节能管理等节能措施，使得单位产品能耗逐年降低，2010年炼油综合能耗为69.43kgoe/t，比2005年单位产品能耗下降了4.89 %左右，见表2-8。

**表2-8 2005—2010年中国原油加工单位产品能耗**

| 年份 | 能耗（kgoe/t）（国内平均） | 增降幅（与上年比） | 能耗（kgoe/t）（国际平均） |
|---|---|---|---|
| 2005 | 73.00 | -6.89% | 国外炼油综合能耗最好水平已经达到53.20 |
| 2006 | 76.91 | +5.36% | |
| 2007 | 75.16 | -2.28% | |
| 2008 | 74.12 | -1.38% | |
| 2009 | 72.08 | -1.75% | |
| 2010 | 69.43 | -3.68% | |
| 累计 | | -4.11% | |

注：资料来自中国石油和化学工业联合会。

但是，中国原油加工与国际先进水平相比，还存在较大差距。早在“十一五”初期，国外炼油综合能耗最好水平已经达到53.2kgoe/t，而目前中国每加工一吨原油要多耗16.23kgoe。可见，中国炼油能耗水平仍然偏高，原油加工方面仍存在较大的节能潜力。

## （二）乙烯

1. 基本情况

乙烯工业是重要的基础原材料工业，对轻工纺织、机械电子等传统产业，以及新材料等战略性新兴产业都具有较强的支撑作用。2005年中国拥有18家乙烯生产企业，产量为756万吨，当量消费量（乙烯产量+净进口量+下游产品净进口折乙烯量）为1876万吨，当量自给率为40%。经过“十一五”的发展，2010年中国乙烯生产企业数上升到23家，规划中的乙烯工程大部分已经建成投产，乙烯产量达到1421.34万吨，年均增长达到13.5%，当量自给率提高到48%。

“十一五”期间，乙烯工业技术装备本土化取得突破性进展，乙烯及下游装置的国内技术有更多选择，设备本土化率达到了80%左右。天津、宁波镇海两个项目分别采用了国内制造的首台套百万吨级裂解气压缩机和冷箱、丙烯制冷压缩机和冷箱，实现了一次投运成功；辽宁抚顺乙烯工程将采用国内制造的首台套百万吨级乙烯制冷压缩机，标志着百万吨级乙烯装置“三机”基本实现了本土化。

“十一五”期间，乙烯装置规模得到进一步提升。改扩建乙烯工程装置规模全部达到了60万吨以上；新建乙烯工程规模全部达到80万吨以上，其中新疆独山子、天津和宁波镇海达到了100万吨；单系列乙烯装置最大规模达到110万吨（上海赛科）。新建下游加工装置也全部达到世界级规模，其中天津乙烯45万吨聚丙烯成为全球最大的单套聚丙烯生产装置。

此外，乙烯原料多元化探索迈出新步伐，沈阳蜡化50万吨重油催化热裂解（CPP）项目和神华包头60万吨煤经甲醇制烯烃项目陆续建成投产，进一步拓宽了乙烯原料来源。

2. 乙烯工业节能成效

“十一五”期间，得益于乙烯裂解原料中加氢尾油和柴油比例的降低，石脑油比例的增高，以及乙烯生产过程中一系列先进控制技术的应用，中国乙烯单位产品能耗持续下降。2005年，乙烯装置平均综合能耗为690kgoe/t，2010年下降至616.5kgoe/t，下降率达到10.65%。乙烯单位产品综合能耗已经超过《节能中长期专项规划》（650kgoe/t）的要求，其中先进的乙烯装置综合能耗达到了559kgoe/t，见表2-9。

**表2-9　2005—2010年中国乙烯单位产品综合能耗表**

| 年份 | 能耗（kgoe/t）（国内平均） | 增降幅（与上年比） | 能耗（kgoe/t）（国际先进水平） |
|---|---|---|---|
| 2005 | 690.0 | -1.85% | 国外乙烯能耗一般为500～550，先进水平为440 |
| 2006 | 677.0 | -1.88% | |
| 2007 | 669.5 | -1.11% | |
| 2008 | 659.1 | -1.55% | |
| 2009 | 637.1 | -3.34% | |
| 2010 | 616.5 | -1.43% | |
| 累计 | | 10.65% | |

按照“十一五”期间乙烯实际产量与单位产品综合能耗下降率进行计算，与“十五”期末相比，“十一五”期间乙烯工业单位产品综合能耗下降所产生的节油量在150万吨标准油[①]，约合218万吨标准煤。

“十一五”期间，中国乙烯工业节能取得良好成效，先进的大型乙烯装置综合能耗代表了世界先进水平，但从总体上看，乙烯工业能源利用效率与国外先进水平

① 计算方法是：历年节能量=（历年产品单耗－2005年产品单耗）*同年产品产量，之后将“十一五”期间历年节能量加和，下同。

相比仍存在较大差距。目前国外乙烯能耗一般为500～550kgoe/t，国际先进水平为440kgoe/t，而中国乙烯单位产品综合能耗是国外平均水平的1.23～1.12倍，是国外先进水平的1.40倍。

### （三）合成氨

1. 基本情况

合成氨工业是以煤、天然气、重油等原料制取氨的工业。目前，中国合成氨生产能力和产量均居世界首位。“十一五”期间，中国合成氨产量先增后减。2006年中国合成氨产量为5590万吨，2007年增加到5790万吨，此后中国合成氨产量一路下滑至5000万吨，2009年回升到5136万吨，2010年合成氨产量出现同比下降，跌至4964.6万吨，如图2-11所示。

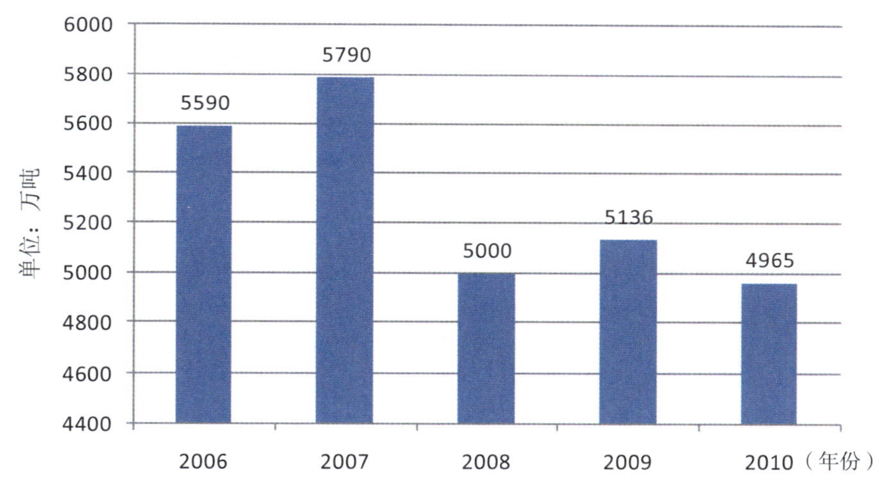


图2-11 “十一五”期间中国合成氨产量

注：资料来自国家统计局。

尽管中国合成氨产量居世界第一位，但由于大量小型合成氨企业的存在（“十一五”末，中国合成氨企业数量为472家），合成氨单系列装置规模较小。目前，中国合成氮平均规模为14万吨/年，远远低于美国、俄罗斯分别30万吨/年以上和40万吨/年以上的平均规模。

2. 合成氨工业节能成效

“十一五”以来，合成氨工业不间断进行技术改造，扩大企业规模，采用先进工艺、技术、设备，进行以节能为目的的技术改造，合成氨单位产品综合能耗逐年降低。“十一五”期间，中国合成氨单位产品综合能耗由2005年的1452.8kgce/t下降到2010年的1356.4kgce/t，降幅达到6.64%，见表2-10。

表2-10 2005—2010年中国合成氨单位产品综合能耗统计表

| 年份 | 能耗（kgce/t）（国内平均） | 增降幅（与上年比） | 能耗（kgce/t）（国际先进水平） |
|---|---|---|---|
| 2005 | 1452.8 | -0.79% | 以天然气为原料：1000；以煤为原料：1306 |
| 2006 | 1482.7 | 2.06% | |
| 2007 | 1426.26 | -3.81% | |
| 2008 | 1426.18 | -0.01% | |
| 2009 | 1390.42 | -2.51% | |
| 2010 | 1356.40 | -2.45% | |
| 累计 | | -6.64% | |

注：资料来自中国石油和化学工业联合会。

如按合成氨单位产品综合能耗下降率和"十一五"期间合成氨实际产量进行核算，与2005年相比，整个"十一五"期间，合成氨工业节能量可达到750万吨标准煤。

目前，合成氨单位产品能耗的国际先进水平为：以天然气为原料的能耗为1000kgce/t，以煤为原料的能耗为1306kgce/t。而中国合成氨单位产品综合能耗与世界先进水平相比偏高，主要存在以下几个方面的原因。

一是原料结构以煤为主。中国属于"富煤缺油少气"的能源禀赋。2010年，中国以天然气为原料的合成氨产能比重为23%，以煤为原料的合成氨产能比重为75%，而世界以天然气为原料的合成氨产能为80%。中国合成氨原料以煤为主是造成其能耗水平高于世界平均水平的主要因素。

二是生产规模小。目前中国共有氮肥企业472多家，其中有大型合成氨装置的仅有40多家，其他中小型装置的能耗水平较高。2010年，年合成氨产量8万吨以下的企业仍占全部合成氨企业总数的53%，其产能占合成氨总产能17.6%。

三是部分生产装置存在单机效率低、工艺技术落后的问题。目前国内大型引进装置使用高效的单系列设备，其压缩机、风机和水泵等装置节能效果显著。而小型厂造气炉技术虽经不断改进，但仍有气化率、碳利用率低等缺点；另外压缩机技术相对落后，能量利用率低。

虽然中国"富煤缺油少气"的能源禀赋造成中国合成氨单位产品综合能耗高于其他以天然气为原料的合成氨生产国，但是，中国合成氨工业仍然有较大的节能潜力，仍存在较大的技术升级和管理提升空间。

### （四）烧碱

1. 基本情况

烧碱广泛应用于农业、石油化工、轻工、纺织、电力、冶金、国防军工、食品加工等国民经济各命脉部门，在中国经济发展中具有举足轻重的地位。

2010年底，中国烧碱生产企业176家，总产能达到3021万吨/年，"十一五"期间增长105.4%。烧碱产能主要分布在山东、江苏、河南、内蒙、新疆和浙江六省份，产能合计占总产能的59.4%。中国氯碱行业中拥有百万吨级别的化工集团也在逐渐形成，对于地域性的单个烧碱生产企业而言，2010年中国烧碱产能40万吨/年以上（含40万吨/年）规模的企业已增至15家，占总产能的25.6%，行业集中度有较大提高。

自2006年以来，中国烧碱生产能力和产量均居世界第一。2010年中国烧碱产量为2228.4万吨，2006年为1512万吨，增幅达28%。从2006—2010年烧碱产量变化的趋势看，烧碱产量在2009年出现了同比下降，其余年份都保持了增长态势，如图2-12所示。

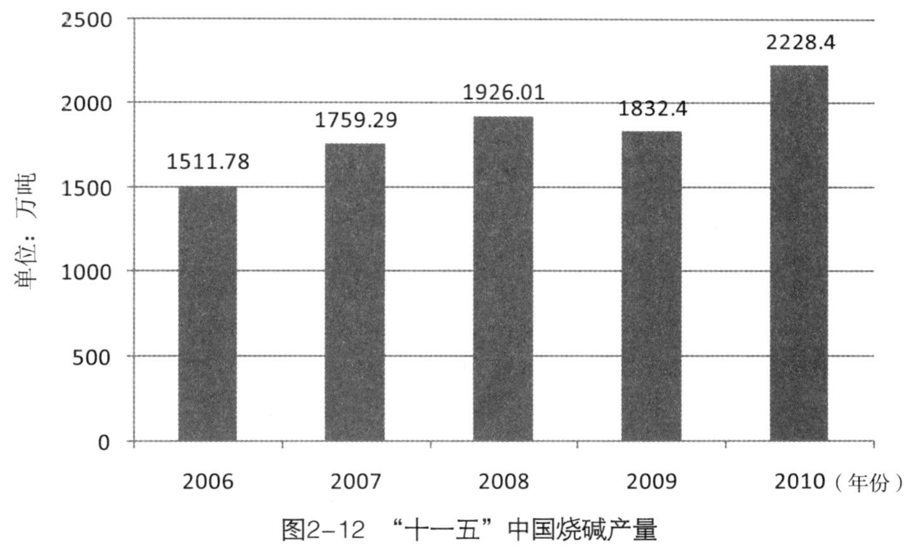


图2-12 "十一五"中国烧碱产量

注：资料来源于国家统计局

在产品结构方面，通过科技创新和技术升级，中国烧碱工业中离子膜烧碱产量比重快速提升。2010年，离子膜法烧碱比重占烧碱产量的84.3%，比2006年提高了54个百分点。"十一五"期间，中国自主研发了离子膜电解槽膜级距技术，该技术解决了原材料、加工件、涂层技术和组装技术的难点，可以使每吨烧碱直流电耗降低100～120kW·h，该技术已经在很多中国企业中得到应用。

对于隔膜法烧碱生产装置，“十一五”期间，部分企业采用了扩张阳极和改性隔膜技术进行技术改造，平均使每吨烧碱节电147kW·h。

2. 烧碱工业的节能成效

随着离子膜的推广和对隔膜法烧碱的技术改造，中国烧碱单位产品综合能耗呈现明显的下降趋势。2005年烧碱单位产品综合能耗为596.5kgce/t，2010年下降至476.35kgce/t，下降幅度达到20.16%，如图2-13所示。

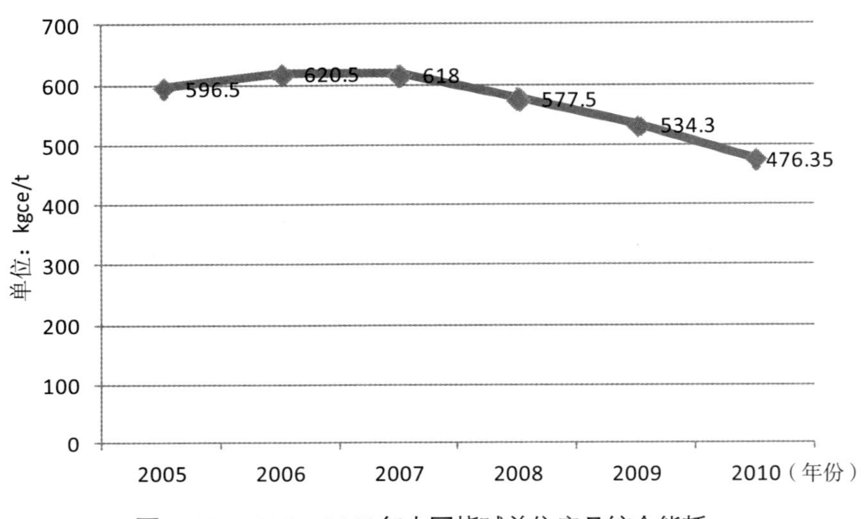


图2-13 2005—2010年中国烧碱单位产品综合能耗

注：资料自中国石油和化学工业联合会。

其中，2010年离子膜法烧碱的单位产品综合能耗为419.78 kgce/t，比2006年下降了7%；隔膜法烧碱的单位产品综合能耗为768.54 kgce/t，比2006年下降了2.68%，中国隔膜法烧碱的单位产品综合能耗已经基本达到国际先进水平。

经测算，“十一五”期间，烧碱工业单位产品综合能耗的下降，所形成的节能量约为100万吨标准煤。

## （五）纯碱

1. 基本情况

纯碱是重要的基础化工原料之一，广泛应用于建材、冶金、日化等行业。截至2010年底，中国纯碱生产企业有44家，其中，生产能力达到或超过60万吨/年的企业有14家，产能在30～60万吨/年之间的企业有9家，产能在30万吨/年以下的企业有21家，其中，生产能力居前十位的纯碱企业产能合计占全国总产能的62%。

“十一五”期间，纯碱产业持续快速发展。2010年纯碱产量为2035万吨，比2006年的1560万吨增长了三分之一，如图2-14所示。

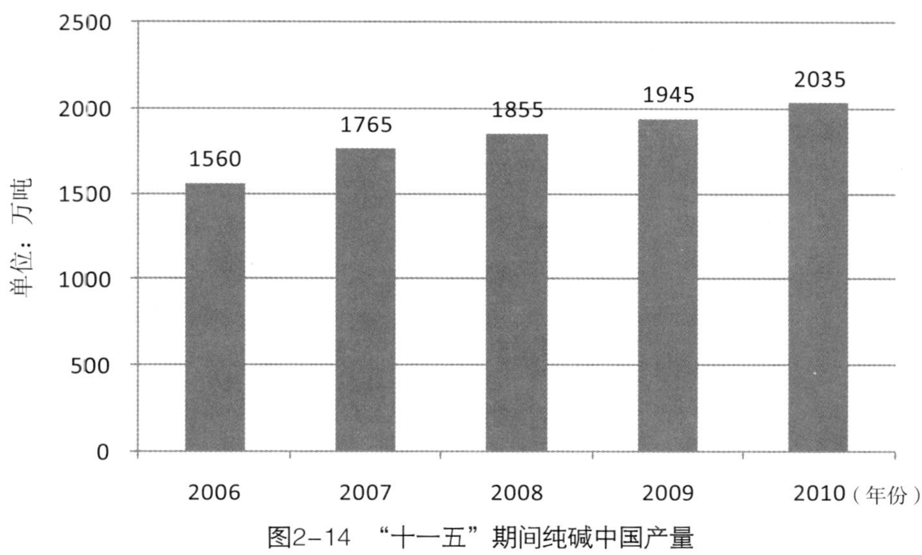


图2-14 “十一五”期间纯碱中国产量

注：资料来自国家统计局。

目前，中国大中型纯碱厂的技术装备水平，已经基本达到国际水平。作为基础原料工业，纯碱生产装置的大型化是纯碱行业的发展趋势和潮流。中国小型纯碱企业仍有160万吨的生产能力，未来将逐渐被淘汰。

在生产工艺方面，氨碱法、联碱法和天然碱这三种纯碱生产方法在中国都存在，其中，主要产能的生产工艺为氨碱法和联碱法。“十一五”期间，纯碱工业推广合成氨变换气直接制碱（联碱）技术、生产用冷却水技术，完善回收系统（回收包括含氨、二氧化碳的尾气和含氨、盐的“杂水”），优化了产业结构，促进产业升级，降低了生产能耗。

2. 纯碱工业节能成效

“十一五”期间，纯碱行业推广的先进技术有蒸汽凝结水闭式回收技术和新型变换气制碱技术、重碱二次过滤技术、带式滤碱机、干法加灰技术、真空蒸馏技术等。其中，蒸汽凝结水闭式回收技术可以提高15%～30%的系统热效率，提高10%～20%的凝结水回收率。随着合成氨变换气直接制碱（联碱）技术的逐步推广，新型变换气制碱技术的综合能耗为273kgce/t，为行业领先水平。“十一五”末期，该项技术的普及率已达到50%。

技术进步带动能效提高，“十一五”期间纯碱单位产品综合能耗不断下降。2010年纯碱单位产品能耗为331.66kgce/t(氨碱法与联碱法加权平均)，比2005年下降了16.21%。按照“十一五”期间纯碱实际产量进行计算，与“十五”末相比，纯碱工业单位产品综合能耗的下降所形成的节能量在230万吨标准煤左右，见表2-11。

表2-11 2005—2010年中国纯碱单位产品综合能耗统计

| 年份 | 单位产品能耗（kgce/t）（国内平均） | 增降幅（%）（与上年比） | 单位产品能耗（kgce/t）（氨碱） | 单位产品能耗（kgce/t）（联碱） |
|---|---|---|---|---|
| 2005 | 395.8 | -0.45 | 456.8 | 323.1 |
| 2006 | 401.7 | +1.49 | — | — |
| 2007 | 397.5 | -1.05 | 450.57 | 291.18 |
| 2008 | 354.73 | -10.76 | 376.15 | 277.49 |
| 2009 | 332.59 | -9.00 | 359.92 | 249.94 |
| 2010 | 331.66 | -0.28 | | |
| 累计 | | -16.21 | | |

注：资料自中国石油和化学工业联合会。

## （六）电石

1. 基本情况

电石是有机合成化学工业的基本原料，在工业、农业、医药等领域有重要应用。

中国是世界第一的电石生产大国。2010年中国电石产量达到1700万吨，比2006年增加了45%。除2008年受到国际金融危机的影响，中国电石产量出现波动以外，整个“十一五”期间，中国电石产量都保持了10%以上的年增速，如图2-15所示。

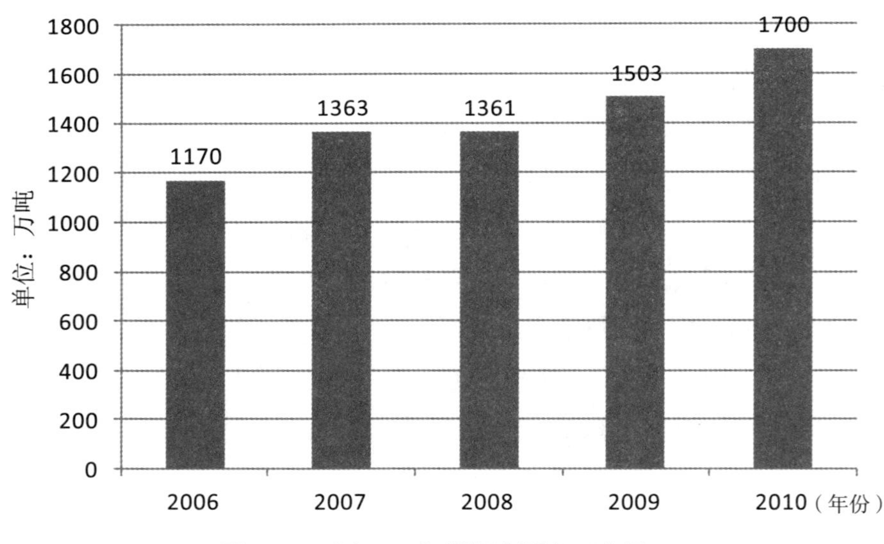


图2-15 “十一五”期间中国电石产量

2010年，世界电石产能约2750万吨，其中中国生产能力约为2600万吨，约占世界总产能的95%。2010年中国共有382多家电石生产企业，比2009年减少30多家，企业平均生产能力进一步提高。“十一五”期间，电石行业集中有较大幅度提高。2006年，国内最大电石生产企业的规模只有30万吨/年，全国电石产量前十位的企业共生产电石137万吨，仅占全国总产量的12%。2010年，国内最大电石生产企业——新疆天业集团有限公司的产能已经超过100万吨/年，包括其在内，产量前十位的企业共生产电石413.5万吨，占全国总产量的28.3%，较2006年有显著提升。

近年来，电石工业技术装备水平不断提高。通过治理整顿，污染严重的开放式电石炉已全部被淘汰，目前中国国内只有内燃式电石炉和密闭式电石炉两种生产装置。其中，密闭炉相比内燃炉，污染排放量少，炉气可以充分回收利用，能源利用效率高。“十一五”期间，中国全面掌握了大型密闭式电石生产技术，关键装备已经全部实现国产化。国产密闭式电石炉的各项指标，如电炉电耗、物耗、污染物排放等，均已达到世界先进水平。《电石行业准入条件》（2007年修订）颁布之后，密闭炉的产能快速增长，在行业总产能中所占的比例也不断提高，已经从2006年的不足10%增长到2010年的40%。

2. 电石工业节能成效

随着电石工业落后产能的淘汰和先进密闭炉工艺的推广，中国电石单位产品综合能耗有所下降。2010年电石单位产品综合能耗为1018.79kgce/t，与2005年相比下降了9.04%左右，如图2–16所示。

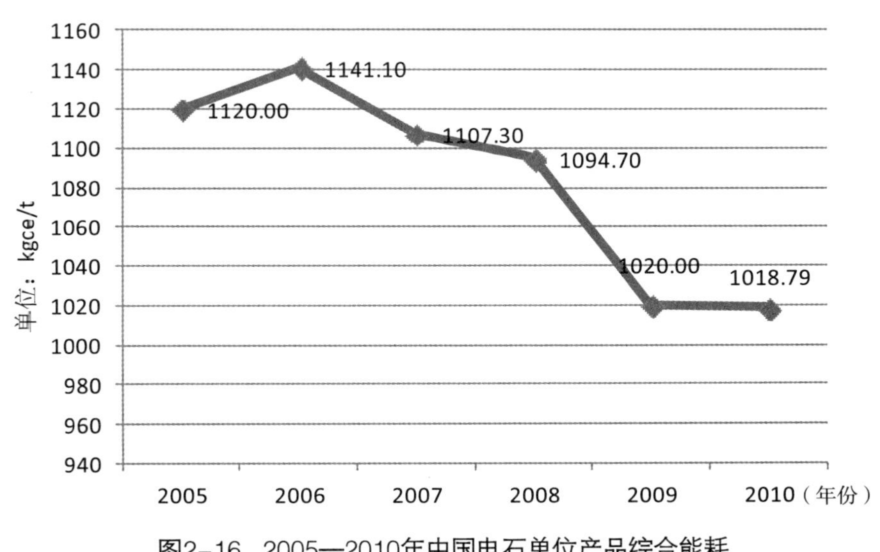


图2–16 2005—2010年中国电石单位产品综合能耗

“十一五”期间，中国电石单位产品能耗下降所形成的节能量在230万吨左右。虽然电石工业取得节能减排巨大成就，但是目前还存在大量的内燃式电石炉，行业整体装备技术水平和能效水平还有一定的提高潜力。

# 四、行业主要节能政策措施

“十一五”期间，石油和化工行业加大了节能工作力度，并以此作为实现可持续发展的重要抓手，通过淘汰落后产能，实施千家企业节能行动，强化政策激励，技术进步，加强监督管理等措施，推动行业节能工作取得重大进展。

## （一）抑制产能过剩，淘汰落后产能

“十一五”期间，石油和化工行业将推进节能减排作为调整产业结构、转变发展方式的重要手段，围绕落实国务院《节能减排综合性工作方案》，遏制高耗能产品产能过快增长，加快落后产能淘汰。

2005年，在《国务院关于发布实施促进产业结构调整暂行规定的决定》(国发〔2005〕40号）的指导下，电石、乙烯等行业提出了各自的产业结构调整政策，制定了“十一五”产业结构调整目标和任务。其中，电石行业的抑制产能过剩和淘汰落后产能被写入国家宏观政策中。2007年的《节能减排综合性工作方案》中制定了淘汰电石产能200万吨的任务目标。整个“十一五”实际淘汰电石产能305.47万吨，超额完成了“十一五”规划确定的目标。此外，从2009年起，采取区域等量替代方式，行业淘汰100万吨及以下低效低质落后炼油装置，积极引导100万～200万吨炼油装置关停并转。

## （二）制定和修订产品能耗限额，提高行业准入条件

“十一五”期间，石油和化工行业开展了重点耗能产品能源消耗限额强制性国家标准的制定工作。第一批烧碱、电石、合成氨、黄磷4个产品的能源消耗限额强制性国家标准已经于2008年发布实施。目前，石油和化工行业正在研究制订尿素、纯碱、甲醇等18个重点耗能产品的能源消耗强制性国家标准。“十一五”期间，对于已经出台的4个能耗限额标准，石油和化工行业积极开展宣贯和落实工作，见表2-12。

表2-12　中国石化行业部分产品能耗限额标准（截至2010年底）

| 标准名称 | 标准编号 |
|---|---|
| 烧碱单位产品能源消耗限额 | GB 21257—2007 |
| 电石单位产品能源消耗限额 | GB 21343—2008 |
| 合成氨单位产品能源消耗限额 | GB 21344—2008 |
| 黄磷单位产品能源消耗限额 | GB 21345—2008 |

同时，烧碱单位产品能源消耗限额和合成氨单位产品能源消耗限额正在修订中，以适应新的烧碱和合成氨行业发展状况。

“十一五”期间，国家还出台了氯碱、电石行业准入条件，对电石和氯碱行业生产规模、技术条件、能源和资源效率等做了一系列规定。

1. 电石行业

在生产企业布局上规定：要根据资源、能源、环境容量状况和市场供需情况，按照国家有关产业政策、行业发展规划等要求编制电石行业结构调整规划，引导本地区电石行业健康发展，遏制盲目扩张。新建电石生产装置必须采用密闭式电石炉，电石炉气必须综合利用。现有生产能力1万吨（单台炉容量5000千伏安）以下电石炉和敞开式电石炉必须依法淘汰，2010年底以前，依法淘汰现有单台炉容量5000千伏安以上至12 500千伏安以下的内燃式电石炉。在能源消耗和资源综合利用方面规定：①新建和扩容改造的电石生产装置执行吨电石（标准）电炉电耗应不大于3250千瓦时；现有电石生产装置未实施扩容改造的吨电石（标准）电炉电耗应不大于3400千瓦时。《电石单位产品能源消耗限额》国家标准实施后，按照新的国家标准执行。②密闭式电石装置的炉气（指CO气体）必须综合利用，正常生产时不允许炉气直排或点火炬。③粉状炉料必须回收利用。

2. 氯碱行业

在生产企业布局上规定：新建氯碱生产企业应靠近资源、能源产地，有较好的环保、运输条件，并符合本地区氯碱行业发展和土地利用总体规划。除搬迁企业外，东部地区原则上不再新建电石法聚氯乙烯项目和与其相配套的烧碱项目；在特定区域内，禁止新建电石法聚氯乙烯和烧碱生产装置。规模、工艺与装备方面规定：新建烧碱装置起始规模必须达到30万吨/年及以上（老企业搬迁项目除外）。新建、改扩建聚氯乙烯装置起始规模必须达到30万吨/年及以上。新建、改扩建电石法聚氯乙烯项目必须同时配套建设电石渣制水泥等电石渣综合利用装置，其电石渣制水泥装置单套生产规模必须达到2000吨/日及以上。现有电石法聚氯乙烯生产装置配套建设的电石渣制水泥生产装置规模必须达到1000吨/日及以上。在能源消耗方面：提出新建、改扩建烧碱装置单位产品能耗限额准入值指标（包括综合能耗和电解单元交流电耗），规定现有烧碱装置单位产品能耗标准。规定新建、改扩建电石法聚氯乙烯装置，电石消耗应小于1420千克/吨（按折标300升/千克计算）。新建乙烯氧氯化法聚氯乙烯装置乙烯消耗应低于480千克/吨。

### （三）以千家企业节能行动为契机落实节能任务

2006年，国家发展和改革委员会等相关部门联合出台了《千家企业节能行动实施方案》，号召千家高耗能企业大幅度提高能源使用效率，主要产品单位能耗达到国内

同行业先进水平，部分企业达到国际先进水平或行业领先水平。千家企业包括钢铁、有色金属、煤炭、电力、石油石化、化工、建材、造纸、纺织9个重点耗能行业中年耗能18万吨标准煤以上的企业，石油和化工行业约有300家企业，占千家企业的1/3。参与千家企业节能行动的300家石化企业成立节能管理机构，设立节能目标，建立能源利用报告制度，通过开展能源审计、节能培训，建立节能激励机制，推进企业的节能减排工作。此外，国家有关部门每年组织力量，对千家企业节能目标完成情况进行考核，对企业节能管理措施实施情况开展监督。

2009年，根据国家发展和改革委员会对外发布的《千家企业节能目标责任评价考核结果》，在参加2009年考核的302家石油、石化和化工企业中，96.36%的石油、石化和化工企业实现了年度节能目标，64.24%的企业超额完成了年度节能目标任务。2006年到2009年，石油和化工行业累计实现节能量3597万吨标准煤，约占千家企业节能量的28.5%，仅次于钢铁行业。

**（四）推广节能技术，促进技术升级**

"十一五"期间，石油和化工行业节能技术取得积极进展，多项先进技术取得突破，包括干法乙炔技术，大型密闭式电石炉、中空电极和炉气综合利用技术，黄磷电除尘技术和尾气综合利用技术，铬盐无钙焙烧技术，氮肥生产污水零排放技术和氮肥节能技术等。这些技术的突破，为中国石化产业节能减排目标的最终实现奠定了良好的基础。

与此同时，一些先进的节能技术得以推广和应用，有效地促进了石油和化工行业节能减排。

原油加工工艺节能技术主要有炼油厂含氢尾气膜法回收技术、加热炉炉管在线烧焦技术、催化裂化–气分装置深度热联合技术及低温热利用技术。

乙烯及主要石化产品生产工艺节能技术主要有裂解炉空气预热节能技术、乙烯裂解炉扭曲片管强化传热技术、急冷油减黏塔技术、热集成精馏系统技术。

合成氨综合改造技术包括余热发电、降低氨合成压力、净化生产工艺、低位能余热吸收制冷、变压吸附脱碳、涡轮机组回收动力、提高变换压力、机泵变频调速8项技术。另外，还有氨合成回路分子筛节能技术、气头合成氨造气用新型催化剂等。

烧碱生产工艺节能技术主要有新型高效节能膜极距离子膜电解技术、氯化氢合成余热回收技术、扩张阳极与改性隔膜技术。

纯碱生产工艺节能技术主要有新型变换气制碱技术、制碱废液生产氯化钙蒸发装置及关键技术、联碱不冷碳化技术。

电石生产工艺节能技术主要包括密闭环保节能型电石生产装置、密闭电石炉尾气热能利用技术、低压补偿技术。

### （五）以节能新机制为手段加强企业节能管理

“十一五”期间，石油和化工行业开展了能效对标和能源管理体系试点活动，为石化企业能源管理奠定了一定的基础。

石化行业是率先开展能效对标活动的行业之一。2009年石化行业完成了河北盛华化工有限责任公司、山东恒通股份有限公司、昊化宇航化工有限责任公司3家企业的能效对标试点，制定了烧碱行业能效对标指标体系，并拟在全行业开展能效对标活动。除了烧碱行业外，2009年石化行业还开展了相关领导和工程技术人员的能效对标培训，并计划制定石油、石化、氮肥、电石、纯碱、黄磷等分行业的能效对标标准。

《能源管理体系要求》（GB/T 23331—2009）发布实施后，石化行业的能源管理体系实施指南正在制定和完善。在国家认监委的领导和部署下，石化行业开展了相关企业的认证试点工作，如四川天华股份有限公司等企业率先开展了能源管理体系认证。

## 五、“十一五”期间行业节能小结

“十一五”期间，在国家积极推进节能减排、力争实现单位GDP能耗下降20%的背景下，石油和化工行业的节能表现突出。通过淘汰落后产能、实施千家企业节能行动，推广应用节能技术、应用节能新机制等节能措施，工业增加值能耗下降 16.1%，六类子行业单位产品综合能耗呈现不同程度的下降，取得了可观的节能减排量，为实现节能约束性指标做出了积极贡献。

进入“十二五”，石油和化工行业节能任务仍然十分艰巨。炼油、乙烯的生产和消费量将保持稳定增长态势，能源消费量将持续增加；新型煤化工，如煤制烯烃、煤制天然气等将会迅速发展，其能源消费增量十分巨大；烧碱、甲醇产能过剩，生产负荷低，能耗偏高。面对行业产能的快速增长和艰巨的节能任务，“十二五”期间石化行业必须要提高思想认识，增强行业节能减排的紧迫感和责任感；继续控制增量，优化石油和化工行业的产业结构；发挥行业优势，继续推进循环经济的发展；加强科技创新，为发展循环经济提供技术支撑；加强人才培养，建设一支行业能源管理队伍；加强基础工作，建立行业节能减排考评体系，为“十二五”中国节能减排事业做出积极贡献。

# 第三节 建材行业

建材行业是中国重要的原材料工业，主要产品包括水泥、平板玻璃、石材、墙体材料和建筑（卫生）陶瓷等。目前，中国已经是世界上最大的建筑材料生产国和消费国，水泥、建筑陶瓷和卫生陶瓷等产品产量长期居世界第一位。

“十一五”期间，随着中国规模空前的城市化进程的加快，中国建材行业取得了高速发展。规模以上建筑工业企业的销售收入、利润年均增长分别为29.5%、44.2%；水泥、平板玻璃、建筑陶瓷、卫生陶瓷产量年均增长速度分别为12.0%、10.3%、14.2%、21.3%。

在产业规模不断扩大的同时，建材行业能源消费逐步上升。2009年规模以上建材企业能耗为2.12亿吨标准煤（其中，水泥行业能耗占到建材行业能耗总量的72%，建筑陶瓷行业占到7.8%，平板玻璃占到3.9%），比2005年增加36%，占中国能源消费总量的8.3%左右，在原材料行业中，仅次于钢铁和石化行业。

建材行业能耗比重较高，增速较快，使其成为中国工业节能减排的主要对象之一。“十一五”期间，在国家节能减排政策的引领下，行业结构调整和技术进步的步伐加快，节能减排取得了巨大成就。其中，水泥行业节能表现尤为突出。

## 一、行业发展概况

### （一）水泥产量持续增长，产能利用率有所下降

“十一五”期间，中国水泥产量大幅提升、经济规模有所扩大。

中国水泥产量一直保持较高的增长速度，水泥产量长期居世界第一位。2010年水泥产量18.8亿吨，占到全球水泥产量的60%左右。2010年水泥产量较2005年增长了76.0%，“十一五”期间年均增速约为12%。需要指出的是，由于2008年受金融危机的影响，水泥产量当年增速明显放慢，如图2-17所示。

在产品产量保持持续增长的同时，行业经济发展速度提升。2010年水泥行业实现工业增加值1806亿元，占到当年中国工业增加值的1.34%左右（均为当年价），约比2005年提高了0.3个百分点。

“十一五”以来，中国水泥行业生产能力逐年提高，但产能利用率有所下降。2008年底水泥行业生产能力为19亿吨，2009年达到22.69亿吨，到2010年，水泥生产能

力已达26.11亿吨；但与2008年相比，水泥行业产能利用率却从74.74%下降到2010年的72%，降低了约2个百分点，见表2-13。

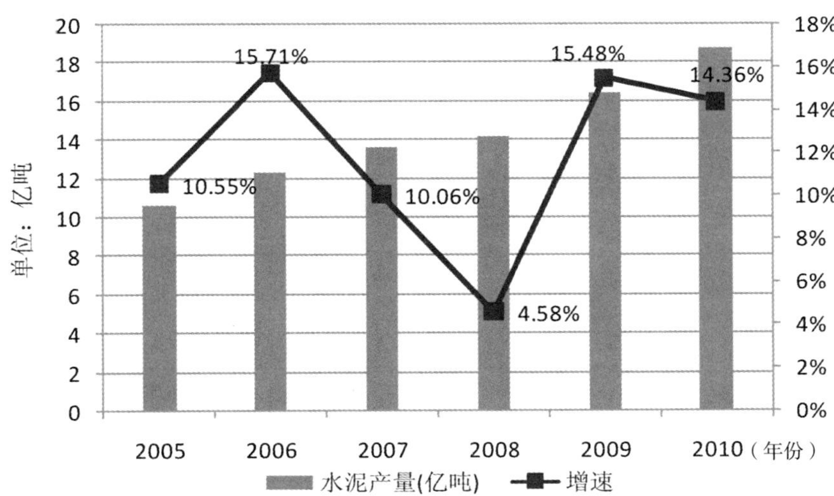


图2-17　2005—2010年中国水泥产品年产量及年增速

注：数据来自国家统计局。

**表2-13　"十一五"期间中国水泥行业生产能力与产量**

| | 总生产能力（亿吨） | 行业产量（亿吨） | 产能利用率（%） |
|---|---|---|---|
| 2008年 | 19.00 | 14.2 | 74.74 |
| 2009年 | 22.69 | 16.5 | 72.45 |
| 2010年 | 26.11 | 18.8 | 72.00 |

注：1. 数据来自中国水泥协会。
2. 生产能力是指企业或行业在计划期内，参与生产的全部固定资产，在既定的组织技术条件下，所能生产的产品数量，或者能够处理的原材料数量。生产能力是反映企业或行业所拥有的加工能力的一个技术参数，它也可以反映企业或行业的生产规模。

### （二）水泥生产向大型企业集团集中

"十一五"以来，水泥行业产业结构优化，大型企业集团在水泥行业中的地位逐步提高。2009年，规模以上水泥企业共有4801家，其中，前20家水泥企业集团已经控制了水泥生产的1/3，2010年前20家水泥企业产业集中度达到45%。

2009年，年生产能力在500万吨以上的水泥企业（集团）65家，水泥熟料生产能力6.73亿吨，占水泥熟料总生产能力的48.53%，水泥熟料产量5.6亿吨，占水泥熟料总产量的51.91%。其中，年生产能力在1000万吨以上的水泥企业（集团）达20家，熟料生产能力4.82亿吨，占熟料总生产能力的34.76%，熟料产量4.19亿吨，占水泥熟料总产量的38.82%。

### （三）水泥行业技术水平逐步提高

“十一五”以来，水泥行业按照国家节能减排总体要求，加快产业结构调整步伐，大力推广新型干法水泥生产线。截至2010年底，中国已有1316条新型干法水泥生产线，1200条投入运行，年设计熟料产能达14亿吨；2010年预分解窑熟料产量达到82000万吨，占到年水泥熟料产量比重的71.3%，比2005年提高了30个百分点，见表2–14。新型干法生产工艺已经取代其他工艺，成为水泥生产的主流。

**表2–14 中国预分解窑熟料产能及产量**

| 年度 | 生产线（条） | 新增产能（万吨） | 累积产能（万吨） | 增速（%） | 预分解窑熟料产量（万吨） | 产量比重（%） |
|---|---|---|---|---|---|---|
| 2005 | 624 | 10713.6 | 43736.35 | 32.44 | 34300 | 39.74 |
| 2006 | 715 | 8428.9 | 52165.25 | 19.27 | 39800 | 46.2 |
| 2007 | 802 | 9176 | 61341.25 | 17.59 | 46600 | 51 |
| 2008 | 936 | 14334.2 | 75965.5 | 24.22 | 59600 | 61 |
| 2009 | 1113 | 19892.5 | 95858 | 26.19 | 77900 | 72.2 |
| 2010 | 1316 | 44142 | 140000 | 46.03 | 82000 | 71.3 |

注：数据来自中国水泥协会。

目前，日产4000～5000吨和2000～2500吨熟料的预分解窑是中国新型干法生产主流窑型。2009年在843条水泥新型干法生产线中，日产5000吨熟料以上的新型干法生产线270条，熟料产能约4.3亿吨，占新型干法水泥熟料总产能的47.61%；日产2000～2500吨熟料的干法生产线400条，熟料产能为2.5亿吨，占新型干法水泥熟料总产能的27.55%，见表2–15。

**表2–15 截至2009年底中国已投产新型干法生产线统计**

| 规模（吨/日） | 700~1000 | 1100~1800 | 2000~2500 | 3000~3500 | 4000~4200 | 5000以上 | 合计 |
|---|---|---|---|---|---|---|---|
| 生产线数（条） | 192 | 152 | 400 | 53 | 46 | 270 | 1113 |
| 熟料能力（万吨/年） | 5592 | 6274 | 25110 | 5050 | 5729 | 43391 | 91146 |
| 占新型干法生产线总产能比（%） | 6.14 | 6.88 | 27.55 | 5.54 | 6.29 | 47.61 | 100 |

注：1. 列入统计的为不小于700吨/日新型干法生产线。
2. 生产线条数按当年投产的实际情况计算，生产线的能力按改造后的能力计算；SP窑或小于700吨/日的CP窑改为CP窑按改造投产当年能力计算；窑运转率按310天计算。
3. 据中国建材联合会信息部统计，2009年关停SP窑27条，因具体名单不详，此表中没体现关停的数量。

## 二、行业能耗状况

“十一五”以来，随着水泥行业产量的增加，行业能耗整体呈上升趋势。2009年水泥能耗为15347万吨标准煤，比2005年增长了约30.8%，年均增速为7%左右。“十一五”期间，水泥行业能耗占到当年工业能耗的7%，占到当年中国能耗比重的5%，见表2–16。

**表2–16　2005—2009年中国水泥行业能耗情况**

| 行　业 | 2005年 | 2006年 | 2007年 | 2008年 | 2009年 |
|---|---|---|---|---|---|
| 水泥能耗（万吨标准煤） | 11728 | 13102 | 14191 | 14323 | 15347 |
| 水泥占中国能耗比重（%） | 4.97 | 5.07 | 5.06 | 4.91 | 5.00 |
| 水泥占工业能耗比重（%） | 6.95 | 7.08 | 7.08 | 6.84 | 7.00 |

注：数据来自中国水泥协会和国家统计局。

“十一五”期间，水泥行业能耗年增速一直低于水泥产量年增速（约5个百分点），且二者差距逐步扩大。2009年水泥产量年增速15.48%，而能耗年增速仅为7.15%，二者相差约8.33个百分点，如图2–18所示。

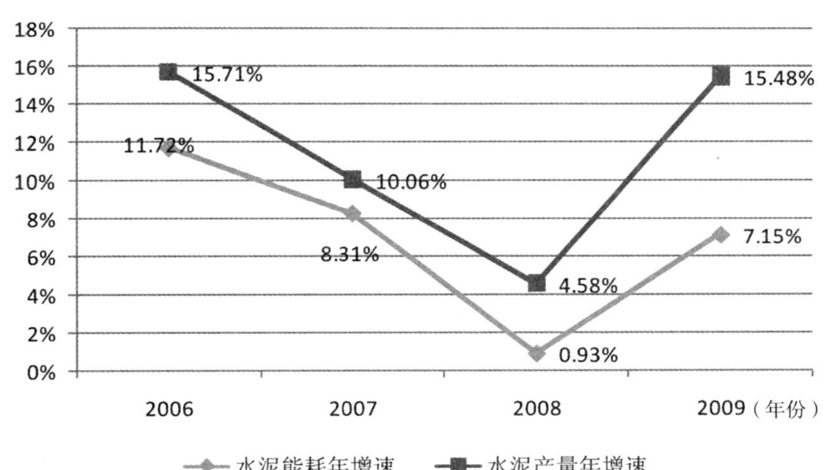


图2–18　“十一五”期间中国水泥能耗年增速与水泥产量年增速

## 三、行业节能主要成效

“十一五”期间，水泥行业节能成绩突出，主要表现在水泥综合能耗持续下降，行业淘汰落后产能加速，节能技术得到较为广泛的应用。

### （一）水泥综合能耗持续下降

“十一五”期间，新型干法线生产规模的扩大、先进节能技术的应用，使水泥综合能耗持续下降。水泥综合能耗由2005年的126kgce/t降低为2009年的103.8kgce/t，下降了17.62%左右,2010年国家统计局公布的水泥综合能耗为85 kgce/t，比2005年下降了32.54%；吨熟料能耗由2005年的148 kgce/t下降为2009年的124.15kgce/t，下降了16%左右，见表2-17。

**表2-17　2005—2010年中国水泥综合能耗与下降率**

| | 2005年 | 2006年 | 2007年 | 2008年 | 2009年 | 2010年 |
|---|---|---|---|---|---|---|
| 水泥综合能耗（kgce/t） | 126 | 120 | 115 | 104 | 103.8 | 85 |
| 水泥综合能耗年增长（%） | — | -4.76 | -4.17 | -9.57 | -0.19 | — |
| 吨熟料能耗（kgce/t） | 148 | 142 | 138 | 130 | 124.15 | |
| 吨熟料能耗增长率（%） | | -4.01 | -2.00 | -5.80 | -4.85 | |

注：2005—2009年数据来自中国建筑材料联合会，2010年数据来自国家统计局。

虽然中国水泥综合能耗与世界先进水平相比仍较高，但水泥新型干法主流类型之一——4000吨/日以上规模生产线，部分生产线能耗指标已接近世界先进水平，见表2-18。

**表2-18　中国不同规模新型干法水泥能耗指标与国际水平比较**

| 指标<br>项目 | 1000～2000吨/日 | | | 2000～4000吨/日 | | | 4000吨/日以上 | | |
|---|---|---|---|---|---|---|---|---|---|
| | 国际先进 | 国内先进 | 国内平均 | 国际先进 | 国内先进 | 国内平均 | 国际先进 | 国内先进 | 国内平均 |
| 熟料综合电耗(kW·h/t) | 66 | 73 | 82 | 58 | 65 | 74 | 55 | 57 | 65 |
| 熟料综合热耗(kgce/t) | 108 | 115 | 130 | 104 | 108 | 118 | 100 | 104 | 111 |
| 水泥综合电耗(kW·h/t) | 89 | 100 | 110 | 83 | 90 | 100 | 80 | 85 | 95 |
| 水泥综合能耗(kgce/t) | 94.5 | 101 | 113.5 | 90.5 | 94.5 | 103.5 | 87.5 | 91 | 97.5 |

注：以上数据来自《水泥企业能效对标指南》，中国终端能效项目，2009年。

### （二）落后产能淘汰加速

淘汰落后产能是实现水泥行业节能减排目标的主要活动之一。“十一五”期间，中国水泥行业每年均超额完成了年淘汰落后水泥产能5000万吨的目标，共淘汰水泥落后产能37000多万吨。截至2009年底，浙江、河南、北京、天津、上海已全部淘汰了落后工艺水泥产能。

“十一五”期间实现的淘汰落后产能，每年可节煤3500万吨以上，节电225亿千瓦时，减排粉尘300万吨①，见表2-19。

① 齐晔，《2010中国低碳发展报告》，清华大学气候政策研究中心，科学出版社，北京，2011年2月。

**表2-19 "十一五"期间中国水泥行业淘汰落后产能完成情况**

| | 2006年 | 2007年 | 2008年 | 2009年 | 2010年 | 合计 |
|---|---|---|---|---|---|---|
| 淘汰落后产能（万吨） | 7500 | 5200 | 5300 | 7500 | 11500 | 37000 |

## （三）节能技术得到有效应用

水泥生产与加工流程包括：生料制备、熟料煅烧、水泥粉磨以及分装等。各个生产与加工环节用到的先进工艺与节能技术见表2-20。

**表2-20 水泥生产过程中的先进工艺与节能技术**

<table>
<tr><th>工艺流程</th><th>节能技术与手段</th><th>先进工艺</th><th>节能技术改造</th></tr>
<tr><td>生料制备</td><td>高效粉磨技术</td><td rowspan="2">新型干法水泥生产线</td><td rowspan="3">电机、风机的变频器调速节能技术</td></tr>
<tr><td>熟料煅烧</td><td>纯低温发电技术</td></tr>
<tr><td>水泥粉磨</td><td>高效粉磨技术</td><td></td></tr>
<tr><td>分装</td><td>水泥散装</td><td></td><td></td></tr>
</table>

水泥行业实现节能减排应推广的先进工艺有新型干法水泥生产线；先进节能技术有水泥窑纯低温余热发电技术、高效粉磨技术和变频器调速节能技术；在水泥分装方面，减少袋装水泥，提高水泥散装率也是有效的节能手段。"十一五"期间，这些高效、节能技术在水泥行业节能减排工作中发挥了巨大作用，也带来了可观的节能效益。

1. 新型干法生产线

新型干法窑能源消费量比机立窑低20%左右，因此，普及新型干法生产线是水泥行业节能减排的必由之路。"十一五"以来，中国在发展新型干法水泥工业上取得了不俗成绩，新型干法水泥产量的比重逐年上升。2010年，新型干法水泥产量占中国水泥产量的80.7%，比2005年提高了约40个百分点，如图2-19所示。新型干法水泥生产线的广泛应用，有效降低了水泥生产综合能耗，同时提高了水泥熟料生产质量。

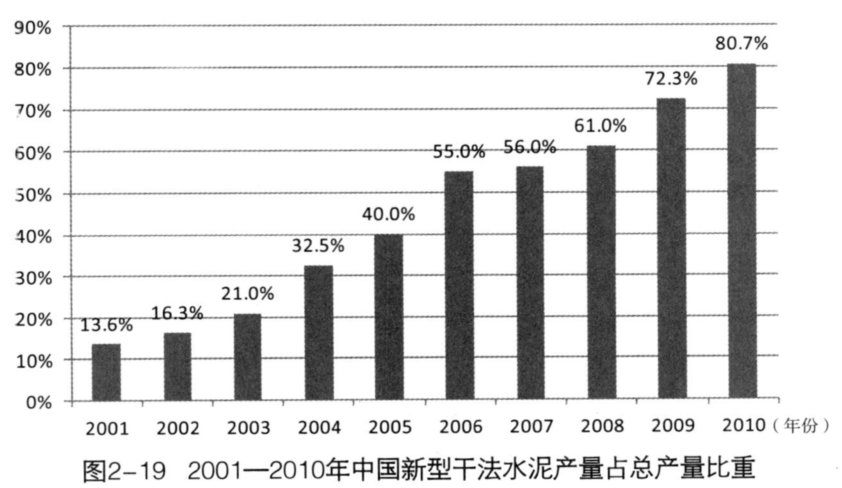


图2-19 2001—2010年中国新型干法水泥产量占总产量比重

2. 纯低温余热发电技术

余热发电技术是“十大重点节能工程”的重要内容之一。水泥纯低温节能技术利用水泥窑低于350℃废气的余热生产0.8～2.5兆帕的低压蒸汽，推动汽轮机做功发电，吨熟料发电量可达37～45千瓦时。目前，中国已开发出拥有自主知识产权的“单压、闪蒸、双压、复合系统”四大低温余热发电热力系统，可适用于不同窑型、多种废气热源的回收利用，已实现了为业主量身订做，在不增加窑系统热耗的前提下，充分利用余热，合理配套建设发电装置。这种国产化自主知识产权的纯低温余热发电技术和装备已经达到国际先进水平，得到国际市场的认可。

“十一五”期间，纯低温余热发电技术在水泥企业的推广和应用呈现加速之势。2006年之前，中国共有纯低温余热发电生产线13条，13台机组，装机容量63兆瓦，年发电量为3.78亿千瓦时。2006—2009年，每年分别有15条、86条、149条和232条纯低温余热发电生产线投产，呈现几何式增长。预计到2010年中国共将投产纯低温余热发电生产线684条，装机容量达4820兆瓦，年发电量预计达到289.23亿千瓦时。“十一五”期间，水泥行业通过余热利用，可实现节能量989.61万吨以上，减排二氧化碳2500万吨左右，见表2-21。

**表2-21　“十一五”期间中国每年投入运行的低温余热电站**

| 年度 | 生产线（条） | 装机容量（千瓦） | 年运转小时（小时） | 年发电量(亿千瓦时) | 节能量（万吨标准煤） |
|---|---|---|---|---|---|
| 2006年以前 | 13 | 62980 | 6000 | 3.78 | 13.98 |
| 2006 | 15 | 66000 | 6000 | 3.96 | 14.53 |
| 2007 | 86 | 571000 | 6000 | 34.26 | 121.97 |
| 2008 | 149 | 975000 | 6000 | 58.50 | 201.83 |
| 2009 | 232 | 1677000 | 6000 | 100.62 | 342.11 |
| 2010年预计 | 189 | 1468600 | 6000 | 88.12 | 295.19 |
| 合计 | 684 | 4820580 |  | 289.23 | 989.61 |

3. 变频调速节能改造

近年来，中国的变频节能设备不断取得技术突破，高压、低压不同电压等级的越来越大容量的节电设备开发成功。水泥厂风机采用变频调速技术，能节约大量能源，提高生产效率，为水泥厂带来较高的经济效益和社会效益。

从2005年起变频技术开始应用于水泥行业的电机节能改造，至今已成功应用于新型干法水泥生产线的6个工艺位置的高压风机，即：生料磨循环风机、煤磨循环风机、窑头排风机、窑尾高温风机、窑尾排风机、水泥磨循环风机。表2-22是选择不同类型风机应用高压变频改造后在系统满载、相同环境、工艺条件要求下进行节能测试效果的实例数据。从中可以看出，变频技术的应用能够使得不同类型风机实现节电率达10%～45%。

**表2-22　中国水泥行业不同类型风机应用高压变频改造后节能测试数据**

| 风机类型 | 电机功率（千瓦） | 电压等级（千伏） | 挡扳开度调节开度 | 运行功率（千瓦） | | | 运行电流（安） | | 运行频率 |
|---|---|---|---|---|---|---|---|---|---|
| | | | | 变频前 | 变频后 | 节电率 | 工频 | 变频 | |
| 生料磨循环 | 630 | 6 | 风门80% | 500 | 372 | 25% | 64 | 36.5 | 43 |
| 煤磨循环 | 560 | 10 | 风门80% | 500 | 382 | 24% | 37 | 24 | 37 |
| 窑头排风 | 710 | 6 | 风门70% | 582 | 369 | 36% | 70 | 34.8 | 39.9 |
| 窑尾排风 | 1000 | 10 | 水阻80% | 840 | 710 | 15% | 61 | 42.9 | 39.7 |
| 窑尾高温 | 2500 | 10 | 液耦90% | 2600 | 2350 | 9.6% | 155 | 143 | 45 |
| 水泥磨循环 | 355 | 10 | 风门45% | 190 | 105 | 45% | 17 | 6.2 | 36 |

据统计，目前中国新型干法水泥生产线的大中型电机拖动系统（风机）共有装机容量350万千瓦，其中，仅有5%～7%的设备实施了变频调速改造。研究表明，如2010年水泥生产线电机、风机等装备中有40%实施该技术，可实现节电38亿千瓦时，折合标准煤约125万吨。

4. 高效粉磨技术

水泥行业的粉末设备主要应用于生料制备、煤粉制备和水泥粉磨等环节，据统计，干法水泥生产线粉磨作业需要消耗电力约占水泥生产全部电耗的60%以上，其中，生料粉磨占30%以上，煤磨约占3%，水泥粉磨约占40%。因此，推广高效粉磨设备和技术对于水泥工业节电降耗有重要意义。

对于水泥行业来说，在粉磨系统推行节能降耗的主要途径包括：①在生料粉磨系统用高效立磨替代球磨机；②在2000吨/日中小型生产线上用辊压机联合粉磨技术代替球磨机；③在条件合适情况下，在水泥/矿渣粉磨系统中用大型高效立磨代替球磨机；④用高效立式煤磨替代部分落后风扫式球磨（用于研磨煤粉）。据估算，如果2010年有60%的落后球磨机由高效立磨或辊压机联合墨粉系统替代，可实现节电量22.7亿千瓦时，相当于节能77.2万吨标准煤。

5. 水泥散装率

提高水泥散装率也是实现水泥行业节能减排目标的主要措施之一。根据统计，1万吨水泥散装与袋装相比，可节省制造包装纸袋耗用的优质木材330立方米，避免袋装破损4.5%，节能量达237吨标准煤。

“十一五”期间，中国水泥行业逐步提高了水泥散装率，水泥散装率从2005年的37%上升至2009年的46.3%。水泥散装率的提高使得2009年水泥行业比2005年节约360万吨标准煤。

### （四）“千家企业节能行动”取得明显成果

2007年后，通过与各省级人民政府签订节能目标责任书，千家企业中水泥企业对节能工作的重视程度明显提高。根据国家发展和改革委员会公布的《2009年千家企业节能目标责任考核结果的公告》，2009年参与考核的67家水泥企业，均完成和超额完成“十一五”节能目标，累计实现节能量551.51万吨标准煤。

## 四、行业主要节能政策措施

### （一）加强行业指导，提高行业准入条件

加强重点行业节能一直是中国节能工作的重点。无论是国家节能政策还是《节约能源法》中，都提倡根据行业特点，有针对性地开展节能减排工作。为了加强水泥行业节能管理，2010年工信部印发了《关于水泥工业节能减排的指导意见》。该指导意见将加强水泥企业监督管理放在政策措施的首位，强调建立完善的节能减排新机制和优惠政策，完善节能减排标准体系，鼓励水泥行业技术创新，加强企业能力建设和组织领导等。

为了促进水泥行业节能减排、淘汰落后和结构调整，引导行业健康发展，工信部发布《水泥行业准入条件》，对项目资金配置、生产线规模以及工艺与装备都提出了新的要求，提高了水泥行业的准入条件。

在生产线规模方面，要求新建水泥（熟料）生产线采用新型干法生产工艺；单线建设要达到日产4000吨级水泥熟料规模，经济欠发达、交通不便、市场容量有限的边远地区单线最低规模不得小于日产2000吨级水泥熟料（利用电石渣生产水泥熟料和特种水泥生产的除外）。新建水泥粉磨站的规模要达到年产水泥60万吨及以上。边远省份单线粉磨系统不得低于年产30万吨规模。粉磨站的建设应靠近市场、有稳定的熟料供应源和就近工业废渣等大宗混合材的来源地，要配套70%以上散装能力。

工艺与装备方面，要求新建水泥（熟料）生产线要配置纯低温余热发电；粉磨站的建设应靠近市场、有稳定的熟料供应源和就近工业废渣等大宗混合材的来源地，要配套70%以上散装能力；新建水泥（熟料）项目要采用先进成熟、节能环保型技术装备，保证系统的安全、稳定和长期运转。

此外，《水泥行业准入条件》还特别对新建水泥企业能耗和资源利用方面提出要求，新建水泥（熟料）生产线可比熟料综合煤耗、综合电耗、综合能耗和可比水泥综合电耗、综合能耗要达到国家规定的单位水泥能耗限额准入值标准；新建水泥粉磨站可比水泥综合电耗不大于38千瓦时/吨。新建或改扩建水泥（熟料）生产线项目须配置脱除$NO_X$效率不低于60%的烟气脱硝装置。新建水泥项目要安装在线排放监控装置，并采用高效污染治理设备。

### （二）抑制产能过剩，淘汰落后产能

抑制产能过剩和淘汰落后产能是水泥行业节能减排的重要手段。2006年国家发展和改革委员会《印发关于加快水泥工业结构调整的若干意见的通知》中，已经明确要求"对水泥产能增长过快、新型干法水泥比例已经较高的地区，发展速度要予以适度控制；对落后产能比重较大的地区，鼓励上大压小，扶优汰劣"。《国务院关于印发节能减排综合性工作方案的通知》提出，要在"十一五"期间淘汰落后立窑25000万吨。同年在《国家发展改革委办公厅关于做好淘汰落后水泥生产能力有关工作的通知》中要求：2008年底前各地要淘汰各种规格的干法中空窑、湿法窑等落后工艺技术装备，进一步消减立窑生产能力，有条件的地区要淘汰全部立窑。地方各级人民政府要依法关停并转年产规模小于20万吨和环保或水泥质量不达标企业的生产能力。

2009年，国家加大了水泥行业淘汰落后和抑制产能过剩力度。十部委发布的《关于抑制部分行业产能过剩和重复建设引导产业健康发展的若干意见》提出，要严格控制新增水泥产能，执行等量淘汰落后产能的原则。同年工信部印发了《关于抑制产能过剩和重复建设引导水泥产业健康发展的意见的通知》，提出以严格市场准入，提高准入门槛为手段，抑制产能过剩。并要求继续加大淘汰落后工作力度，重申抓紧制定2010—2012年内彻底淘汰不符合产业政策和环保、能耗、质量、安全要求的落后水泥产能时间表，逐步建立落后产能退出机制。2012年底前，淘汰窑径3.0米以下水泥机械化立窑生产线、窑径2.5米及以下水泥干法中空窑（生产高铝水泥的除外）、水泥湿法窑生产线（主要用于处理污泥、电石渣等的除外）、直径3.0米以下的水泥磨机（生产特种水泥的除外）以及水泥土（蛋）窑、普通立窑等落后水泥产能。

### （三）制定节能标准，加强行业节能管理

"十一五"期间，国家颁布和修订了多项关于水泥行业的节能标准。其中，水泥单位产品能耗限额标准对水泥产品生产能耗作出强制性规定，直接决定了水泥企业市场准入；水泥厂节能设计规范对水泥企业节能管理和技术提高起到重要指导作用，它也是中国首个行业企业节能设计规范；水泥工业清洁生产标准则从生产的角度，将水

泥行业节能降耗与资源综合利用等结合起来。

1.《水泥单位产品能源消耗限额》（GB 16780—2007）

在《水泥企业能耗等级定额》（GB/T16780—1997）基础上进行修改、完善的《水泥单位产品能源消耗限额》（GB 16780—2007）于2008年6月1日正式发布实施。新标准从目前国内水泥工业的产业结构、技术水平及相关的国家产业政策出发，参考目前国际上先进的水泥生产技术经济指标，对原标准进行了全面修改。在新标准中，确定了适合中国水泥工业实际情况的水泥单位产品能源消耗限额指标，对现有水泥企业水泥单位产品能源消耗限额目标值和新建水泥企业水泥单位产品能源消耗限额准入值提出了强制性规定。见表2-23至表2-25。

**表2-23　中国现有水泥企业水泥单位产品能耗限额定值**

| 分类 | 可比熟料综合煤耗限额定值（kgce/t） | 可比熟料综合电耗[a]限额定值（kW·h/t） | 可比水泥综合电耗[b]限额定值（kW·h/t） | 可比熟料综合能耗限额定值（kgce/t） | 可比水泥综合煤耗限额定值（kgce/t） |
|---|---|---|---|---|---|
| 4000吨/日以上（含4000吨/日） | ≤120 | ≤68 | ≤105 | ≤128 | ≤105 |
| 2000～4000吨/日（含2000吨/日） | ≤125 | ≤73 | ≤110 | ≤134 | ≤109 |
| 1000～2000吨/日（含1000吨/日） | ≤130 | ≤76 | ≤115 | ≤139 | ≤114 |
| 1000吨/日以下 | ≤135 | ≤78 | ≤120 | ≤145 | ≤118 |
| 水泥粉磨站 | — | — | ≤45 | — | — |

注：a. 对只生产水泥熟料的水泥企业
b. 对生产水泥的水泥企业（包括水泥粉磨企业）

**表2-24　新建水泥企业水泥单位产品能耗限额准入值**

| 分类 | 可比熟料综合煤耗限额定值（kgce/t） | 可比熟料综合电耗[a]限额定值（kW·h/t） | 可比水泥综合电耗[b]限额定值（kW·h/t） | 可比熟料综合能耗限额定值（kgce/t） | 可比水泥综合煤耗限额定值（kgce/t） |
|---|---|---|---|---|---|
| 4000吨/日以上（含4000吨/日） | ≤110 | ≤62 | ≤90 | ≤118 | ≤96 |
| 2000～4000吨/日（含2000吨/日） | ≤115 | ≤65 | ≤93 | ≤123 | ≤100 |
| 水泥粉磨站 | — | — | ≤38 | — | — |

注：a. 对只生产水泥熟料的水泥企业
b. 对生产水泥的水泥企业（包括水泥粉磨企业）

表2-25 水泥企业水泥单位产品能耗限额先进值

| 分类 | 可比熟料综合煤耗限额定值（kgce/t） | 可比熟料综合电耗[a]限额定值（kW·h/t） | 可比水泥综合电耗[b]限额定值（kW·h/t） | 可比熟料综合能耗限额定值（kgce/t） | 可比水泥综合煤耗限额定值（kgce/t） |
|---|---|---|---|---|---|
| 4000吨/日以上（含4000吨/日） | ≤107 | ≤60 | ≤85 | ≤114 | ≤93 |
| 2000～4000吨/日（含2000吨/日） | ≤112 | ≤62 | ≤90 | ≤120 | ≤97 |
| 水泥粉磨站 | — | — | ≤34 | — | — |

注：a. 对只生产水泥熟料的水泥企业
b. 对生产水泥的水泥企业（包括水泥粉磨企业）

2. 水泥厂节能设计规范（GB 50443—2007）

2008年5月1日，《水泥厂节能设计规范》（GB 50443—2007）正式发布实施，其内容覆盖了水泥厂建设、熟料和水泥生产、电气系统和采矿工程等方面的节能设计。在本规范中，给出了新建、扩建水泥工厂生产线的主要能耗设计指标、主要生产工段分布电耗设计指标以及熟料烧成系统能效设计指标等，见表2-26和表2-27。

表2-26 新建、扩建水泥生产线主要生产工段分布电耗设计指标

| 生产工段 | 设计值 |
|---|---|
| 石灰石粉碎（千瓦时/吨石灰石） | ≤2.0 |
| 原料粉磨（千瓦时/吨生料） | ≤22 |
| 煤粉制备（千瓦时/吨煤粉） | ≤35 |
| 水泥粉磨（千瓦时/吨水泥） | ≤36 |
| 水泥包装（千瓦时/吨水泥） | ≤1.5 |

表2-27 熟料烧成系统的能效设计指标

| 工厂规模 | 2000～4000吨/日(含2000吨/日) | 4000吨/日及以上 |
|---|---|---|
| 系统热效率（%） | >50 | >52 |
| 熟料烧成热耗（千焦/千克熟料） | ≤3178 | ≤3050 |
| 熟料烧成电耗（千瓦时/吨熟料） | ≤32 | ≤28 |

3. 水泥工业清洁生产标准

2009年7月1日，《清洁生产标准水泥工业》（HJ 467—2009）正式实施，对水泥工业企业清洁生产的一般要求做出了规定，将水泥工业清洁生产指标分为6类，即生产工艺与装备要求指标、资源能源利用指标、产品指标、污染物产生指标、废物回收

利用指标和环境管理指标。

本标准中，给出了水泥工业生产过程清洁生产水平的三级技术指标：一级：国际清洁生产先进水平；二级：国内清洁生产先进水平；三级：国内清洁生产基本水平。按照三级技术指标，标准中给出了水泥企业资源能源利用指标，见表2–28。

**表2–28　水泥工业清洁生产资源能源利用指标**

| 资源能源利用指标 | | 一级 | 二级 | 三级 |
|---|---|---|---|---|
| 可比熟料综合煤耗（折标准煤）（千克/吨） | | ≤106 | ≤115 | ≤120 |
| 可比熟料综合能耗（折标准煤）（千克/吨） | | ≤114 | ≤123 | ≤134 |
| 可比水泥综合能耗（折标准煤）（千克/吨） | | ≤93 | ≤100 | ≤110 |
| 可比熟料综合电耗[a]（千瓦时/吨） | | ≤62 | ≤65 | ≤73 |
| 可比水泥综合电耗[b]（千瓦时/吨） | 生产水泥的水泥企业 | ≤90 | ≤100 | ≤115 |
| | 水泥粉磨企业 | ≤35 | ≤38 | ≤45 |
| 单位熟料新鲜水用量（吨/吨） | | ≤0.3 | ≤0.5 | ≤0.75 |
| 循环水利用率（%） | | ≥95 | ≥90 | ≥85 |
| 水泥散装率（%） | | ≥70 | ≥40 | ≥30 |
| 原料配料中使用工业废物[c]（%） | | ≥15 | ≥10 | ≥5 |
| 窑系统废气余热利用率（%） | | ≥70 | ≥50 | ≥30 |

注：a. 只生产水泥熟料的水泥企业
　　b. 不包括钢渣粉制备的电耗
　　c. 废物资源条件不能满足的地区不执行此指标

### （四）促进行业节能进步，发展散装水泥

“十一五”期间，中国水泥行业加强大型高效粉磨系统、低热值燃料应用、低温余热发电、城市垃圾处理、工业废渣及可燃废弃物的应用、新型绿色水泥基材料等研究，将“可燃废弃物在水泥生产过程中的无害化、资源化处置技术及设备”等研究项目列为国家专项重点研究攻关课题，加大科研及开发投入力度，建设示范线，力争在技术开发和应用方面有所突破。

2010年工信部发布《关于印发新型干法水泥窑纯低温余热发电技术推广实施方案的通知》，该实施方案计划用4年时间（2010—2013年），对日产量2000吨以上的新型干法水泥窑推广纯低温余热发电改造项目，使日产量2000吨以上的新型干法水泥生产线余热发电配套率达到95%以上，促进水泥工业节能减排工作的深入开展。

在发展散装水泥方面。2006年，国务院在《关于做好建设节约型社会近期重点工作的通知》中，要求“落实发展散装水泥的政策措施，从使用环节入手，进一步加

大散装水泥推广力度”。此外，2007年，在《国务院关于印发中国关于应对气候变化国家方案的通知》中，强调“进一步推广散装水泥，鼓励水泥掺废渣”。继续执行“限制袋装、鼓励和发展散装”的方针，完善对生产企业销售袋装水泥和使用袋装水泥的单位征收散装水泥专项资金的政策，继续执行对掺废渣水泥产品实行免税优惠待遇等政策，进一步推广预拌混凝土、预拌砂浆等措施，保持中国散装水泥高速发展的势头。

### （五）开展能效对标活动

水泥行业开展能效对标活动先行一步。2009年，国家发展和改革委员会、联合国开发计划署、全球环境基金（NDRC/UNDP/GEF）共同组织实施了《水泥行业节能协议活动的组织和协调》项目，年底完成了《水泥工厂能效对标指南》的编写和发布，组织了水泥试点企业开展能效对标活动，为在全行业开展能效对标工作起到指导和示范作用。除此之外，按工信部节能司的要求，水泥行业制定了《水泥行业开展能效水平对标活动实施意见》，并召开了“水泥行业能效对标活动启动暨宣贯会议”，为全行业开展能效对标工作打下坚实基础。

## 五、“十一五”期间行业节能小结

“十一五”以来，中国水泥行业按照国家节能减排的总体要求，取得了节能减排的一系列成果。

（1）水泥行业每年均超额完成了年淘汰落后水泥产能5000万吨的目标，累计淘汰水泥落后产能35500余万吨，超额完成“十一五”淘汰落后目标。

（2）吨水泥综合能耗持续下降，2010年吨水泥综合能耗比2005年下降了32.54%左右，部分4000吨/日以上大型干法水泥生产线吨水泥能耗已经接近世界先进水平。

（3）水泥行业技术水平明显提高。新型干法水泥生产技术得到了大规模推广应用，新型干法水泥产量已经占中国国内水泥产量的80.7%；纯低温余热发电技术在水泥企业的推广和应用呈现加速之势，预计到2010年中国共将投产纯低温余热发电生产线684条，装机容量达4820兆瓦，年发电量预计达到289.23亿千瓦时，可实现节能量989.60万吨标准煤。

但是，中国水泥行业节能减排依旧困难重重。产能过剩问题一直未得到有效解决，落后产能还占一定比重；行业整体能效水平不高，水泥综合能耗和电耗与国际先进水平相比仍然过高；新型干法水泥工艺及回转窑无害化、资源化协同处理工业可燃废弃物等尚处于起步阶段，节能减排技术有待孕育和推广；水泥产业集中度不高，企业节能管理水平需进一步提高等。

因此，水泥行业节能减排是一项长期艰巨的工作。在即将到来的“十二五”期间，水泥行业将进一步加大淘汰落后产能工作力度，建立淘汰落后产能长效机制；严格市场准入，提高水泥行业节能减排管理水平；进一步提高企业集中度，促进水泥工业的企业集团化，生产专业化，管理现代化；不断开展水泥行业节能技术研发，推广先进的节能技术，为“十二五”中国节能减排事业继续做出积极贡献。

# 第四节　有色金属

有色金属行业是以开发利用矿产资源为主的传统行业，行业涉及产品较广。一般常用的十种有色金属包括铜、铝、铅、锌、镍、锡、锑、汞、镁、钛（铜、铝、铅和锌四种金属总产量占有色金属生产和消费总量的95%以上），另外还有少量的钨、钼、钴、稀土等稀有金属。有色金属是发展国民经济、提高人民生活质量和维护国防安全的基础材料和战略性物资，它的发展与消费水平已经成为衡量一个国家社会进步的重要标志。

中国是世界上最大的有色金属生产和消费国，十种有色金属产量连续多年居世界首位。同时，有色金属行业也是能耗大户，节能减排任务艰巨。“十一五”期间，有色金属行业在国家政策引导下，通过节能技术改造和产业结构调整，节能减排取得巨大成绩。

## 一、行业发展概况

### （一）产品产量增长较快

“十一五”期间，中国有色金属产品产量增长速度较快，十种有色金属产量由2006年的1917万吨，增长到2010年的3120.98万吨，约占世界总产量的1/3，继续保持世界有色金属生产大国地位。但与“十五”时期相比，中国有色金属产量增幅明显下降，“十一五”期间十种有色金属年均增长速度在14%左右，低于“十五”期间年均增速约6个百分点，如图2-20所示。

“十一五”期间，铜、铝等有色金属产量经历了较大起伏。2007年，十种有色金属的年增长率达到“十一五”期间的最高值——24.1%。此后，在国际金融危机等因素的影响下，十种有色金属产量的年增长速度一路下滑到2009年的3.7%，部分有色金属产量如原铝，甚至出现负增长。2009年下半年后，有色金属产量增速逐步恢复到“十一五”初期水平，如图2-21所示。

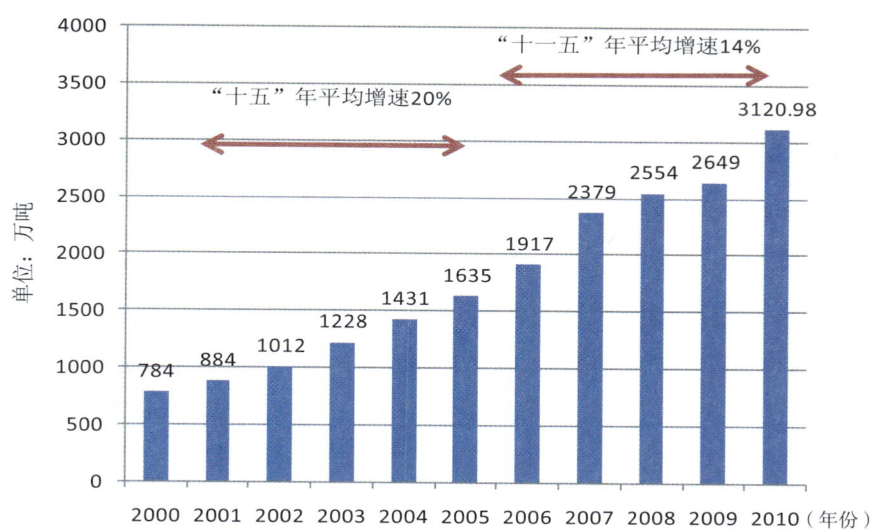


图2-20　2000—2010年中国有色金属产量与年均增长率

注：资料来自国家统计局。

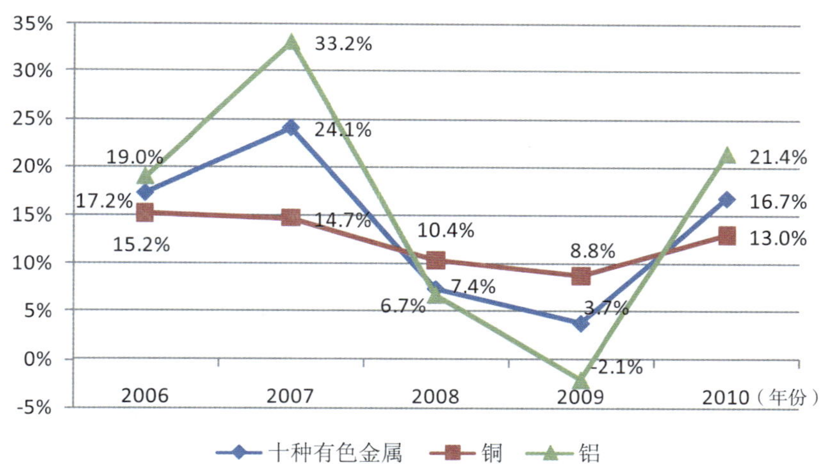


图2-21　“十一五”期间中国十种有色金属及铜、铝的年增长率

注：资料来自国家统计局。

从产能利用率上看，有色金属行业中部分产品存在较为严重的产能过剩，其中，电解铝行业产能过剩最为明显。2007年，电解铝在经历了高达30%以上的年增长率后，产能过剩矛盾进一步激化。2009年，在全球范围内电解铝供过于求的形势下，中国电解铝产能占全球42.9%，产能利用率仅为73.2%；而铜冶炼产能虽然总体不过剩，但粗铜冶炼产能相对于自产铜精矿来说已经过剩①。

① 数据来自有色金属工业协会，http://finance.ifeng.com/stock/roll/20110604/4112256.shtml。

## （二）产业集中度提高，整体竞争力提升

"十一五"期间，有色金属行业在国家政策引导下，通过兼并重组，形成了一批具有较强竞争力的大型企业集团。其中，中国铝业公司积极整合国内资源，现已成为全球第二大氧化铝和第三大电解铝生产商；铜冶炼能力近350万吨，江西铜业、铜陵有色、云南铜业的产量排名居世界前列，排名前10的铜冶炼企业占中国产量的76%；电解铝产量超过50万吨的企业有6家，产量占中国电解铝产量的51.3%，排名前10的电解铝企业产品产量占行业总产量的64%。

在节能技术推广方面，先进的闪速熔炼、富氧熔池熔炼、湿法炼锌技术，在铜、镍、锌冶炼中占主导地位；自主创新的"氧气底吹–液态高铅渣直接还原"正在推广应用；具有自主知识产权的一水硬铝石选矿拜耳法、富矿强化烧结法技术、砂状氧化铝生产技术等成功应用，大大提高了中国氧化铝生产技术水平，350千安、400千安等大型铝电解槽的投入使用，使中国电解铝的能耗大大降低。

## （三）产业发展迅速，增加值比重有所增大

"十一五"期间，有色金属行业[①]工业增加值由2005年的2675亿元增加到2010年的4602亿元（均为2005年不变价），年均增幅达到16.2%左右，远远高于同期中国工业经济发展速度，如图2–22所示。

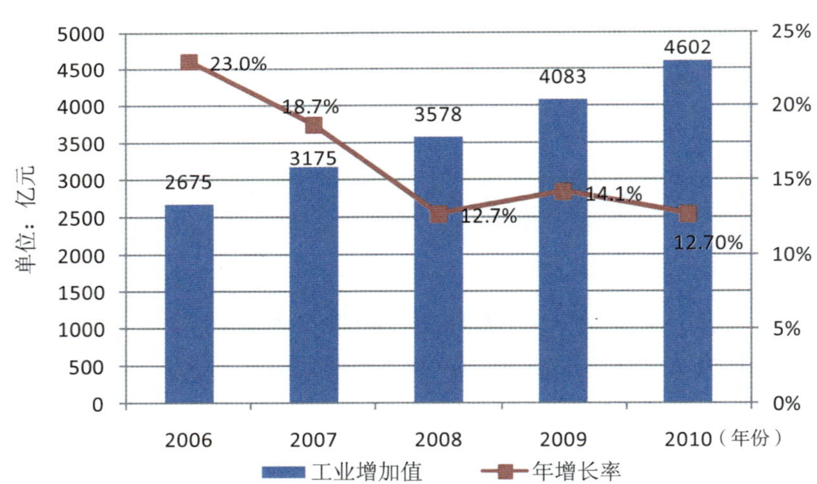


图2–22　2006—2009年中国有色金属行业工业增加值与年增速

注：资料来自中国有色金属工业协会，均为2005年不变价。

随着有色金属行业经济的快速发展，行业工业增加值比重有所提高。2010年有色金属行业的工业增加值占中国工业增加值的3.4%左右，比2005年提高约0.6个百分点。

① 依据《国民经济行业分类》（GB/T4754—2002），有色金属行业包括有色金属采矿业、有色金属冶炼和压延加工业两个行业大类。

### （四）再生金属产量激增，产业规模渐成

"十一五"期间，中国再生金属产业快速发展，成为有色金属工业的重要组成部分。再生有色金属产量从2005年的373万吨增加到2010年720[①]万吨，年增长率在14%以上。2009年主要再生有色金属产量已经占到当年十种有色金属产量的24%左右，相当于10年前中国十种有色金属总产量，见表2-29。

表2-29　2005—2010年中国再生金属利用量与总产量比重

| | 2005年 | 2006年 | 2007年 | 2008年 | 2009年 | 2010年 |
|---|---|---|---|---|---|---|
| 再生金属利用量(万吨) | 373 | 453 | 530 | 510 | 633 | 720 |
| 占十种有色金属总产量（%） | 22.8 | 23.6 | 22.3 | 20.0 | 23.9 | 23.3 |

注：数据来自中国有色金属工业协会及《再生有色金属产业发展推进计划》（工信联节〔2011〕51号）

再生有色金属产业集中度也在逐步提高。目前，已建成一批年产5万吨以上再生有色金属企业，其中，最大的再生铝企业产能达65万吨，再生铜企业产能超过40万吨，再生铅企业产能超过20万吨。珠江三角洲、长江三角洲、环渤海经济圈和成渝经济区等逐步形成再生有色金属产业集群，一批进口再生资源加工园区和国内回收交易市场，以及规模化再生有色金属利用工程正在建设。

## 二、行业能耗状况

2010年，中国有色金属行业年能耗约13745.5万吨，比2005年增长70%，约占当年工业能源消费总量的5.7%，占当年全国能源消费总量的4.2%；电力消耗3263亿千瓦时，比2005年增长两倍，约占中国电力消耗量的7.6%。

"十一五"期间，有色金属行业能耗增速出现较大波动，呈"V"字形走势，其中，2009年行业能耗出现同比负增长，降幅达到6.2%。2010年行业能耗迅速反弹，能耗增速回升到20.6%，如图2-23所示。据初步统计，"十一五"期间，有色金属行业以每年11%左右的平均能耗增长支持了每年约16.2%的工业增加值增长。

按照综合能耗指标和技术经济指标进行测算，2010年有色金属行业能源消耗冶炼环节约占产业能源消耗总量的77%，加工占11%，矿山占5%。在冶炼环节中，铝冶炼占61%，铅锌冶炼占8%，镁冶炼占6%，铜冶炼占2%，如图2-24所示。其中，铝工业能耗（包括电解铝、氧化铝、铝加工）约占有色金属行业能源消耗量70%，因此铝工

① 据有色金属协会再生金属分会预计。

业是有色金属行业节能工作的重点。

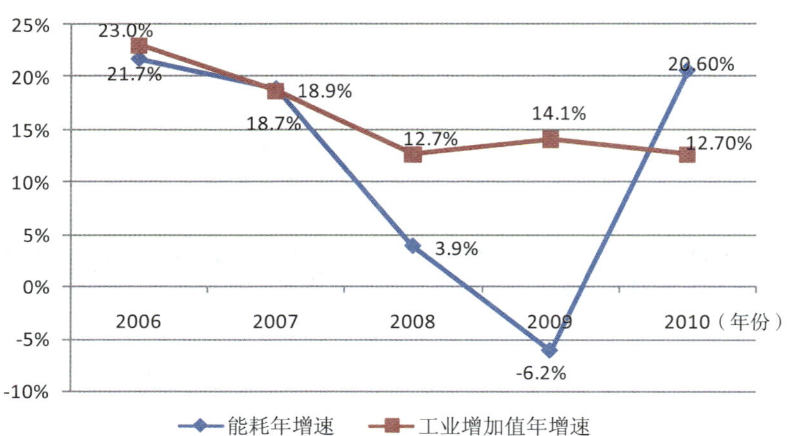


图2-23　2006—2009年中国有色金属行业能耗与工业增加值年增速

注：1. 数据来自中国有色金属工业协会。
2. 有色金属行业能耗数据为按发电煤耗计算的标准煤耗。
3. 工业增加值数据为2005年不变价。

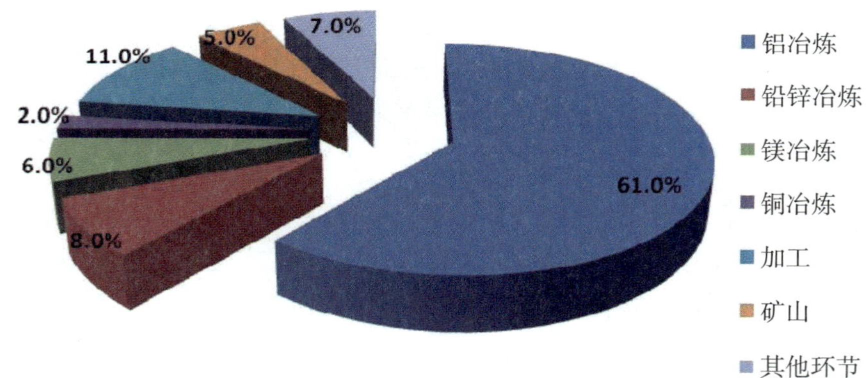


图2-24　2010年中国有色金属行业各个环节能源消费比重

注：资料来自中国有色金属工业协会。

## 三、行业节能主要成效

### （一）超前完成“十一五”节能目标

据测算，2010年有色金属行业节约标准煤1400万吨（2010年数据为快报数，下同），与2005年相比节能率达到14.5%，已超额完成了有色金属行业制定的“十一五”节能率达到10%的目标①。

① 2007年，中国有色金属工业协会制定的《有色金属工业节能减排工作方案》中提出“十一五”行业节能目标是：2010年有色金属行业节能总量约占当年能源消耗总量的10%。

"十一五"期间，有色金属行业万元增加值能耗明显下降。2010年有色金属行业的万元工业增加值能耗为2.987tce/万元，比2005年下降了19.64%左右，如图2-25所示。

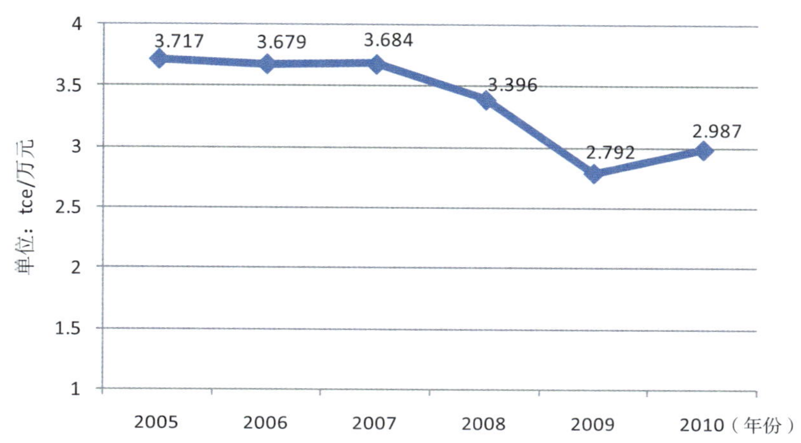


图2-25　2005—2010年中国有色金属行业单位工业增加值能耗

注：数据来自中国有色金属工业协会。

### （二）技术水平提高，单位产品能耗持续下降

"十一五"期间，中国有色金属行业经过持续的科技攻关与开发创新，主要生产领域采矿、选矿、冶炼和加工方面的技术和装备与国际先进水平的差距已经大大缩短；主要产品综合能耗进一步降低，部分技术指标已接近或达到世界先进水平。

1. 铝

铝生产工艺为铝土矿开采、氧化铝、电解铝、加工等。铝工业（含加工）能耗占到有色金属行业总能耗的70%左右，是行业节能减排的主要对象。

"十一五"期间，铝工业通过研发和推广先进技术，改造和淘汰落后技术与生产工艺，推动铝工业技术水平持续提高，带动单位产品能耗等指标不断下降。

在氧化铝生产中，自主研发的一水硬铝石选矿-拜耳法生产工艺、富矿强化烧结法技术，砂状氧化铝生产技术等得到较为广泛的应用，加上进口铝土矿的使用，大大提高了中国氧化铝生产技术水平，2010年氧化铝综合能耗下降到590.63kgce/t，比2005年下降40.8%，"十一五"年均下降10%，如图2-26所示。

在电解铝环节，大型预焙槽生产技术得到广泛应用。2010年电解铝中大型预焙槽产量比重占97%，比2005年提高了45个百分点，见表2-30。320千安以上电解铝大型预焙槽主要生产技术指标已达到世界先进水平。

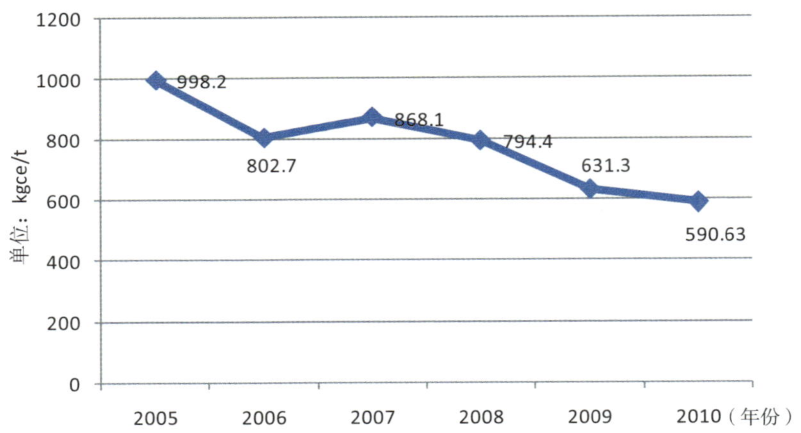


图2-26　2005—2010年中国氧化铝综合能耗

注：数据来自中国有色金属工业协会。

表2-30　2005—2010年中国电解铝工业大型预焙槽产量比重

| 电解铝 | 2005年 | 2006年 | 2007年 | 2008年 | 2009年 | 2010年 |
|---|---|---|---|---|---|---|
| 大型预焙槽产量比重（%） | 52 | 82 | 83 | 86 | 94 | 97 |

随着大型预焙槽的推广、新型阴极结构铝电解异性槽等先进技术的应用，中国电解铝生产能耗大幅度降低。2010年铝锭综合交流电耗为13964.27kW·h/t，比2005年下降610.73kW·h/t，如图2-27所示。目前，中国铝锭综合交流电耗已经超过国际原铝协会制定的2010年世界原铝节能目标（14600kW·h/t），达到国际先进水平。

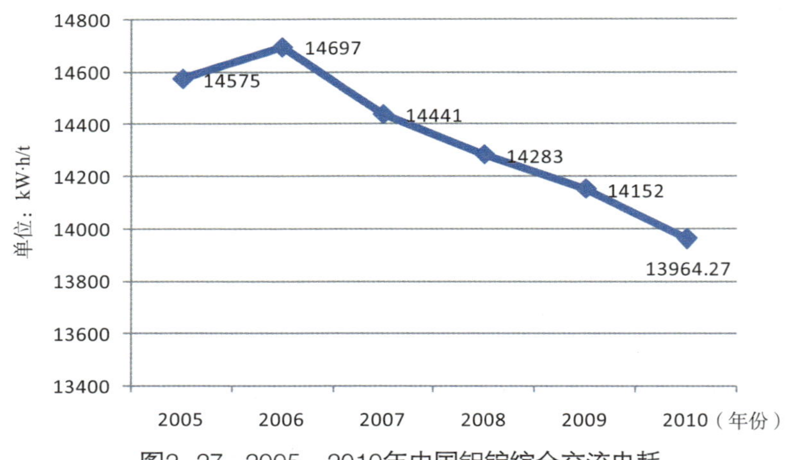


图2-27　2005—2010年中国铝锭综合交流电耗

注：数据来自中国有色金属工业协会。

2. 铜

炼铜的工艺包括熔炼、吹炼、火法精炼、电解，其中，熔炼工序能耗所占比重最大。

"十一五"期间，中国在铜冶炼方面取得巨大进展，2010年铜冶炼综合能耗为398.81kgce/t，已达到世界先进水平。2005—2010年，铜冶炼综合能耗持续下降，2010年综合能耗比2005年下降了45.6%，平均年降幅达到11.46%左右，如图2-28所示。

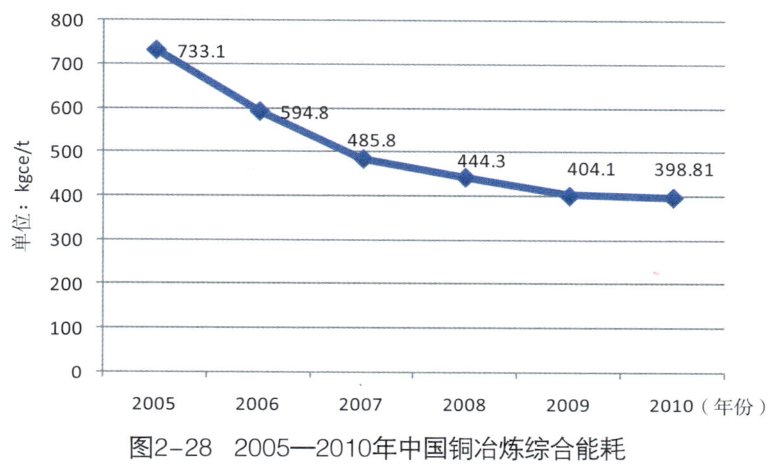


图2-28　2005—2010年中国铜冶炼综合能耗

注：数据来自中国有色金属工业协会。

3. 铅锌工业

中国炼铅工艺主要以氧气吹底为主，炼锌工艺以湿法为主。

"十一五"期间，铅锌工业技术水平不断提高，新技术研发和推广速度不断加快，带动了铅锌综合能耗进一步下降。2010年，铅冶炼综合能耗下降到421.11kgce/t，已经接近世界先进水平；湿法炼锌综合能耗为999.08kgce/t，比2005年下降了一半左右，如图2-29所示。

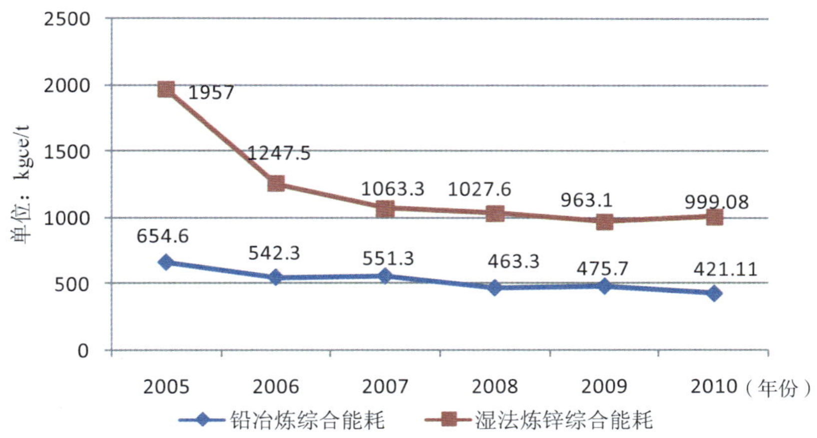


图2-29　2005—2010年中国铅、锌冶炼综合能耗

注：数据来自中国有色金属工业协会。

### （三）淘汰落后产能取得重大突破

2007年，在国务院《关于印发节能减排综合性工作方案的通知》中，明确提出要求在"十一五"期间淘汰小型预焙槽65万吨。同年，在中国有色金属工业协会制定的《有色金属工业节能减排工作方案》中提出要积极推进淘汰环保不达标的小型预焙电解槽65万吨、落后粗铜约50万吨、粗铅约100万吨、锌冶炼约90万吨能力。2009年，国家将"十一五"期间电解铝工业淘汰落后产能任务扩大到80万吨。

到2010年，有色金属行业又淘汰小型预焙电解槽34.3万吨，完成"十一五"淘汰任务；淘汰鼓风炉、电炉和反射炉等落后的粗铜约14.5万吨；淘汰粗铅和锌冶炼分别为74.5万吨、29.6万吨。

### （四）再生金属利用量提高，节能成绩突出

与原生金属相比，再生金属能耗、资源消耗较低。经过测算，每吨再生铜、再生铝、再生铅与原生金属相比，相当于分别节能1054千克标准煤、3443千克标准煤、659千克标准煤；节水395立方米、22立方米、235立方米；减少固体废物排放380吨、20吨、128吨。因此，发展再生有色金属产业，既保护原生矿产资源，缓解原料供给压力，又节约能源、减少污染。

"十一五"前四年，中国再生有色金属产业与生产等量原生金属相比，相当于节能4650万吨标准煤，节水18.8亿立方米，减少固废排放34.5亿吨，减少二氧化硫排放112万吨[①]。

## 四、行业主要节能政策措施

### （一）加强行业指导，制定节能目标

2007年，中国有色金属工业协会制定了《有色金属工业节能减排工作方案》（以下简称《工作方案》），用于指导"十一五"期间有色金属行业的节能减排工作。

该《工作方案》制定了"十一五"期间有色金属行业的节能目标和减排目标。行业节能目标是：2010年节能量约占当年能耗总量的10%，冶炼的主要综合能耗指标达到世界先进水平。在政策措施上，要继续控制冶炼能力过快增长，加快淘汰落后产能，加强节能技术开发和推广，同时建立和完善节能减排指标体系和考核体系等。"十一五"期间，有色金属行业以18项重点工程为抓手，促进行业节能技术进步；以94家耗能企业为重点对象，加强企业跟踪、评价和指导。

① 资料来自工信部《再生有色金属产业发展推进计划》（工信联节〔2011〕51号）。

### （二）抑制产能过剩，淘汰落后产能

控制冶炼能力过快增长是促进有色金属行业节能减排的重要措施。2007年，有色金属行业提出在“十一五”期末，粗铜冶炼能力控制在260万吨左右，电解铝产量控制在1500万吨左右，精铅冶炼能力控制在400万吨左右，锌冶炼能力控制在500万吨左右。2009年，在《国务院批转发展改革委等部门关于抑制部分行业产能过剩和重复建设引导产业健康发展若干意见的通知》中，规定“今后三年原则上不再核准新建、扩建电解铝项目”。

“十一五”期间，有色金属行业还面临着艰巨的淘汰任务。2007年，在《有色金属工业节能减排工作方案》中，有色金属行业根据国家产业政策，制定了电解铝、落后粗铜、粗铅和锌冶炼的淘汰目标。2010年，根据《国务院关于进一步加强淘汰落后产能工作的通知》，到2011年底前，有色金属行业需要淘汰100千安及以下电解铝小预焙槽；淘汰密闭鼓风炉、电炉、反射炉炼铜工艺及设备；淘汰采用烧结锅、烧结盘、简易高炉等落后方式炼铅工艺及设备，淘汰未配套建设制酸及尾气吸收系统的烧结机炼铅工艺；淘汰采用马弗炉、马槽炉、横罐、小竖罐（单日单罐产量8吨以下）等进行焙烧、采用简易冷凝设施进行收尘等落后方式炼锌或生产氧化锌制品的生产工艺及设备。

为保证上述政策的顺利实施，国家严格执行铜、钨、锡、锑、铅锌、铝等行业的市场准入条件，提高行业能源消耗、资源综合利用等方面的准入门槛；强化经济手段，充分发挥差别电价、税收、金融、财政政策等在抑制产能过剩和淘汰落后产能中的作用；实施问责制、加大执法处罚力度等。

### （三）制定和落实能耗限额标准，加强节能管理

“十一五”期间，有色金属行业加紧能耗标准的制定。截至2010年底，国家共颁布了27个产品能耗限额标准，涉及有色金属行业的国家标准达14项，见表2-31。其中，铝工业的产品能耗限额标准数量最多，达到5个，涵盖了氧化铝、电解铝、铝加工等主要生产工序。这些标准从新建项目的准入值、限额值、先进值三个层次对有色金属企业的综合能耗水平以及工序能耗水平提出了限制标准乃至更高要求。产品能耗限额标准的制定和实施，将会有效地约束企业能源消费行为。

2006年至2007年，国家发展和改革委员会相继出台了铜、钨、锡、锑、铅锌、铝行业市场准入条件。这些行业准入条件对行业的生产企业布局、工艺与装备（包括生产工艺标准、节能工艺与设备、环保工艺与设备等）、主要产品的资源能源利用指标等做出了相应规定。执行市场准入条件，将会在遏制行业低水平重复建设和盲目扩张的同时，促进产业结构的升级。

表2-31 中国有色金属行业产品能耗限额标准

| | | |
|---|---|---|
| 铝工业 | 电解铝企业单位产品能源消耗限额 | GB 21346—2008 |
| | 铝电解用石墨质阴极炭块单位产品能源消耗限额 | GB 25324—2010 |
| | 铝电解用预焙阳极单位产品能源消耗限额 | GB 25325—2010 |
| | 铝及铝合金轧、拉制管、棒材单位产品能源消耗限额 | GB 25326—2010 |
| | 氧化铝企业单位产品能源消耗限额 | GB 25327—2010 |
| 铜工业 | 铜冶炼企业单位产品能源消耗限额 | GB 21248—2007 |
| | 铜及铜合金管材单位产品能源消耗限额 | GB 21350—2008 |
| 铅锌工业 | 铅冶炼企业单位产品能源消耗限额 | GB 21250—2007 |
| | 再生铅单位产品能源消耗限额 | GB 25323—2010 |
| | 锌冶炼企业单位产品能源消耗限额 | GB 21249—2007 |
| 其他 | 镍冶炼企业单位产品能源消耗限额 | GB 21251—2007 |
| | 镁冶炼企业单位产品能源消耗限额 | GB 21347—2008 |
| | 锡冶炼企业单位产品能源消耗限额 | GB 21348—2008 |
| | 锑冶炼企业单位产品能源消耗限额 | GB 21349—2008 |

在重点企业管理方面，自2007年以来，有色金属行业开始对中国94家重点耗能企业节能减排工作进行跟踪、评价和指导，以明确重点企业节能减排目标，强化节能管理，落实节能减排措施。同时，为配合国家发展和改革委员会开展对千家企业的"对标"工作，有色金属工业协会专门制定《有色金属工业重点耗能企业能效水平对标活动工作方案》，以强化重点用能企业的能效对标工作。2009年以来，有色金属行业启动了铜、铝、铅、锌4个金属品种重点用能企业能效对标工作，并开展了铜、铝、铅、锌等金属品种的对标指南编写工作和试点工作。

**（四）加强科技研发，推广节能技术**

"十一五"期间，中国有色金属行业加大科技研发力度，电解铝、铜冶炼、铅锌冶炼等方面取得重大科研突破，对行业节能减排产生积极影响，见表2-32。

"十一五"期间，有色金属行业推广包括一水硬铝石型铝土矿浮选新工艺，连续强化冶炼、吹炼短流程炼铜新工艺，铜、铝、铅、锌冶炼过程节能降耗的控制与优化技术等在内的18项重点技术，带动行业节能技术进步。在余热余压利用方面，"十一五"期间有色金属行业重点开展铜熔炼炉、贫化炉、吹炼炉、精炼炉烟气余热、锌焙烧炉、烟化炉烟气余热、镍熔炼炉余热和氧化铝回转窑的余热利用的技术开发，进一步简化和缩短氧化铝生产流程，提高循环效率和产出率，降低电解综合能耗等。

表2-32 "十一五"期间中国有色金属行业重大科研突破（不完全统计）

| | 技术 | 效果 |
|---|---|---|
| 电解铝 | 新型阴极结构铝电解异性槽技术 | 可使当前铝锭综合交流电耗降低1000千瓦时/吨以上 |
| | 新型结构铝电解导流槽技术 | 可使当前铝锭综合交流电耗降低1000千瓦时/吨以上 |
| 铜冶炼 | 氧气底吹炼铜工艺 | 中国铜冶炼技术的重大创新，目前在东营方圆公司得到应用，技术指标先进 |
| 铅冶炼 | 铅闪速炉 | 显著降低铅冶炼能耗 |
| 铜铝加工 | 中铝洛铜10万吨高精度电子铜板带 | 标志着中国高精度铜板带制造水平大幅提升 |
| | 中铝西南铝双机2000毫米等3条冷轧生产线 | 标志着中国高精度铝板带材冷连轧制备技术与热连轧综合配套能力进入世界前列 |

### （五）制定产业发展政策，推动再生金属回收利用

再生金属回收利用是有色金属工业节能减排的重要途径。国家将废旧金属的再生与利用作为国民经济发展中的一个独立产业，并于2004年制定了《中国再生金属产业"十一五"及中长期发展规划》，对再生金属的产业发展加以引导和扶持。"十一五"以来，国家继续加大对再生金属行业的重点领域和重点项目的政策和资金支持，并将一批具有一定规模的再生金属企业列入发展循环经济的试点企业。

2011年，工信部联合科技部和财政部发布了《再生有色金属产业发展推进计划》，提出到2015年再生有色金属产业和产量发展目标，其中再生铜、再生铝、再生铅分别占当年铜、铝、铅产量的40%、30%、40%左右；在产业集中度上，2015年再生铜、再生铝行业要形成一批年产10万吨以上规模化企业，再生铅行业要形成一批年产5万吨以上规模化企业；在技术进步和节能降耗方面，到2015年产业整体技术装备水平明显提高，再生铜熔炼（杂铜-阴极铜）、再生铝熔、再生铅熔炼的能耗指标与资源综合利用率显著提升。为此，国家将进一步优化产业布局，提高产业集中度，同时依靠科技进步，提高行业整体发展水平。

## 五、"十一五"期间行业节能小结

"十一五"期间，有色金属行业以年均11%的能源消耗支撑了年均16.2%左右的产业发展，完成中国有色金属工业协会制定的"十一五"行业节能目标，主要产品的能耗指标已经达到或者接近国际先进水平，这在中国工业节能工作中具有突出意义。此外，在资源循环利用方面，再生金属行业异军突起，已经形成一定的产业规模，并在

行业节能减排中占据重要地位。

一直以来，科技进步是有色金属行业节能减排的主要支撑力量。"十一五"期间，有色金属行业科技研发不断取得突破，高效、节能技术得到广泛推广和应用，技术节能成就突出。但是，中国有色金属行业还面临着结构调整的巨大压力，表现在部分产品产能过剩，淘汰落后产能任务艰巨。在即将到来的"十二五"节能减排工作中，有色金属行业将继续以调整结构、推进技术进步、发展低碳经济和循环经济为根本，扎实做好节能工作，促进行业向资源节约型、环境友好型、低碳排放型产业方向发展。

# 第五节　电力行业

"十一五"期间，中国电力工业持续快速发展，电力规模实现历史性跨越，电力供应能力得到显著提高，面对新世纪以来电力需求的迅猛增长，扭转了历史上最为严重的国内大范围缺电局面，实现了国内电力供需总体平衡。在电力结构不断优化、电力技术取得重大突破的情况下，中国电力节能降耗成绩卓著，供电能耗逐年下降，"上大压小"任务超额完成，主要节能技术指标不断攀升。

## 一、行业发展概况

目前，中国电网规模已经超过美国跃居世界第一位，发电装机容量继续位列世界第二，长期困扰中国的电力供应不足矛盾得到缓解，电力系统的安全性、可靠性、经济性和资源配置能力得到全面提高，基本满足了经济社会发展的用电需要，电力工业支撑经济社会发展的能力显著增强。

### （一）装机容量及其结构

#### 1. 装机容量大幅提高，电力供应能力极大增强

"十一五"期间，中国电力供应能力极大增强，基建新增装机连续5年超过9000万千瓦，满足了经济发展对电力的强劲需求。"十一五"时期新增装机容量是"十五"时期新增装机容量的2.19倍。

截至2010年底，中国发电装机累计达到96219万千瓦，与2005年相比增长了86.0%，年均增长率为13.2%，如图2-30所示。其中，水电装机容量为21340万千瓦，比2005年增长81.8%，年均增长率为12.7%；火电装机容量为70663万千瓦，比2005年增长80.5%，年均增长率为12.5%；核电装机容量为1082万千瓦，比2005年增长58.0%，年均增长率

为9.6%；风电装机容量为3107万千瓦，比2005年增加2831.1%，年均增长率为96.5%。

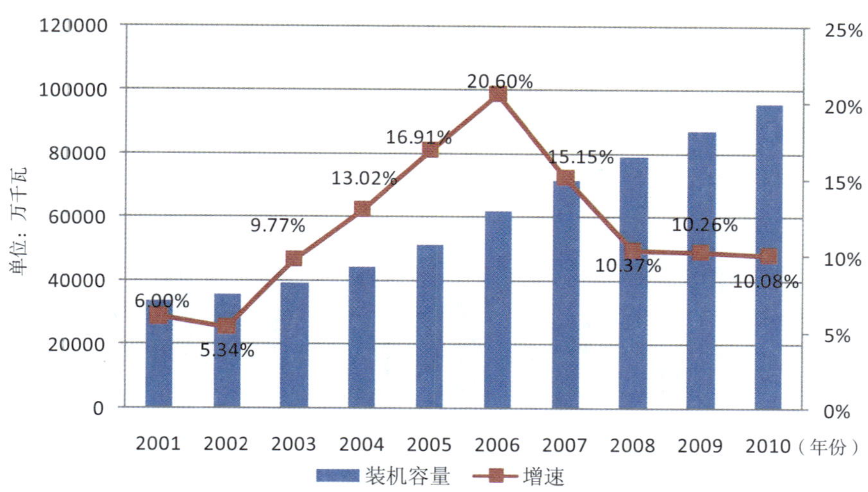


图2-30　2001—2010年中国国内装机容量及增速

注：数据来自中国电力企业联合会。

2. 清洁能源发电增长迅速，电源结构明显优化

“十一五”期间，电源结构调整效果明显。水电、核电、风电等清洁能源发展迅速，火电装机容量比重逐年下降。

水电、核电、风电、太阳能发电等非化石能源发电装机发展迅速，累计新增装机12030万千瓦。非化石能源装机容量所占比重持续提高，由2005年的24.2%上升到2010年的26.6%。2010年水电总装机达到2.13亿千瓦，占电力总装机的22%，水电在能源结构调整中的作用更加突出；风电装机容量连续五年翻倍增长；水电装机容量、核电在建规模均居世界第一位，如图2-31所示。

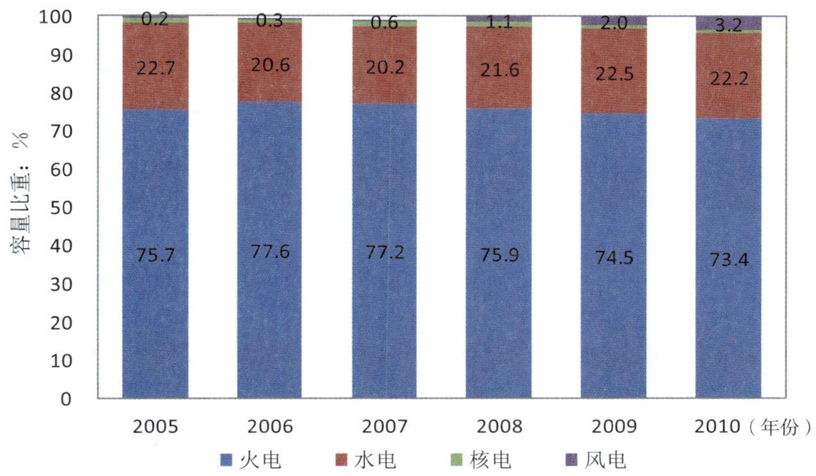


图2- 31　2005—2010年中国发电装机容量结构

火电发展速度则相对放缓。"十一五"期间，火电机组装机容量年增速由2006年的23.68%，下降到2010年的8.53%（如图2-32所示）；火电装机容量占中国总装机容量的比重逐年下降，2010年底比重为73.4%，比2005年降低了约2.3个百分点；火电新增装机所占比重从2005年的81.0%下降到2010年的64.3%[①]。

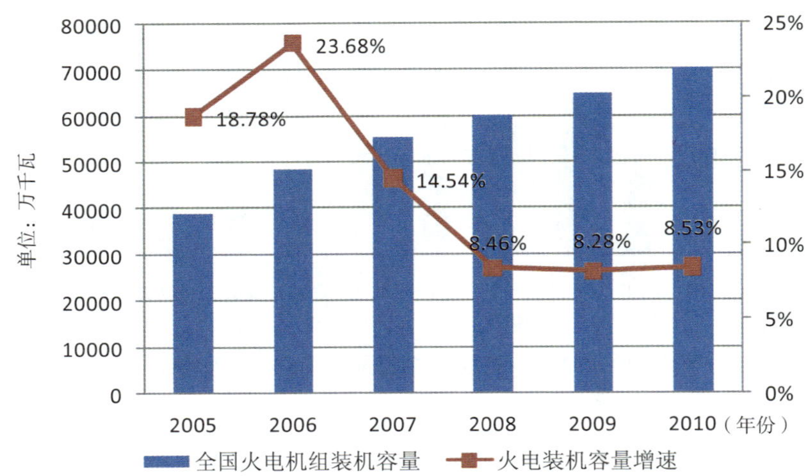


图2-32 2005—2010年中国火电机组装机容量及其增速

注：数据来自中国电力企业联合会。

3. 应用大容量高参数设备，技术水平普遍提高

发电企业积极实施设备改造与技术升级，大力发展和建设大容量、高参数、环保型机组，机组大型化水平不断提高，热电联产占火电装机容量的比重提升显著。

截至2010年底，中国火电平均单机容量由2005年的5.68万千瓦提高到2010年的10.88万千瓦，30万千瓦及以上机组已成为火电发电的主力型机组，其比重由2005年的48.25%提高到2010年的72.68%。2010年新增百万千瓦超超临界机组11台，中国在运百万千瓦超超临界机组达到31台。热电联产在"十一五"期间继续快速发展，2010年底，中国共有热电机组16622万千瓦，占火电总装机容量由2006年的17.2%提高到23.5%，位居世界前列。

4. 电网发展实现重大突破，电源优化配置资源能力明显提高

"十一五"电网电压等级不断提升，特高压从无到有，750千伏基本成网，各级电网发展协调推进。

截至2010年底，中国电网220千伏及以上输电线路回路长度、公用变设备容量分别为44.56万千米、19.90亿千伏安，分别比2005年底增加19.19万千米、11.47亿千伏安，实现了变配电能力的翻倍增长。"十一五"期间中国电网增加±800千伏特高压

① 数据来源：中国电力企业联合会。

直流以及1000千伏特高压交流电压等级，年底线路长度分别为3282千米、640千米。

“十一五”期间，建设和投产了西北华中直流背靠背联网、东北华北直流背靠背联网、（四川）德阳—（陕西）宝鸡±500千伏直流、宁（夏）东（部）—山东±660千伏直流、（内蒙古）呼盟—辽宁±500千伏直流、新疆与西北750千伏联网等一批跨区电网工程。特高压交直流输电取得重大突破，晋东南—（湖北）荆门特高压交流试验示范工程顺利投产，并保持安全稳定运行超过一年；云南至广东以及向家坝至上海±800千伏特高压直流输电工程顺利投产，将中国直流输电技术提升到新台阶；±500千伏呼伦贝尔至辽宁直流输电工程、±660千伏宁东至山东直流极Ⅰ系统以及新疆与西北750千伏联网等一批跨区跨省重点工程建成投运，进一步提升了电网对能源资源大范围优化配置的能力；青藏电网联网工程开工建设。

### （二）发电量和用电量

1. 清洁能源发电量比重增加

截至2010年底，中国国内发电量为42072亿千瓦时，比2005年增长69.1%，用11.1%的发电量年均增长支撑了国民经济年均11.2%的增长，实现了电力供需的总体平衡。其中，水电发电量为6863亿千瓦时，比2005年增长72.9%，年均增长率为11.6%；火电发电量为34145亿千瓦时，比2005年增长66.8%，年均增长率为10.8%；核电发电量为768亿千瓦时，比2005年增长44.6%，年均增长率为7.7%。水电、核电、风电等清洁能源发电量所占比重由2005年18.1%，增加到2010年19.2%（如图2-33所示），累计发电量达到8134亿千瓦时。特别是风力发电量，“十一五”五年发电量分别为27亿千瓦时、56亿千瓦时、131亿千瓦时、276亿千瓦时、501亿千瓦时，实现五年来持续翻倍增长。

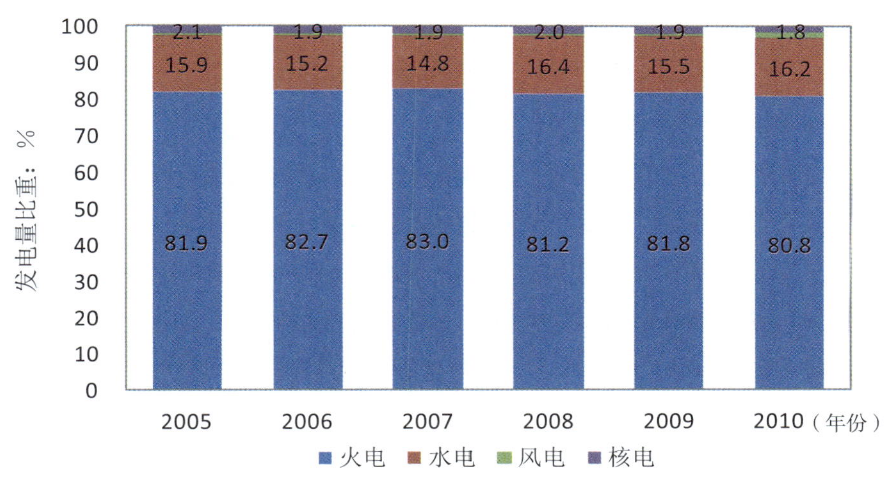


图2-33　2005—2010年中国国内发电量结构

2. 用电量增速放缓，工业用电比重回落

“十一五”期间，全社会用电量的总体特点是：经济结构重型化趋势带动全社会用电量持续增加，但用电量增速逐步放缓。随着城市化进程加速，第三产业及居民消费用电所占比重上升。

2010年，全年全社会用电量为41923亿千瓦时，比2005年增长68.1%，“十一五”全社会用电量年平均增长率为10.9%。2010年第一、第二、第三产业和城乡居民用电量分别为984亿千瓦时、31318亿千瓦时、4497亿千瓦时和5125亿千瓦时，分别比2005年增长26.8%、67.0%、78.2%和77.7%，年增长率分别为4.9%、10.8%、12.2%和12.2%，占中国用电量的比重分别为2.3%、74.7%、10.7%和12.2%[①]。

工业用电依旧是全社会用电量的主力，但工业用电比重略微下降。2010年工业用电量为30887亿千瓦时，比2005年增长66.7%，占全社会用电量的比重为73.7%，比2005年下降0.6个百分点，如图2-34所示。

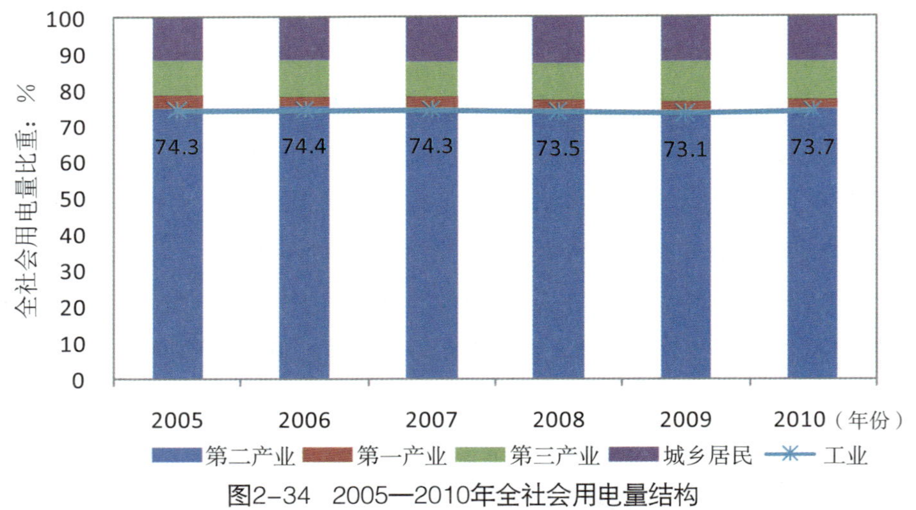


图2-34　2005—2010年全社会用电量结构

3. 电力供需紧张局面基本缓解

2006—2010年，电力供应能力总体较为富足，除局部地区受电煤供应紧张、水库来水偏枯等随机性因素影响，出现个别时段电力供应偏紧外，中国电力供需总体平衡、个别省区略有富余。2010年发电设备利用小时数达到4660小时，比2009年增加114小时，是自2004年发电设备利用小时数持续下降后的首次回升；水电、火电设备平均利用小时数分别为3429小时、5031小时，分别比上年提高101小时和166小时（如图2-35所示）。中国电力供需紧张局面基本缓解，扭转了“十五”末期电力供需紧张的局面。

① 2009年、2010年数据来自全国电力工业统计快报，2005—2008年数据来自《2010年中国统计年鉴》。

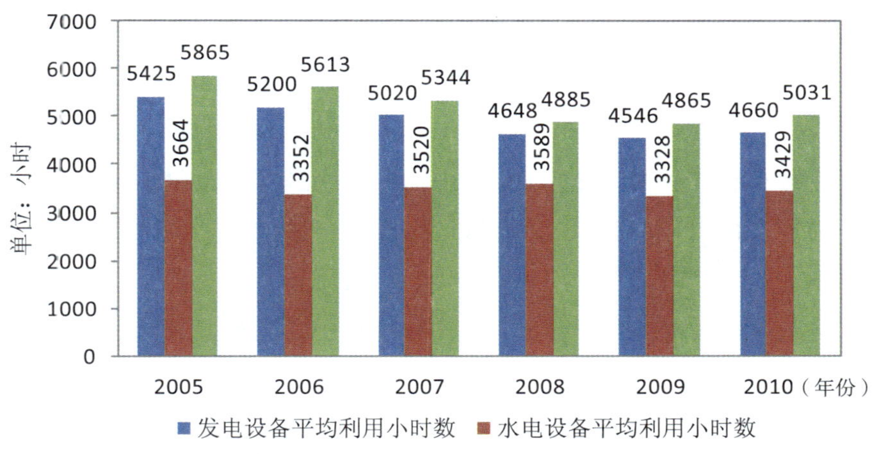


图2-35　2005—2010年中国6000千瓦及以上发电设备平均利用小时数

注：数据来自中国电力企业联合会。

## 二、行业能耗状况

电力行业终端能源消费量①在"十一五"初期增幅较大，2006年电力行业终端能源消费量为11436.7万吨标准煤，年增长率为11.3%；2007年终端能源消费量继续增加，但年增速骤降为2.7%；2008年电力行业终端能源消费量首次出现下降，年下降率为2.2%；2009年终端能源消费量较2008年有所增加，年增长率为5.7%，如图2-36所示。

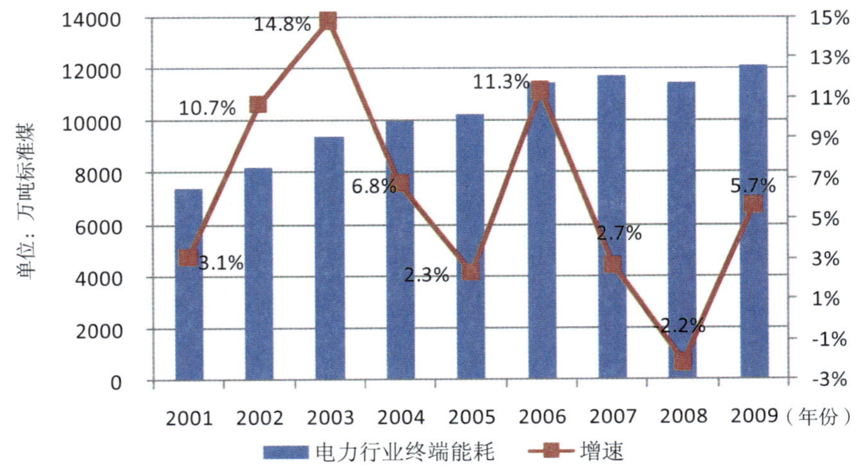


图2-36　2001—2009年中国电力行业终端能耗及增速

注：1. 2001—2008年数据来自《2009年中国能源统计年鉴》。
　　2. 2009年数据来自《2010年中国能源统计年鉴》。

① 电力行业终端能源消费量数据来自《2009年中国能源统计年鉴》和《2010年中国能源统计年鉴》，在统计年鉴中名称为"电力、热力的生产与供应业"。

“十一五”前四年，电力行业终端能源消费量的年均增长率为4.3%，较“十五”期间年均增长率下降了3.1个百分点。

2010年，中国6000千瓦及以上电厂发电消耗原煤15.9亿吨，比2005年增加了57.5%，年均增长率为9.5%；供热消耗原煤1.68亿吨，比2005年增加了42.8%，年均增长率为7.4%。电厂发电、供热用煤合计17.57亿吨，占中国煤炭消费总量的50%以上。

2006—2010年，中国发电消耗原煤量持续增加，但年增长率呈现“V”字形趋势，特别是2008年，发电原煤同比只增长了2.4%左右，见表2-33。

**表2-33 2005—2010年6000千瓦以上电厂发电、供热煤炭消耗情况**

| 项 目 | | 2010年 | 2009年 | 2008年 | 2007年 | 2006年 | 2005年 |
|---|---|---|---|---|---|---|---|
| 发电消耗原煤 | 实物量（万吨） | 158971 | 139670 | 131903 | 128812 | 118241 | 100907 |
| | 增长率（%） | 13.8 | 5.9 | 2.4 | 8.9 | 17.2 | 12.7 |
| 发电消耗标准煤 | 实物量（万吨） | 102006 | 91478 | 86858 | 87494 | 76199 | 69438 |
| | 增长率（%） | 11.5 | 5.3 | −0.7 | 10.4 | 14.2 | 11.2 |
| 供热消耗原煤 | 实物量（万吨） | 16769 | 14959 | 14732 | 14909 | 13157 | 11747 |
| | 增长率（%） | 12.1 | 1.5 | −1.2 | 13.3 | 12.0 | 18.9 |
| 供热消耗标准煤 | 实物量（万吨） | 11172 | 10199 | 10022 | 10516 | 9174 | 7599 |
| | 增长率（%） | 9.5 | 1.8 | −4.7 | 14.6 | 20.7 | 14.0 |

## 三、行业节能主要成效

“十一五”以来，电力行业积极发展清洁能源发电、加快小火电机组关停，采用先进适用技术加大污染防治力度，极大减轻了电力建设、生产和供应活动对环境的影响，节能效果显著。“十一五”前四年，依靠电源结构调整和能效提高，累计节约3.91亿吨标准煤。“十一五”电力行业节能进展主要体现在供电煤耗、发电厂自用率、电网线损率的持续下降以及电力技术装备水平显著提高。

### （一）供电煤耗逐年下降

“十一五”以来，中国供电煤耗逐年下降，中国6000千瓦及以上火电机组平均供电标准煤耗从2005年的370gce/kW·h下降到2010年的333gce/kW·h（如图2-37所示），“十一五”累计下降37gce/kW·h。中国供电煤耗低于美国（356gce/kW·h，

2006年）、澳大利亚（360gce/kW·h，2006年），已处于世界先进水平。

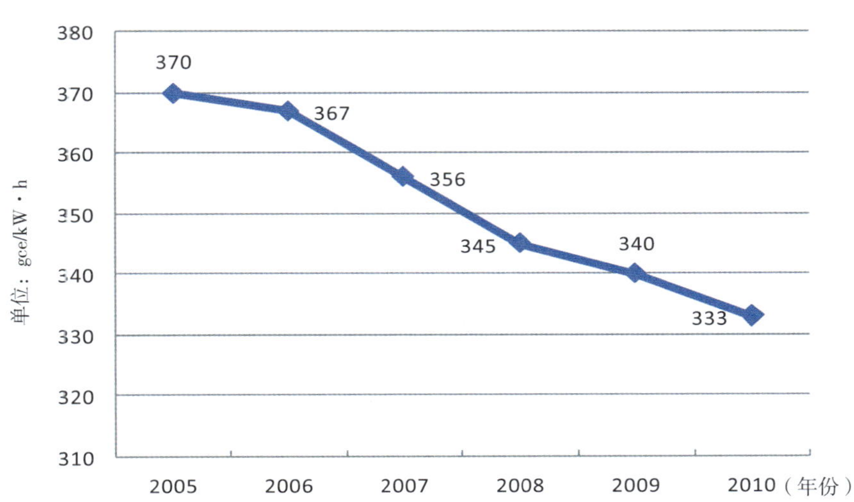


图2-37　2005—2010年中国6000千瓦及以上火电机组平均供电标准煤耗变化情况

注：数据来自中国电力企业联合会。

## （二）发电厂自用率有所下降

从整体上看，"十一五"发电厂自用率有所下降，2010年厂自用率为5.43%，比2005年下降了0.44个百分点，如图2-38所示。其中，火电发电厂自用率为6.33%，比2005年下降0.47个百分点。

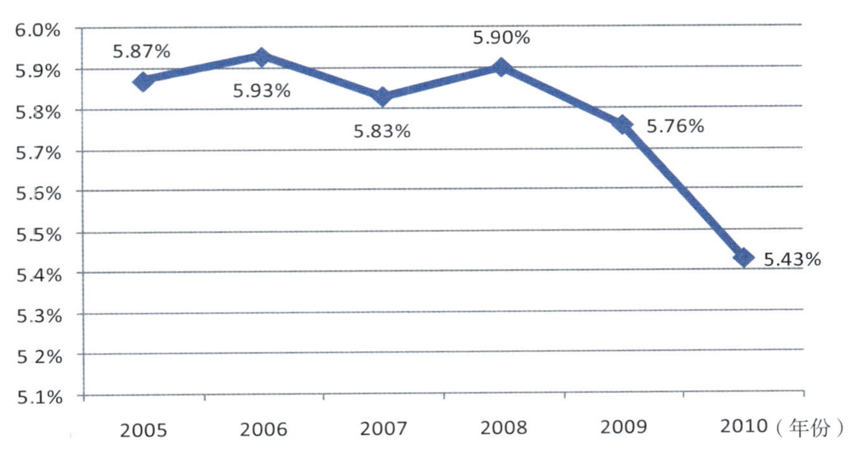


图2-38　2005—2010年中国发电厂自用率变化情况

注：数据来自中国电力企业联合会。

## （三）电网线损率持续下降

随着电网发展质量不断提升，线路损失持续下降，2010年中国电网线损率为6.53%，比2005年下降0.65个百分点（如图2-39所示），与2006年美国（6.52%）线损率水平相当。

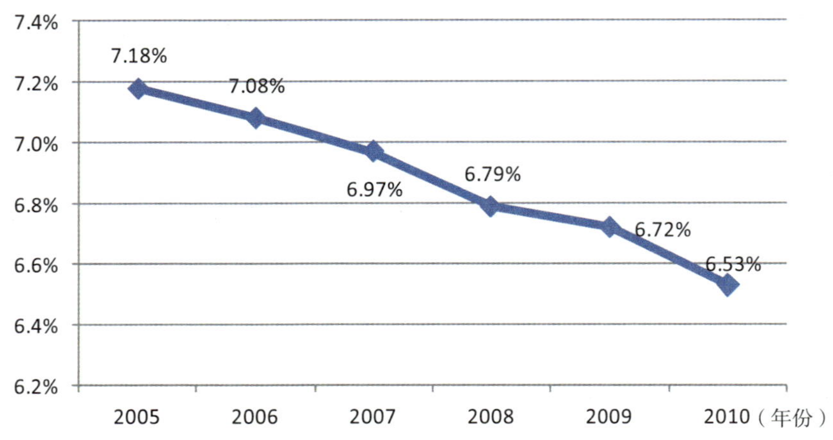


图2-39　2005—2010年中国电网线损率变化情况

注：数据来自中国电力企业联合会。

### （四）淘汰落后产能任务超额完成

"十一五"期间，电力行业实行"上大压小"，5年间累积关停煤耗高、污染重的小火电机组7682.5万千瓦，超额53.7%完成关闭5000万千瓦的淘汰任务。按同等电量由大机组代发计算，每年可节约原煤8100万吨，减少二氧化硫排放140万吨，减少二氧化碳排放约1.64亿吨。

### （五）热电联产节能效果明显

热电联产在"十一五"期间继续着保持良好的发展势头。目前中国热电联产中抽凝机组最大为14.2万千瓦，背压机组最大为5万千瓦；凝汽供热两用机组最大为30万千瓦。实际供热期间，根据热电比不同，机组供电煤耗低于纯凝时期的数值。据专家分析，中国10万千瓦、20万千瓦机组供热与纯凝相比，平均供电煤耗下降分别约15克/千瓦时和25克/千瓦时，节能效果非常显著。

### （六）电力技术装备水平和自主创新能力显著提高

"十一五"以来，中国发电、电网技术取得了巨大进步和突破，在机组容量、参数、效率、环保性能、节水等技术指标上不断突破和提高。超超临界机组推广应用，大型空冷、循环流化床、脱硫脱硝等先进技术逐步推广。例如世界上首台60万千瓦超临界循环流化床锅炉在四川白马电厂安装建设，全球最大的捕集能力为每年12万吨的燃煤电厂二氧化碳捕集项目在上海石洞口二厂投运，华能天津IGCC电站示范工程项目建设全面推进；建成投产的云（南）广（东）、（四川）向（家坝）上（海）特高压直流工程，为世界特高压直流输电技术的最高水平，将中国电网技术提升到新台阶。清洁能源发电设备自主研发成果斐然。世界上首批4台AP1000核电机组已经全面进入主体工程建设阶段；中国自主开发的首台百万千瓦级核电站全范围模拟机在福建宁德核电站正式投入使用；国内首台自主研发并拥有全球自主知识产权的5兆瓦风电机组正式出厂；首座10兆瓦光热发电试验示范项目在甘肃开工。据统计，"十一五"前四年中国新增清洁能源发电量累计达到5337亿千瓦时，相应减少煤炭消耗1.85亿吨标准煤，减少二氧化碳排放4.59亿吨，减少二氧化硫排放396万吨。

## 四、行业主要节能政策措施

### （一）强化节能目标责任考核

电力企业以落实"十一五"节能目标责任书和小火电机组关停责任书为抓手，与所属企业签定节能环保责任书，将节能各项任务指标逐年分解落实到所属企业，建立节能目标责任制。节能实行层层落实责任制，各企业党政主要负责人为节能减排工作第一责任人；各企业和地区考核结果作为地方党政领导班子和领导干部综合评价考核的重要依据。

节能目标责任考核对于千家企业节能目标的完成（截至2009年，千家企业中电力企业累计节能1662.3万吨，占到千家企业节能总量的12.57%）和电力行业"上大压小"的超额完成发挥了重要作用。

### （二）加大淘汰小火电机组工作力度

"十一五"以来，电力行业小火电机组关停工作取得可喜的成绩。主要原因：一是国家高度重视。2007年，国务院政府工作报告明确提出"十一五"小火电机组关停目标，为关停工作指明了方向。二是政策切实可行。2007年国务院发布《关于加快关停小火电机组若干意见的通知》以及相关配套政策，对淘汰小火电工作的主要原则、职责分工、激励办法、保障措施等做出了明确的规定。这些政策既体现市场原则，又发挥行政作用，将经济效益与社会效益、当前利益与长远利益、淘汰落后与优化发展有机结合，符合电力行业实际，具有较强的操作性，为关停工作顺利进行奠定了良好的政策基础。三是目标责任明确。按照国务院的要求，2007年国家发展和改革委员会与30个省（区、市）政府和主要电力企业签订责任书，将"十一五"关停任务进行具体分解。同时，明确了国务院有关部门、地方政府和企业的责任以及相关工作程序，为有效解决关停中遇到的各种矛盾和问题发挥了重要作用。四是监督检查到位。国家能源局累计派出400多人次，对关停小机组逐台进行现场核验、拍照和摄像，并与相关方签署了关停确认书。同时，还及时通过各类媒体发布关停机组名单、相关政策和工作动态，接受社会监督，有力地促进了小机组关停。

### （三）推进节能发电调度的开展

2007年8月，国家发展和改革委员会、国家环境保护总局、国家电力监管委员会、国家能源领导小组办公室联合发布《节能发电调度法（试行）》，提出了节能发电调度规则。2007年12月，国家发展和改革委员会、国家环境保护总局、国家电力监管委员会、国家能源领导小组办公室联合印发了《节能发电调度试点工作方案》和《节能发电调度办法实施细则(试行)》，并明确了在贵州、四川、广东、江苏和河南5个省份开展节能发电调度试点。为贯彻落实国家节能发电调度政策，维护电力系统安全稳定运行，促进节能发电调度试点工作，又联合印发了《关于节能发电调度试点经济补偿有关问题的通知》，推动节能发电调度经济补偿办法的出台。

两年来，节能发电调度试点工作进展顺利。按照中国节能发电调度试点工作领导小组的统一部署，上述5个试点省政府均把开展节能发电调度作为完成本地区节能减排任务的重要举措。各省均成立了由政府主管领导担任组长的试点工作领导小组，并下设办公室，负责统筹协调试点工作有关事宜，为试点工作顺利进行提供了组织保障。

2009年，开展节能发电调度试点的五省节能累计节约标准煤414万吨，减少二氧化碳排放955万吨，减少二氧化硫排放9万吨①，节能减排效果明显。

### （四）加强需求侧管理，推进节能服务

20世纪90年代初，作为一种重要的节能减排途径，电力需求侧管理被引入中国，并得到了政府和电力企业的大力支持。2000年以来，国家陆续出台了《关于推进电力需求侧管理工作的指导意见》、《加强电力需求侧管理工作的指导意见》、《关于加强电力需求侧管理实施有序用电的紧急通知》等文件，以积极推进中国电力需求侧管理工作的开展。2010年11月由国家发展和改革委员会、国家电力监管委员会等六部门颁发的《电力需求侧管理办法》，进一步强调电力需求侧管理是实现节能减排目标的一项重要措施，电网企业是电力需求侧管理的重要实施主体，应自行开展并引导用户实施电力需求侧管理，为其他各方开展相关工作提供便利条件。"十一五"以来，电网企业充分发挥电力需求侧管理系统作用，针对负荷实行动态管理，推动差别电价，实现错峰调节作用，保证重要客户、重点地区的电力有序供应。据统计，截至2009

① 数据来源：国家能源局。

年，国家电网公司共建设了25000余个电力需求侧管理示范项目，为提高综合能效水平进行了积极探索，年节约电量460亿千瓦时，相当于减少标准煤消耗约1500万吨，节能效果显著。"十一五"期间，通过实施电力需求侧管理，转移高峰负荷约1600万千瓦，延缓对新增电力装机容量的需求超过1600万千瓦①。

### （五）完善相关节能经济政策

1. 因地制宜，调整电价水平，促进节能

目前，电力行业还处于从原来计划体制下政府管理向市场化竞价上网改革的过渡阶段。这集中体现在终端售电价格（包括发电、输电、配电、销售4个环节）均由政府制定，在电价结构当中绝大部分是由发电环节构成。为疏导电价矛盾，完善电价结构，促进电力产业结构调整和可再生能源发展，国家对包括脱硫电价、差别电价、可再生能源电价、小火电机组上网电价在内的电价水平进行了适当调整。例如为了配合关停小火电机组工作的开展，国家发展和改革委员会会同国家电力监管委员会出台了《关于降低小火电机组上网电价促进小火电机组关停工作的通知》，主要内容：一是规范降低小火电上网电价的范围。二是明确降低小火电机组上网电价的具体要求。2004年及以后投产的小火电机组，其上网电价高于燃煤机组标杆上网电价的，一律降低到标杆上网电价水平；2004 年以前投产的小火电机组，上网电价高于标杆电价，价差在0.05元/千瓦时以内的，分两年降低到标杆电价；价差为0.05～0.1 元/千瓦时的，分三年降低到标杆电价；价差在 0.1元/千瓦时以上的，分四年降低到标杆电价。三是鼓励小火电机组向高效率机组转让发电量指标，已转让发电量指标并确保关停的小火电机组不再降价。根据相关数据显示，仅2007年，中国执行降低小火电机组上网电价政策的上网电量为86.88亿千瓦时，结算价格平均降低10.96元/千千瓦时，向高效率机组转让上网电量 224.89 亿千瓦时②。

2. 积极推进可再生能源发电

为促进可再生能源发展，国家颁布并修订了《可再生能源法》、《可再生能源发电价格和费用分摊管理试行办法》、《可再生能源发电有关管理规定》、《可再生能源电价附加收入调配暂行办法》等一系列法律法规，积极促进可再生能源发电。

"十一五"期间，国家电力监管委员会配合国家发展和改革委员会共同制定并多次发布了可再生能源电价附加补贴和配额交易方案。除此之外，国家电力监管委员会积极落实可再生能源全额收购和电价政策，协调解决可再生能源上网中存在的

① 数据来自中国电力需求侧管理报告（2009年）。
② 数据来自国家电力监管委员会《2007年度电价执行情况监管报告》。

其他问题。

3. 积极开展发电权交易，促进清洁能源发电

发电权交易是指以市场方式实现发电机组、发电厂之间电量替代的交易行为。2008年3月，国家电力监管委员会下发《发电权交易监管暂行办法》对交易原则、交易方式进行了具体的规定。“十一五”以来，中国大部分省（区、市）都开展了发电权交易，2009年实现发电权跨省交易。据统计，仅2009年，中国累计完成发电权交易电量约1450亿千瓦时，实现节约标准煤约1250万吨，减少二氧化硫排放30余万吨①。针对水电比重较大的区域或省份，探索利用市场机制发挥水火互济作用，充分利用水能资源，优化资源配置。

## 五、“十一五”期间行业节能小结

“十一五”以来，电力企业按照国家统一要求与部署，积极推进“上大压小”政策，不断优化电源结构，加强电网建设，节能工作取得显著成效，提前完成“十一五”节能减排规划目标，为中国节能减排目标的实现做出了重要贡献。

“十一五”期间，中国国内累计关停小火电机组7682.5万千瓦，超额53.7%完成关停任务，促进了中国火电结构的进一步优化。按同等电量由大机组代发计算，每年可节约原煤8100万吨。中国6000千瓦及以上火电厂供电煤耗在2008年提前两年实现“十一五”末供电煤耗目标的基础上，2010年继续下降至333gce/kW·h；2010年中国发电厂自用率为5.43%，比2005年下降了0.44个百分点；中国线路损失率为6.53%，“十一五”五年累计下降0.65个百分点，节能效果明显。

“十二五”期间，节能减排仍将是转变发展方式、调整经济结构、推动科学发展的重要抓手。电力行业作为节能减排的重点领域，要继续采取有效措施，充分挖掘节约潜力，努力降低煤耗和污染物排放，为完成节能减排任务做出应有贡献。

1. 加强电煤管理

煤炭是中国电力工业的食粮，要千方百计确保煤炭安全稳定供应。要适度提高煤炭产量，确保煤炭总量充足；要适时启动煤电联动，促进电煤行业和谐发展；加强对煤炭的调控力度，努力稳定煤炭价格、保证煤炭供应，提高煤炭质量；加强煤炭在生产流通领域、检测市场等环节的质量监管，规范煤炭市场秩序；完善电煤供应应急预

① 数据来源：《2009年电力企业节能减排情况通报》。

案，加大煤电运等要素协调，全力做好电力供应保障工作。

2. 进一步挖掘电力节能减排潜力

一是积极推进电源结构调整。加强电力规划，加快电源结构由过度依赖煤电向提高非化石能源比重转变。优先开发水电，优化发展煤电，发展安全高效核电，积极推进新能源发电，适度发展天然气集中发电，因地制宜发展分布式发电。二是积极建设大型高效环保煤电机组。三是继续做好小火电机组关停工作。四是注重电网结构优化和运行优化。五是继续推行节能发电调度，降低煤炭消耗。

3. 建立健全以市场为导向的节能减排新机制

一是推广实施已取得实践经验的发电权交易机制，扩大发电权交易范围及交易主体，积极稳妥地推进以水代火、以核代火、以风代火、以大代小、以高效代低效、以先进代落后等手段促进节能发电调度工作。二是通过电价引导，提高需求侧管理水平，通过峰谷/差别电价促进用户开展节能减排，鼓励用户改善用电特性，削峰填谷。三是大力推进节能服务产业的发展，培育节能服务体系，逐步推广合同能源管理。四是加快节能新技术、新产品、新设备的推广应用。

# 第三章

# “十一五”中国工业节能政策措施、标准与机制

# 第一节 建立节能目标责任制

“十一五”期间，国家首次将能源消耗强度降低作为国民经济和社会发展的约束性指标。为完成“十一五”单位GDP能耗比“十五”期末降低20%左右的节能目标，中国政府发挥强大的行政能力，将节能减排目标分解落实到各地区千家高耗能企业和五大发电公司，并将节能目标的完成情况和政策落实情况作为领导班子和领导干部综合考核的重要内容。“节能目标责任制”作为一项长效制度，已经列入新《节约能源法》。

中国节能目标责任制包括以下三个方面：首先是节能目标分解，2006—2008年，中国政府完成对“十一五”节能目标的省级分解，之后，各省将节能目标分解落实到各市、地和县以及有关的行业和重点企业，随着各地节能目标责任书的签署，节能主体和责任人得到确认；其次是节能统计、监测和考核系统的建立，2007年底，国务院下发《国务院批转节能减排统计监测及考核实施方案和办法的通知》，对节能统计、监测和考核做出具体的制度安排，节能统计监测为目标责任制提供数据支持；最后是进行节能目标评价考核，2008年中，国家开展了第一次全国省、自治区和直辖市节能目标完成情况和节能措施落实情况的评价考核工作，此后，国家每年都会组织评价考核组对各省、市自治区节能目标完成情况进行考核，评价考核为节能目标的实现提供了重要保障。

## 一、节能目标的分解

将节能目标按地区进行分解，是中国政府推进节能的创新性举措之一。2006年9月，国务院发布《关于“十一五”期间各地区单位生产总值能源消耗降低指标计划的批复》（以下简称《批复》）。《批复》原则同意了《“十一五”期间各地区单位生产总值能源消耗降低指标计划》，要求各省（区、市）人民政府将确定的单位生产总值能源消耗降低指标纳入本地区经济社会发展“十一五”规划和年度计划，并将指标进一步分解落实到各市（地）、县及有关行业和重点企业。为落实节能目标责任制实施的责任分工和跟踪评估，国务院做了具体安排和制度保障。一是要求国家统计局、国家发展和改革委员会及国家能源办公室制定考核指标体系，每半年向社会公布各省（区、市）单位生产总值能源消耗指标；二是要求监察部对各地区单位生产总值能源消耗指标计划执行情况进行检查和考核，及时向国务院报告。

早在国务院发布《关于“十一五”期间各地区单位生产总值能源消耗降低指标计划的批复》前两个月，即2006年7月，国家发展和改革委员会已经陆续与30个省、自治区、直辖市以及14家中央企业签订了《节能目标责任书》。国家发展和改革委员会与地方签订的节能目标责任书中详细制定了当地每个重点企业的“十一五”节能指标，如与山东省签订的节能目标责任书就包含当地103个重点企业的“十一五”节能指标。此后，各地方政府又与当地的能耗重点企业签订责任书，形成了一套层层问责制度。

2008年，根据各省节能进展的考核结果，国家下调了部分地区的“十一五”节能目标。即便按此调整，也可完成“十一五”全国节能20%左右的目标，见表3-1。

**表3-1 “十一五”各省（市）节能目标**

| 降 幅 | 地 区 |
|---|---|
| 22% | 山西、内蒙古、吉林、山东 |
| 20% | 北京、天津、河北、辽宁、黑龙江、上海、江苏、浙江、安徽、江西、河南、湖北、湖南、重庆、四川、贵州、新疆、宁夏、陕西、甘肃 |
| 17% | 云南、青海 |
| 16% | 福建、广东 |
| 15% | 广西 |
| 12% | 海南、西藏 |

注：数据摘自《“十一五”期间各地区单位生产总值能源消耗降低指标计划》，2008年度节能进展考核结束后，中央政府同意将吉林、陕西、内蒙古自治区原“十一五”节能目标下调至22%，其他地区“十一五”节能目标不做调整。

## 二、建立节能统计、监测与考核三体系

为了落实节能目标责任制，2007年11月，国务院转批了《节能减排统计监测及考核实施方案和办法》，同意实施由国家发展和改革委员会、统计局等部门制定的节能减排三体系实施方案，即《单位GDP能耗考核体系实施方案》、《单位GDP能耗监测体系实施方案》和《单位GDP能耗统计指标体系实施方案》。

节能减排三体系的基础是建立及时、准确的统计体系和监测体系，核心是要落实节能减排目标责任，建立科学规范的评价考核体系。

《单位GDP能耗考核体系实施方案》进一步强化了政府和企业责任，分别针对各省（区、市）人民政府和千家重点耗能企业制定了量化的考核办法和具体的奖惩措

施。考核办法采取量化打分法，设置了节能目标完成情况和节能措施落实情况两类指标，满分为100分。其中，①节能目标完成情况为定量考核指标，满分为40分，省级人民政府节能目标包括年度万元GDP能耗降低率和“十一五”万元GDP能耗降低进度（后者为2008年以后新增的节能指标），每项各占20分。千家企业节能目标为年度节能量。②节能措施落实情况为定性指标，满分为60分，主要包括节能工作组织领导、节能目标分解落实、节能投入和实施重点工程、节能技术开发和推广等。考核结果主要分为超额完成（95分以上）、完成（80～94分）、基本完成（60～80分）、未完成（60分以下）。各地区节能目标责任评价考核结果，作为省级人民政府和领导干部综合考核评价的重要依据，实行问责制和“一票否决”制；对考核等级完成和超额完成的地区和企业，予以奖励表彰；对考核等级为未完成的地区和企业，规定不能参加年度评奖、授予荣誉称号等，并按照相关规定追究负责人员的责任。

《单位GDP能耗统计指标体系实施方案》和《单位GDP能耗监测体系实施方案》则要求建立健全全面调查、抽样调查、重点调查等各种调查方法相结合的能源统计调查体系（包括能源供应统计和消费统计），通过对能耗指标的数据质量全面监测，全面、真实地反映全国、各地区以及千家企业的节能降耗进展情况和取得的成效。

## 三、节能目标评价考核

根据《国务院批转节能减排统计监测及考核实施方案和办法的通知》的要求，2008年4月到5月，国家发展和改革委员会会同国家监察部、人力资源和社会保障部、住房和城乡建设部、国务院国有资产监督管理委员会、国家质量监督检验检疫总局、国家统计局以及有关专家组成6个评价考核小组，对中国30个省、自治区和直辖市2007年节能目标完成情况和节能措施落实情况进行现场评价考核。此后，国家每年都会组织评价考核组对各省、市自治区节能目标完成情况进行考核。

据国家发展和改革委员会通报的《“十一五”各地区节能目标完成情况表》，除对新疆另行考核外，中国其他地区均完成了“十一五”国家下达的节能目标任务，有28个地区超额完成了“十一五”节能目标任务，超额完成目标较多的10个地区分别为：北京（超额32.95%，下同）、天津（5%）、山西（3%）、内蒙古（2.82%）、黑龙江（3.95%）、福建（2.81%）、湖北（8.35%）、广东（2.63%）、重庆（4.75%）、云南（2.41%）。

重点耗能企业为国家和地方节能目标的实现做出了巨大贡献，千家企业和纳入省级管理的重点用能企业能耗之和占到中国工业能耗的80%左右[①]。在中央层面，千家企业提前两年完成"十一五"节能目标，截至2010年底，千家企业实现节能量1.5亿吨标准煤，约占中国节能量的23%；在省政府层面，截至2009年底，省级重点用能企业实现技术节能量0.72亿～0.96亿吨标准煤。照此推算，整个"十一五"期间，省级重点用能企业实现节能量0.9亿～1.2亿吨，约占中国节能量的14%～19%。

从绩效评估上看，节能目标责任制的有效实施，对于实现"十一五"国家节能目标具有重要意义。首先，节能目标责任制提高了各级领导对节能减排的重视程度，促进了节能工作的推动和落实力度，并从组织制度上将节能减排工作作为各地方社会经济发展的重要内容。其次，目标责任制督促地方政府建立和完善节能管理制度，特别是加强重点用能单位的节能管理，一方面政府通过技改资金等手段，从经济上促进企业进行节能技术改造；另一方面政府通过一些惩罚性机制约束企业的用能行为，从经济和行政手段上促进企业完成节能目标，这些政策措施不仅有效提高了企业的能源利用效率，也锻炼了政府的节能管理能力。

但是，作为一项自上而下的节能管理制度，节能目标责任制也存在一些局限。在节能目标的分解方面，需要建立更为科学的分解模式，如根据各地经济发展水平等因素分级制定节能目标；在节能目标落实方面，部分地区还存在责任落实不到位的现象，在巨大的经济代价面前，节能工作的推进难度较大；在节能措施实施方面，部分基层政府基础工作薄弱，能力建设滞后等严重影响了政府节能管理能力。此外，还需要从建立健全激励约束机制入手，进一步完善节能目标责任制，激发出各级政府开展节能工作的持续动力。

## 第二节 产业结构调整政策

产业结构调整之所以能够发挥节能的作用，主要表现为产业结构调整的方向是降低能源密集型产业比重，提高低能耗产业比重，从而降低整个国家的能源强度，如图3-1所示。

产业结构调整一直是中国经济生活和节能工作的主线。中国《节约能源法（2008年版）》明确规定"国家实行有利于节能和环境保护的产业政策，限制发展高耗能、高污染行业，发展节能环保型产业"，国务院和省、自治区、直辖市人民政府必须

① 熊华文，国家发展和改革委员会能源研究所，2010年工业节能研讨会，2010年8月，陕西西安。

“合理调整产业结构、企业结构、产品结构”，从而推动“企业降低单位产值能耗和单位产品能耗，淘汰落后的生产能力”。

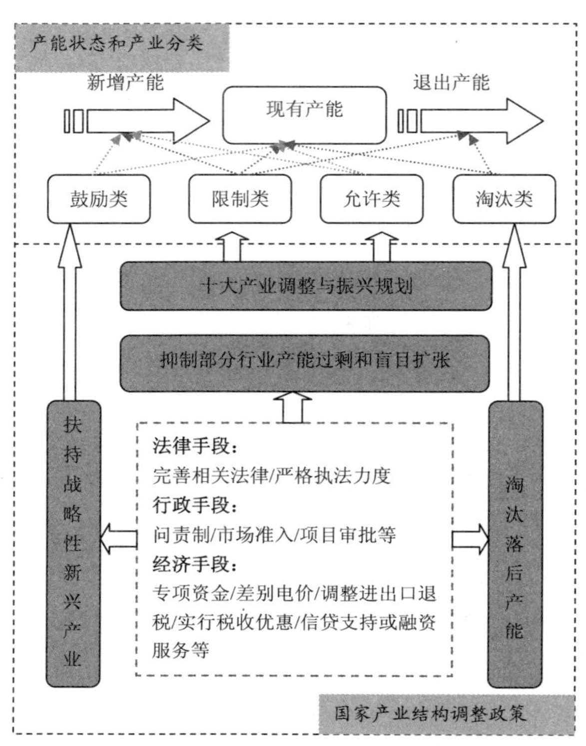


图3-1 “十一五”期间中国产业分类与产业结构调整政策

为加强产业调整指导工作，2005年12月，国务院发布《国务院关于发布实施促进产业结构调整暂行规定的决定》和《产业结构调整指导目录（2005年版）》[①]，前者指明“十一五”国家产业政策导向，即培育新兴产业与提升传统产业相结合，有保有压与分类指导相结合。《产业结构调整指导目录（2005年版）》根据一定原则将产业分为鼓励类、限制类、淘汰类、允许类（允许类未被列入该目录）。每一种产业类型，对应不同的产业政策。对于“鼓励类”，国家提供一系列扶持政策，如信贷支持，税收优惠等；对于“限制类”，国家基本政策是“控制增量、优化存量”，即新建项目禁止投资、严把项目审批、提高行业准入条件，同时允许现有的“限制类”企业开展技术改造；对于“淘汰类”，国家采取各种措施对其“限期淘汰”，违者要追究法律责任。

在这种分类思想的指导下，“十一五”期间，国家一方面坚决抑制部分行业产能过剩，组织实施淘汰落后产能专项行动，限制“双高”行业新增产能、引导落后产能退出；另一方面积极培育以节能环保、新能源汽车、高端装备制造业为主的战略性新

① 2011年3月，国家发展和改革委员会发布了《产业结构调整指导目录（2011年版）》，原《产业结构调整指导目录（2005年版）》同时废止。法律、行政法规和国务院文件对产业结构调整另有规定的，从其规定。

兴产业，推动产业结构升级。即使是在国际金融危机肆虐的2008年、2009年，国家也在“保增长、扩内需”的同时，继续坚持“调结构”。

目前，国家已经相继发布了产业结构调整相关政策措施逾百条。这些政策形成了相对完善的市场标准体系，为推进产业结构合理化、加快产业结构升级等提供了一定的规范和手段。

## 一、淘汰落后产能

淘汰落后产能的节能减排意义重大，对于整个国民经济健康发展的作用不言而喻。但由于中国长期积累的结构性矛盾比较突出、落后产能比重较高，淘汰落后产能面临着严峻的形势和任务。为此，“十一五”期间国家充分发挥政府主导作用，采取强有力措施，综合运用法律、经济、技术等手段，建立健全淘汰落后产能长效机制，大力推进产业结构调整和优化升级。

国家一直积极探索建立落后产能界定标准。《产业结构调整指导目录（2005年版）》对淘汰类的“工艺和产品”进行了界定，即淘汰不符合有关法律法规规定、严重浪费资源和污染环境、不具备安全生产条件的落后工艺技术、装备及产品。2007年，国家在《节能减排综合性工作方案》中首次列出了“十一五”期间，13个行业的淘汰内容。2008年的《节约能源法》指出：国家对落后的耗能过高的“用能产品、设备和生产工艺”实行淘汰制度。之后，各部委公布了一系列的淘汰落后产品设备目录与淘汰落后企业名单等，见表3-2。与此同时，国家开始摒弃单纯依靠设备规模作为淘汰标准的做法，将环保、能效等指标作为淘汰依据，并逐步引入市场机制。目前，工信部和国家能源局正在积极制定和完善落后产能的界定标准。

**表3-2 “十一五”期间中国淘汰落后产能目录与企业名单（不完全统计）**

| | |
|---|---|
| 2005年 | 《产业结构调整指导目录（2005年版）》——淘汰类 |
| 2006年 | 《部分高耗能产业实行差别电价目录》 |
| 2007—2009年 | 《电石、铁合金、焦化行业淘汰落后生产能力的企业名单》（第一批至第四批） |
| 2008年 | 《2008年应予淘汰落后水泥产能的企业名单》 |
| 2009年 | 《高耗能落后机电设备（产品）淘汰目录（第一批）》 |
| 2010年 | 《部分工业行业淘汰落后生产工艺装备和产品指导目录（2010年版）》 |
| 2010年 | 《国务院关于进一步加强淘汰落后产能工作的通知》 |
| 2010年 | 《2010年工业行业淘汰落后产能企业名单》 |

在组织管理上，2007年，国家在《节能减排综合性工作方案》中首次提出“十一五”淘汰落后产能目标，见表3-3。各地、各行业主管部门随即制定淘汰落后产能具体方案，组织开展淘汰落后工作。2009年，工信部牵头负责分解年度淘汰落后产能任务，将淘汰任务分解到各省、自治区和直辖市。2010年，国务院发布《关于进一步加强淘汰落后产能工作的通知》，首次从国家层面上具体部署淘汰落后产能任务，责成工信部、国家能源局制定淘汰落后产能目标任务和实施方案；各省、自治区、直辖市人民政府负责本行政区内淘汰落后产能工作，根据工信部、国家能源局下达的淘汰落后产能目标任务，认真制定实施方案，将目标任务分解到市、县，落实到具体企业，并负责本地区淘汰落后产能的组织督促、监督检查以及处罚工作；国家还要求成立由工信部牵头，国家发展和改革委员会、监察部、财政部等部门参加的淘汰落后产能工作部际协调小组。随后，工信部开展了淘汰落后产能专项行动，将2010年淘汰落后产能任务分解到2000多家企业。

**表3-3 “十一五”时期中国计划淘汰落后产能一览表**

| 行业 | 内　容 | 单　位 | “十一五”时期淘汰计划 |
|---|---|---|---|
| 电力 | 实施“上大压小”关停小火电机组 | 万千瓦 | 5000 |
| 炼铁 | 300立方米以下高炉 | 万吨 | 10000 |
| 炼钢 | 20吨及以下转炉和电炉 | 万吨 | 5500 |
| 电解铝 | 小型预焙槽 | 万吨 | 65 |
| 铁合金 | 6300千伏安以下矿热炉 | 万吨 | 400 |
| 电石 | 6300千伏安以下炉型电石产能 | 万吨 | 200 |
| 焦炭 | 碳化室高度4.3米以下的小机焦 | 万吨 | 8000 |
| 水泥 | 等量替代立窑水泥熟料 | 万吨 | 25000 |
| 平板玻璃 | 落后平板玻璃 | 万重量箱 | 3000 |
| 造纸 | 年产3.4万吨以下草浆生产装置、年产1.7万吨以下化学制浆生产、排放不达标的年产1万吨以下以废纸为原料的纸厂 | 万吨 | 650 |
| 酒精 | 落后酒精生产工艺及年产3万吨以下企业（废糖蜜制酒精除外） | 万吨 | 160 |
| 味精 | 年产3万吨以下味精生产企业 | 万吨 | 20 |
| 柠檬酸 | 环保不达标柠檬酸生产企业 | 万吨 | 8 |

注：摘自《国务院关于印发节能减排综合性工作方案的通知》。

从2007年以来，国家相继采取一系列配套措施，促进淘汰落后产能政策的完善。

（1）实行问责制。2007年，国务院转批《节能减排统计监测及考核实施方案和办法》，将淘汰落后产能目标完成情况纳入"省级人民政府节能目标责任评价考核计分表"中（完成当年淘汰落后产能目标计8分，总分100分）。同年1月，国务院下发《关于加快关停小火电机组若干意见的通知》，要求"将中国小火电机组关停目标分解到各省（区、市），并与各省级人们政府和国有大型电力集团公司签署小火电机组关停目标责任书"。2010年国务院在《关于进一步加强淘汰落后产能工作的通知》中要求"提高淘汰落后产能任务完成情况的考核比重"，进一步加大了地方政府对淘汰落后产能工作的重视程度。

（2）严格市场准入。强化安全、环保、能耗、物耗、土地等指标的约束条件，从源头上防治新增落后产能。国务院《关于进一步加强淘汰落后产能工作的通知》中，首次提出对产能过剩行业将坚持新增产能与淘汰落后产能"等量置换"或"减量置换"的原则。

（3）实施差别电价。2004年，在电力紧张背景下，国家开始对电解铝、铁合金、电石、烧碱、水泥、钢铁这六大高耗能行业限制类、淘汰类企业征收差别电价，其中，限制类加价标准每千瓦时0.02元，淘汰类为0.05元；2006年以后，国家将黄磷、锌冶炼加入到差别电价行列，淘汰类电价加价标准也从0.05元提高到0.2元；2010年，淘汰类企业电价加价标准提高到0.3元，国家开始对能源消耗超过规定限额标准的企业，实行"惩罚性电价"。

（4）加大执法处罚。从2007年以来，国家对没有完成淘汰落后产能任务的地区，实施项目"区域限批"。对于不按期淘汰的企业，应依法关停，有关部门吊销其生产许可证和排污许可证，甚至依法停止供电。

（5）加强财政资金引导。按照《淘汰落后产能中央财政奖励资金管理暂行办法》的相关规定，从2007年到2010年，国家财政共拿出219.1亿元资金对经济欠发达地区淘汰电力、钢铁等13个行业淘汰落后产能给予奖励。

"十一五"期间，淘汰落后产能的组织领导力度明显加强，极大地巩固和扩大了淘汰落后的实施效果。据国家统计局统计数据显示，目前中国已经圆满完成了"十一五"淘汰目标。上大压小、关停小火电机组7682.5万千瓦，淘汰落后炼铁产能12272万吨、炼钢产能7224万吨、水泥产能37000万吨等，在关闭造纸、化工、纺织、印染、酒精、味精、柠檬酸等重污染企业方面都取得积极进展。

但是，中国依然面临着艰巨的淘汰任务，需要淘汰的落后产能仍占到全部产能的50%左右。经过5年的淘汰落后工作，相对"容易"淘汰的落后产能比重越来越小，未来淘汰落后工作的推进难度将会增大。此外，随着越来越多的中小企业成为淘汰落后产能的主要对象，如何在推进中小企业淘汰落后的同时，做好职工安置、保障地方财政收入等各项工作，成为各级政府不得不考虑的问题。

## 二、抑制部分行业产能过剩和盲目扩张

“十一五”期间，“双高”行业过快增长以及部分行业产能过剩一直困扰着中国工业的健康发展。2006年，钢铁、电解铝、电石、铁合金、焦炭、汽车等行业产能已经明显过剩，水泥、煤炭、电力和纺织等行业产需基本平衡，但在建规模大①；2007年一季度，中国大多数高耗能产品产量增幅都在20%以上，其中，粗钢产量增长22.3%，铁合金增长44.4%，电解铝增长36.6%，焦炭增长23.7%、电石增长34.1%②；2009年，不仅钢铁、水泥、煤化工等传统工艺持续产能过剩，多晶硅、风电设备等新兴产业也出现重复建设倾向③。

“双高”行业过快增长和盲目扩张会加剧资源环境压力，造成社会经济发展的负面影响，同时也为节能减排任务的完成增加困难。纵观“十一五”时期的产业发展政策，抑制部分行业产能过剩和盲目扩张政策出台最为密集。从2006年到2010年，国家先后出台《国务院关于加快推进产能过剩行业结构调整的通知》、《国务院办公厅转发发展改革委等部门关于加强固定资产投资调控从严控制新开工项目意见的通知》、《国家发展改革委关于加快推进产业结构调整遏制高耗能行业再度盲目扩张的紧急通知》、《国务院办公厅转发发展改革委关于完善差别电价政策意见的通知》、《关于坚决贯彻执行差别电价政策禁止自行出台优惠电价的通知》、《关于抑制部分行业产能过剩和重复建设引导产业健康发展若干意见的通知》等政策文件，国家力图采取法律、经济和必要的行政手段，遏制产能过剩和重复建设。

从源头上讲，部分行业盲目投资、低水平扩张是导致“十一五”期间产能过剩的主因。因此，国家控制产能过剩的主要原则是“控制增量，优化存量”。所谓“控制增量”表现为控制新开工项目，即严格市场准入条件、控制固定资产投资、提高过剩行业在能耗、环保、资源综合利用等方面的准入门槛；而“优化存量”则表现为淘汰落后产能、实施企业兼并重组、进行技术改造和升级等。

### （一）明确政策导向，严把准入关

2007年，《节能减排综合性工作方案》提出严格控制新建高耗能、高污染项目，

① 摘自《国务院关于加快产能过剩行业结构调整的通知》。
② 国家发展和改革委员会《关于加快推进产业结构调整遏制高耗能行业再度盲目扩张的紧急通知》。
③ 摘自《国务院批转发展改革委等部门关于抑制部分行业产能过剩和重复建设引导产业健康发展若干意见的通知》。

严把土地、信贷两个闸门，提高节能环保门槛，严格执行项目开工建设"六个必要条件"，即必须符合产业政策和市场准入条件、项目审批核准或备案程序、用地预审、环境影响评价审批、节能评估审查以及信贷、安全和城市规划等规定和要求。

2009年，在《关于抑制部分行业产能过剩和重复建设引导产业健康发展若干意见的通知》（以下简称《通知》）中，国家发展和改革委员会联合九大部门提出抑制产能过剩和重复建设的政策导向，包括严格项目审批管理、淘汰落后产能、节能技术改造等，见表3-4。《通知》除了要求严格钢铁、水泥、电解铝等传统产业的项目审批，还要求建立和完善多晶硅、风电等新兴产业准入标准。

**表3-4 2009年中国抑制产能过剩和重复建设的产业政策导向***

| | 项目审批管理 | 淘汰落后 | 能耗限额 | 综合利用 |
|---|---|---|---|---|
| 钢铁 | 不再核准单纯新建、扩建产能项目 | 2011年底前淘汰400立方米及以下高炉、30吨以下转炉与电炉 | 2011年底前，吨钢综合能耗低于620kgce | 2011年底前，二次能源基本实现100%回收利用 |
| 水泥 | 等量置换；清理未开工项目 | 制定三年内彻底淘汰落后产能时间表 | 新项目水泥熟料烧成热耗低于105kgce/t熟料，水泥综合电耗小于90kW · h/t | |
| 平板玻璃 | 拟建项目不得备案 | 制定三年内彻底淘汰"平拉法"（含格法）落后产能时间表 | 新项目能耗低于16.5千克标准煤/重箱 | 硅质原料选矿回收率达到80%以上 |
| 煤化工 | 今后三年停止审批单纯扩大产能的焦炭、电石项目，今后三年原则上不安排新的现代煤化工试点项目 | | | |
| 多晶硅 | 严控能源短缺、电价较高地区新建项目 | 2011年前，淘汰综合电耗大于200kW · h/kg的产能 | 太阳能级多晶硅还原电耗小于60kW · h/kg | |
| 风电设备 | 原则上不再批准或者备案建设新的整机制造厂 | | | |
| 电解铝 | 今后三年原则上不再核准新建和扩建项目 | 2010年底淘汰落后小预焙槽电解铝80万吨 | 现有重点骨干电解铝厂吨铝直流电耗下降到12500kW · h以下 | |
| 船舶 | 今后三年不再受理新建船坞、船台项目，暂定审批扩建项目 | | | |

注：*摘自《关于抑制部分行业产能过剩和重复建设引导产业健康发展若干意见的通知》(国发〔2009〕38号〕。

### （二）取消优惠电价，调整出口退税率

自2004年以来，中国开始对电解铝、铁合金、电石、烧碱、水泥、钢铁、黄磷和锌冶炼八大高耗能行业实施差别电价。2007年，国家将差别电价政策的重点放在取消高耗能行业优惠电价上，进一步督促落后产能企业退出市场。2010年，国家发展和改革委员会等部门在《关于清理对高耗能企业优惠电价等问题的通知》中要求取消国际金融危机爆发之后部分地方对高耗能企业的用电价格优惠，继续对电解铝、铁合金、电石、烧碱、水泥、钢铁、黄磷、锌冶炼八个行业实施差别电价政策。2010年7月，对高耗能企业实行优惠电价的22个省市、直辖市和自治区已经全部取消了地方实施的优惠电价措施，涉及金额150多亿元人民币。

在出口退税方面，为了抑制因出口需求带来的高耗能产品增加对国内能源消耗的压力，2006年9月，财政部、国家发展和改革委员会、商务部、海关总署、国家税务总局联合下发了《关于调整部分商品出口退税率和增补加工贸易禁止类商品目录的通知》，调整部分出口商品的出口退税率。其中，煤炭、天然气、石蜡、沥青、硅、砷、石料材、有色金属及废料等取消出口退税，钢材出口退税率由11%降至8%，陶瓷、部分成品革和水泥、玻璃出口退税由13%分别降至8%和11%，部分有色金属材料的出口退税率由13%降至5%、8%或11%。2010年财政部发布《关于取消部分商品出台退税的通知》，自2010年7月15日起，取消包括部分钢铁、部分有色金属加工材、银粉、酒精、玉米淀粉、部分农药、化工产品、部分塑料、玻璃及制品、橡胶及制品等406种商品的出口退税。

### （三）推进"产能过剩"行业的兼并重组

企业兼并重组是提高产业集中度和资源配置效率的有效手段。2006年，《国务院关于加快推进产能过剩行业结构调整的通知》提出，鼓励有实力的大型企业集团，以资产、自愿、品牌和市场为纽带实施跨地区、跨行业的兼并重组，促进产业的集中化、大型化、基地化；推动优势大型钢铁企业与区域内其他钢铁企业的联合重组，形成若干年产3000万吨以上的钢铁企业集团；鼓励大型水泥企业集团对中小水泥厂实施兼并、联合、重组，增强在区域市场的影响力；促进现有焦化企业与钢铁企业、化工企业的兼并重组；支持大型煤炭企业收购、兼并、重组和改造。

为进一步消除制约企业兼并重组的制度障碍，2010年国务院发布了《国务院关于促进企业兼并重组的意见》（以下简称《意见》），提出以汽车、钢铁、水泥、机械制造、电解铝、稀土六大行业为重点，充分发挥企业主体作用，坚持市场运作，促进有效竞争，积极推进上述企业兼并重组。《意见》明确表示，企业兼并重组由工信部牵头，国家发展和改革委员会、财政部、税务总局、商务部等十二家部委和地方政府联合参与，分别采取清理阻碍兼并重组的相关政策规定，推行税收优惠、兼并专项贷款、发债等措施，进一步推进相关行业兼并重组。除了《意见》中的六大重点行业外，工信部还要求对煤炭、有色金属、造船等同样存在"严重产能过剩"问题的行业推进兼并重组，并计划成立推进企业兼并重组部级领导小组，同时将尽快出台具体行业的兼并重组实施意见。力争实现3～5年内，重点行业产业集中度都能得到大幅提升[①]。

有研究表明，中国的产能过剩问题在很大程度上是地方政府干预企业投资行为造成[②]。由于地方政府有提高GDP的巨大压力，而"钢筋水泥"的发展模式目前仍然能够带来比较可观的经济效益，因此，在国家政策面前，地方政府会反其道而行之。这就使得"十一五"期间国家抑制产能过剩政策的实施效果有限。

## 三、十大产业调整与振兴规划

为了应对国际金融危机，从2009年1月14日起，国务院常务会议先后审议并原则通过了汽车、钢铁、纺织、装备制造、船舶、电子信息、石化、轻工业、有色金属和物流业十个重要产业的调整振兴规划。这十大产业中，除物流外，其他都是工业行业，九大工业行业占全部工业增加值近80%，占GDP的比重达1/3，在经济发展中具有举足轻重的地位[③]。

"调整振兴规划"是短期应对危机措施和中长期产业发展政策的结合，其主要内容可以用"保增长、扩内需、调结构"来概括。其中，"保增长、扩内需"的内容是应对金融危机所造成的当前困难，采取的主要措施有：家电下乡以及家电以旧换新；小排量汽车购置税减半、汽车下乡与以旧换新等；有色金属产品国家收储等。"调结构"的内容是促进产业技术和产品升级、优化产业组织结构和产业布局、抑制部分行业产能过剩等，采取的主要措施有：加大科研投入，支持企业自主创新，鼓励企业兼并重组，加大淘汰落后产能的力度，实施总量控制，严格控制新增产能，制定或修订重点行业产业政策和行业准入条件等。

"专栏一"给出了钢铁、有色金属和石化产业调整和振兴规划中与节能减排相关

① http://www.miit.gov.cn/n11293472/n11293877/n13392188/n13392230/13395402.html。

② 李平、江飞涛，工业经济研究所，《十大产业调整振兴规划评价与探讨——兼论"十二五"时期产业政策取向》，2011。

③ 摘自国家发展和改革委员会《关于2009年国民经济和社会发展计划执行情况与2010年国民经济和社会发展计划草案的报告》。

的内容。

专栏一：钢铁、有色金属和石化产业调整振兴规划

**钢铁：** 严格控制钢铁总量，不再核准和支持单纯新建、扩建产能的钢铁项目，所有项目必须以淘汰落后为前提；淘汰落后取得突破，力争三年内再淘汰落后炼铁能力7200万吨、炼钢能力2500万吨，同时提高淘汰落后产能标准，要求在2011年之前，淘汰400立方米以下炼铁高炉，淘汰30吨及以下炼钢转炉、电炉；加快技术进步和自主创新，节能减排取得明显成效，重点大中型企业吨钢综合能耗不超过620千克标准煤等。

**有色金属：** 2009年保持稳定运行，到2011年步入良性发展轨道。通过淘汰落后和技术改造，每年节能170万吨标准煤，节电约60亿千瓦时；通过企业重组，形成3～5个具有较强实力的综合性企业集团，到2011年，国内排名前十位的铜、铝、铅、锌企业的产量占中国总产量的比重分别提高到90%、70%、60%、60%；在政策措施方面，要严格执行国家产业政策和准入标准、备案制，严格控制铜、铅、锌、钛、镁新增产能，严格执行淘汰落后产能问责制等。

**石化：** 在规划期内产量保持平稳较快增长，到2011年，原油加工量达到40500万吨，成品油、乙烯产量分别达到24750万吨、1550万吨。在节能减排方面，到2011年，石化产业单位工业增加值能耗下降12%以上，同时综合能耗普遍降低，大型炼油装置吨原油加工耗标准油低于63千克，大型乙烯装置吨乙烯耗标准油低于640千克，大型煤制合成氨装置吨氨综合能耗低于1.8吨标准煤。

从“十大产业调整振兴规划”的实施效果看，首先使工业经济较快扭转了增速下滑局面，有助于“十一五”期间工业增长实现“V”字形反转；其次有效扩大内需，稳定外部市场，对促进经济发展方式转变和实现工业节能减排均产生一定的积极影响。但是，作为一项具有强烈干预市场特征的产业政策，“十大产业调整振兴规划”可能带来的负面效应值得警惕，特别是在“调结构”方面，其中一些政策甚至可能带来一些负面影响。国家应该充分考虑市场的真实需求，尽量避免单纯运用行政手段，进行企业兼并重组、总量控制等。

## 四、培育和发展战略性新兴产业

进入“十一五”以来，以节能环保、新能源、新材料为代表的新兴产业方兴未艾。在节能服务领域，以合同能源管理为代表的节能服务市场不断壮大，2010年中国

节能服务公司完成总产值836.29亿元，从业人员增加到17.5万人，合同能源管理项目共形成年节能能力1064.85万吨标准煤；在新能源领域，光伏、风电等产业都经历了爆发式的增长，中国成为全球第一大太阳能电池生产国，风电的年装机增速都在100%以上；在节能环保装备生产方面，部分关键、共性技术已产业化，如高炉炉顶压差发电、纯烧高炉煤气锅炉发电、低热值煤气燃气轮机等。这些新兴产业或服务于高耗能、高排放的传统产业，促进传统行业的节能减排和技术进步，或以高新技术为依托，力图占领新一轮世界经济和技术的制高点。因此，新兴产业发展对于加快中国产业结构优化升级和实现经济发展方式转变都具有重要意义。

为探索中国新兴产业的发展模式，2010年，国家发展和改革委员会、科技部、工信部、财政部等20个有关部门或单位，成立了“战略性新兴产业发展思路研究部际协调小组”，讨论并最终形成了《国务院关于加快培育和发展战略性新兴产业的决定》（以下简称《决定》）。这是国家首次将新兴产业提升至国家战略的高度。

《决定》选择了七个产业领域中若干重点方向作为现阶段加快培育和发展战略性新兴产业的切入点和突破口。这七大产业包括节能环保、新能源、新一代信息技术、生物、高端装备制造业、新材料和新能源汽车产业。到2015年，战略性新兴产业的工业增加值占国内生产总值的比重力争达到8%左右，2020年力争达到15%左右，吸纳、带动就业能力显著提高。节能环保、新一代信息技术、生物、高端装备制造产业成为国民经济的支柱产业，新能源、新材料、新能源汽车成为国民经济的先导产业；到2030年前后，战略性新兴产业的整体创新能力和产业发展水平达到世界先进水平，为经济社会可持续发展提供强有力的支撑。为此，国家将在战略新兴产业上扩大资金投入，设立战略性新兴产业发展专项资金；完善税收激励政策，制定流转税、所得税、消费税、营业税等支持政策，形成普惠型激励社会资源发展战略性新兴产业的政策手段；同时强化对创新型中小企业的金融服务支撑，加大信贷支持，积极发挥多层次资本市场的融资功能，大力发展创业投资和股权投资基金。

随着《新能源产业振兴规划》和《节能与环保产业发展规划》等政策的即将出台，新兴产业的发展规划将更加清晰，在整个国民经济中的产业地位将更加明确，并为低碳经济等新一轮经济形态奠定产业基础。同时，战略性新兴产业的发展应避免出现风电设备、多晶硅行业等重复建设问题，在政策措施上，减少对生产制造环节的过多投资优惠，尽量向基础研究、消费补贴等领域倾斜，以促进技术研发，提高产业核心竞争力，同时营造良好的市场氛围。

# 第三节　国家重大节能工程与行动

## 一、十大重点节能工程

“十大重点节能工程”已纳入《国民经济和社会发展第十一个五年规划纲要》，它是实现“十一五”单位GDP能耗降低20%左右目标的一项重要的工程技术措施。在国务院印发的《节能减排综合性工作方案》中，提出“十一五”期间，通过实施十大重点节能工程，实现节能2.4亿吨标准煤，重点行业主要产品单位能耗指标总体达到或接近21世纪初国际先进水平。

专栏二：“十大重点节能工程”的主要内容

1. 燃煤工业锅炉(窑炉)改造工程：更新改造低效工业锅炉，建设区域锅炉专用煤集中配送加工中心；淘汰落后工业窑炉，对现有工业窑炉进行综合节能改造。

2. 区域热电联产工程：建设采暖供热为主热电联产和工业热电联产，分布式热电联产和热电冷联供，以及低热值燃料和秸杆等综合利用示范热电厂。

3. 余热余压利用工程：在钢铁、建材、化工等高耗能行业，改造和建设纯低温余热发电、压差发电、副产可燃气体和低热值气体回收利用等余热余压余能利用装置和设备。

4. 节约和替代石油工程：在电力、石油石化、建材、化工、交通运输等行业，实施节约和替代石油改造；发展煤炭液化石油产品、醇醚燃料代油以及生物质柴油。

5. 电机系统节能工程：更新改造低效电动机，对大中型变工况电机系统进行调速改造，对电机系统被拖动设备进行节能改造。

6. 能量系统优化工程：对炼油、乙烯、合成氨、钢铁企业进行系统节能改造。

7. 建筑节能工程：新建建筑全面严格执行50%节能标准，4个直辖市和北方严寒、寒冷地区实施新建建筑节能65%的标准，并实行全过程严格监管。建设低能耗、超低能耗建筑以及可再生能源与建筑一体化示范工程，对现有居住建筑和公共建筑进行城市级示范改造，推进新型墙体材料和节能建材产业化。

8. 绿色照明工程：以提高产品质量、降低生产成本、增强自主创新能力为主的节能灯生产线技术改造，高效照明产品推广应用。

9. 政府机构节能工程：既有建筑节能改造和综合电效改造，新建建筑节能评审和全过程监控，推行节能产品政府采购。

10. 节能监测和技术服务体系建设工程：省级节能监测(监察)中心节能监测仪器和设备更新改造，组织重点耗能企业能源审计等。

为组织实施好"十大重点节能工程"，2006年7月，国家发展和改革委员会同有关部门组织编制了《"十一五"十大重点节能工程实施意见》（以下简称《实施意见》）。《实施意见》详细分解了"十大重点工程"的节能目标，明确了"十大重点节能工程"的实施机构、人员和经费，并将工程实施进度和绩效纳入各级政府和有关企、事业单位年度工作考核体系中。

"十大重点节能工程"所需资金主要靠企业自筹、金融机构贷款和社会资金投入解决。为调动企业、金融机构和社会资金对节能项目投入的积极性，"十一五"期间，中央财政将安排引导资金，采取"以奖代补"方式，对"十大重点节能工程"给予适当支持和奖励。截至2010年，中央预算内投资安排资金81亿元，中央财政节能减排专项资金安排224亿元，支持实施了5100多个"十大重点节能工程"项目，有效带动了地方政府投入和社会资本的投入。

"十一五"期间，"十大重点节能工程"取得了显著的节能效果，"十大重点节能工程"的实施大幅度提高了能源利用效率；提高了资源回收效率；促进了先进节能技术的推广应用和节能环保产业发展。据初步统计："十大重点节能工程"的实施累计形成节能能力约3.4亿吨标准煤，为完成"十一五"单位GDP能耗下降20%左右的约束性目标提供了重要支撑，做出了重要贡献。

## 二、千家企业节能行动

为了进一步强化重点用能单位节能管理，2006年4月，国家发展和改革委员会、国家能源办、国家统计局、国家质检局和国务院国资委印发了《关于印发千家企业节能行动实施方案的通知》，开始实施"千家企业节能行动"。千家企业是指钢铁、有色金属、煤炭、电力、石油石化、化工、建材、纺织、造纸9个重点耗能行业规模以上独立核算企业，2004年企业综合能源消费量18万吨标准煤以上的企业，共1008家。

2006年以来，国家和地方采取一系列措施，推进千家企业节能行动。

首先，国家发展和改革委员会与千家企业签订了节能目标责任书，明确了节能目标和责任。2007年《单位GDP能耗考核体系实施方案》印发后，国家开始对千家企业节能目标完成情况和落实节能措施情况进行考核，并向社会公告。

在《节约能源法（2008年版）》要求下，实施能源利用状况报告制度。研究制定了《重点用能单位能源利用状况报告制度实施方案》，要求重点用能单位每年报送能源利用状况报告。

组织开展能效水平对标活动。2007年国家发展和改革委员会印发了《重点耗能企业能效水平对标活动实施方案》，部署实施能效水平对标活动，随着能源对标在钢铁、化工、水泥、电力等行业的推广实施，能效对标逐步成为针对重点行业的强制性活动。

积极推进千家企业节能技术改造。国家加大了对千家企业节能技术改造项目的支持力度，通过节能技术改造，千家企业单位产品综合能耗指标大幅度下降。

强化节能管理。95%以上的千家企业建立了专门的能源管理机构，配备了相关能源管理人员，完善三级计量仪器、仪表配备，部分企业开展能源管理师试点。

为完善企业节能基础性，国家发展和改革委员会组织编写了《企业能源审计和节能规划案例》、《企业能源审计报告指南》和《企业节能规划审核指南》，组织实施了一系列节能培训。

"十一五"期间，进入"千家企业节能行动"的企业能源利用效率大幅度提高，主要产品单位能耗指标达到国内同行业先进水平，据初步统计，千家企业单位氧化铝综合能耗、乙烯生产综合能耗、烧碱生产综合能耗等指标下降了30%以上，单位原油加工综合能耗、电解铝综合能耗、水泥综合能耗等指标下降了10%以上，供电煤耗下降近10%，部分企业的指标达到了国际先进水平。"十一五"期间，千家企业节能1.5亿吨标准煤，约占中国全社会节能量的23%，为国家节能目标的实现做出了突出贡献。

## 第四节　加强节能管理

为抑制高耗能产业过快增长，从2006年起，国家开始酝酿利用行政管理手段规范国家和地方的投资行为，即建立类似"环评"的节能评价制度，对所有的固定资产投资项目进行节能评估和审查，以从源头上控制能耗的不合理增长。2010年《固定资产投资项目节能评估和审查暂行办法》的出台，标志着节能评价制度的发展趋于规范化。

在企业节能管理方面，"十一五"节能管理的重心是年耗能量在5000吨标准煤以上的重点用能单位。"十一五"期间，国家节能主管部门利用"能源管理状况报告制度"和能源审计，了解用能单位的能源消费和统计状况，监督用能单位的能源改进情况。2006年后，国家发展和改革委员会要求千家企业设立能源管理岗位，负责分析和评价本单位的能源利用状况，2009年，工信部将设立能源管理岗位的范围扩大到所有的重点用能单位，并开始能源管理师的试点工作。在企业能源管理体系建设方面，能源管理体系的国家标准已于2009年出台，国家认监委开始了能源管理体系认证试点工作。

随着“十一五”节能减排工作的不断深入，分类指导和全面覆盖的原则也在节能管理中得到越来越多的体现。2010年，《中央企业节能减排监督管理暂行办法》出台，将全面指导逾百家中央企业的节能减排工作。同年，工信部出台了《关于进一步加强中小企业节能减排工作的指导意见》，首次将节能工作范围覆盖到广大的中小企业。

## 一、健全固定资产投资项目节能评估与审查制度

“固定资产投资项目节能评估和审查制度”①是要建立类似“环境影响评价制度”的节能评价制度，它通过严格控制高耗能、高排放和产能过剩行业新上项目，从而在源头上控制能耗的不合理增长。该制度的实施意味着相关固定资产投资项目必须首先在节能评估方面达到国家和地方法规的要求，才能进入下一步核准程序。

“十一五”初期，国家酝酿建立“固定资产投资项目节能评估和审查制度”。2006年，国家发展和改革委员会在《关于加强固定资产投资项目节能评估和审查工作意见的通知》中要求各地开展固定资产投资项目节能评估和审查，并发布了《固定资产投资项目节能评估和审查指南（2006）》。2008年颁布的《节约能源法》确立了“固定资产投资项目节能评估和审查制度”的法律地位。此后，各省也纷纷开始编制和实施本省的固定资产投资项目节能评估与审查暂行办法。据不完全统计，目前出台《固定资产投资项目节能评估和审查管理暂行办法》的省市已经超过15个。

为了通过制度形式进一步加强固定资产投资项目节能评估与审查工作，2010年3月工信部发布了《关于加强工业固定资产投资项目节能评估和审查工作的通知》，要求各地推动工业领域固定资产投资项目节能评估和审查工作的全面开展。同年9月，国家发展和改革委员会颁布了《固定资产投资项目节能评估和审查暂行办法》（以下简称《能评办法》），引导固定资产投资项目节能评估与审查工作逐步走向规范化（见表3-5）。工信部和国家发展和改革委员会对固定资产投资项目实行全国统一政策后，各地的节能评估政策迅速根据国家统一标准进行了调整，今后全国能耗评估的级别将进入统一阶段，不再根据地方差异进行评级。

① 国家发展和改革委员会在《固定资产投资项目节能评估与审查暂行办法》（发改委令〔2010〕6号）中分别给出了节能评估与节能审查的定义。“节能评估是指根据节约能源法规、标准，对固定资产投资项目的能源利用是否科学合理进行分析评估，并编制节能评估报告书、节能评估报告表（以下统称节能评估文件）或填写节能登记表的行为”。“节能审查是指根据节约能源法规、标准，对项目节能评估文件进行审查并形成审查意见，或对节能登记表进行登记备案的行为”。

**表3-5 中国“固定资产投资项目节能评估和审查制度”的法律与政策依据**

| 法律依据 | 《中华人民共和国节约能源法》（1997年颁布，2007年修订） |
|---|---|
| 国家政策 | 《国务院关于加强节能工作的决定》（国发〔2006〕28号） |
| | 《国家发展和改革委员会关于加强固定资产投资项目节能评估和审查工作意见的通知》（发改投资〔2006〕2787号） |
| | 《国家发展和改革委员会关于印发固定资产投资项目节能评估和审查指南（2006）的通知》（发改委环资〔2007〕21号） |
| | 《关于加强工业固定资产投资项目节能评估和审查工作的通知》（工信部节〔2010〕135号) |
| | 《固定资产投资项目节能评估与审查暂行办法》（发改委令〔2010〕第6号） |
| 福建、安徽、河北、海南、重庆、上海、山西、贵州、四川、北京、云南、天津、山东、江苏、浙江等 | 各省《固定资产投资项目节能评估和审查管理暂行办法》；《北京市发展和改革委员会节能评估中介机构管理办法(试行)》(京发改〔2007〕343号)、《北京市固定资产投资项目编制独立节能专篇内容深度的要求(试行)》(京发改〔2007〕576号)、《北京市发展和改革委员会关于开展固定资产投资项目节能评估和审查工作有关问题的通知》(京发改〔2007〕1107号)等 |

根据《能评办法》，节能评估按照项目建成投产后年能源消费量实行分类管理，其中，年耗能1000～3000吨标准煤的项目编制节能评估报告表，年耗能3000吨标准煤以上的项目编制节能评估报告书，其他低能耗项目填报节能登记表，如图3-2所示。《能评办法》突出了固定资产投资项目节能评估的前置性。在评估范围内的固定资产投资项目在申报可行性研究报告、项目申请报告或备案之前必须进行节能评估和审查，并取得节能审查批准意见。对没有按规定取得节能审查批准意见和未按规定提交节能登记表的固定资产投资项目，不予审批、核准或备案。从而强调了对固定资产投资项目节能的全过程监管。在项目审批、规划设计、建筑施工以及竣工备案等环节均实施节能监管，充分发挥发展改革部门、规划部门、建设部门的管理职责，对节能评估相关工作进行监察管理。同时节能监察机构依法对固定资产投资项目节能措施和能耗指标等落实情况进行节能监察。

虽然，“十一五”期间部分省市如北京、山东等开展了一些固定资产投资项目节能评估与审查项目，工信部也在四川灾后重建规划项目中选择部分工业项目进行试点。但从总体上看，固定资产投资项目节能评估与审查制度还处于发展完善阶段，具体工作方法和指南等还有待细化。此外，全国还需建立统一的管理机构，指导各地开展固定资产投资项目节能评估和审查工作。

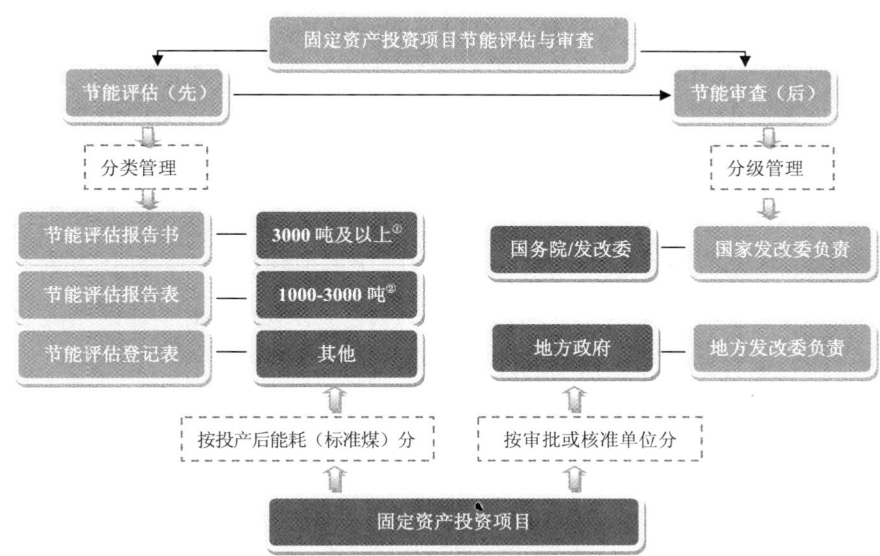


图3-2　固定资产投资项目节能评估与审查的分级与分类管理

注：1. 年电力消费量500万千瓦时以上，或年石油消费量1000吨以上，或年天然气消费量100万立方米以上的固定资产投资项目。
2. 年电力消费量200万～500万千瓦时，或年石油消费量500～1000吨，或年天然气消费量50万～100万立方米的固定资产投资项目。

## 二、建立强化企业能源管理

### （一）能源利用状况报告制度

能源利用状况报告制度是国家对重点用能单位能源利用状况进行跟踪、监督、管理、考核的重要方式，也是企业查找节能潜力，明确节能方向，改进能源管理，进行节能技术改造的有效手段。能源利用状况报告制度可以作为重点用能单位能源利用状况公报、安排重点节能项目和节能示范项目、进行节能表彰的重要依据。实施重点用能单位能源利用状况报告制度，对加强和改善重点用能单位节能监管，提高能源利用效率，实现"十一五"节能目标具有重要意义。

能源利用状况报告制度已被写入修订后的《节约能源法》。《节约能源法（2008年版）》第二十七条规定：用能单位应当建立能源消费统计和能源利用状况分析制度，对各类能源的消费实行分类计量和统计，并确保能源消费统计数据真实、完整。定期报送能源利用状况报告是重点用能单位[①]的法定义务。第五十三条规定：重点用能单位应当每年向管理节能工作的部门报送上年度的能源利用状况报告。能源利用状况包括能源消费

① 根据《节约能源法（2008年版）》的有关规定，重点用能单位是指1.年综合能源消费量1万吨标准煤以上的用能单位；2.国务院有关部门或者省、自治区、直辖市人民政府管理：节能工作的部门指定的年综合能源消费总量5000吨以上不满1万吨标准煤的用能单位。

情况、能源利用效率、节能目标完成情况和节能效益分析、节能措施等内容。

为了更好地落实重点用能单位能源利用状况报告制度，2008年6月，国家发展和改革委员会发布《关于印发重点用能单位能源利用状况报告制度实施方案的通知》。该实施方案规定了重点用能单位能源利用状况报告制度的主要内容和填报要求，制定了"能源利用状况报告"的统一套表格式，开发了"重点用能单位能源利用状况报告填报系统"软件，方便各单位上网填报。根据能源利用状况报告制度，以重点用能单位为基本报送单元，实行属地化管理的原则。各地方组织开展对本地区用能状况的分析、评价工作，编写能源利用状况报告。

能源利用状况报告制度建立在对重点用能单位能源利用状况的统计分析、监测、审计的基础之上。该制度客观上推动了能源审计、节能监测（察）等在中国的推广。"十一五"期间，能源审计的范围从千家企业逐步扩展到年耗能1万吨标准煤和0.5万吨标准煤的企业中（年耗能1万吨标准煤的企业约11000家，年能耗0.5万标准煤企业约31500家）从事能源审计、节能监测、能源计量的技术咨询和服务机构，纷纷涌现。一方面，一大批关于节能基础、节能监测、经济运行的工业节能标准应运而生；另一方面，重点单位能源利用状况报告制度的有效实施也督促了企业按照《节约能源法》的规定设立能源管理岗位，落实能源管理负责人，加强相关人员节能培训和节能管理制度建设，从而提高整个企业节能意识和节能管理水平。

### （二）能源审计

能源审计是审计单位依据国家有关的节能法规和标准，对企业和其他用能单位能源利用的物理过程和财务过程进行的检验、核查和分析评价①，是一种加强企业能源科学管理和节约能源的有效手段和方法，具有很强的监督与管理作用。

"十一五"期间，能源审计得到较为有效的实施和推广。2006年9月7日，国家发展和改革委员会等五部委联合印发《千家企业节能行动实施方案》，对"千家企业"进行能源审计；随后出台的"十一五"规划中，各级政府将能源审计范围扩大到年耗能为1万吨标准煤企业；2008年《节约能源法》颁布后，法律对年耗能在1万吨标准煤以上的重点用能单位开展能源审计工作提出了明文要求。至此，能源审计工作开始具有了法律依据，全国范围内大规模开展企业能源诊断与能源审计工作启动。在地方层面，2008年后，各地方政府随即出台了地方性的节能法配套实施细则，依据本地区的特点制定了更加严格的重点用能单位能耗标准，并以节能目标责任考核为主线加强了对本地区重点用能单位的能源审计工作。截至2010年底，年耗能5000吨标准煤以上的

① 孟昭利，《企业能源审计方法》（第二版），清华大学出版社，2008年10月。

用能单位基本都已接受了政府委托的能源审计，部分地区正在开展3000吨标准煤以上的重点用能单位能源审计工作。

经过几年的摸索和实践，能源审计在中国得到了普遍的认可，在"十一五"时期也发挥着重要的作用，但能源审计本身仍然需要完善。

首先，能源审计的评价标准不明确、缺乏针对性。国内开展能源审计技术咨询服务，是在法律法规和技术标准的框架下进行的，但国内能源审计在技术标准和有关规范方面的发展明显滞后于法律法规和政策上的要求。国内在企业节能审计服务上尚没有成熟技术标准体系。国家发展和改革委员会于2006年底面向全社会发布了"企业能源审计报告编制指南"，并提供了两个行业的能源审计报告范本。这两个文件成为国内技术机构实施能源审计工作的最初参考标准。国家标准《企业能源审计技术通则》（GB/T17166—1997）仅对于企业能源诊断的一般性原则进行了规范和描述，而并未涉及具体细节（如图3-3所示）。目前，技术服务机构开展能源审计时需要借助和依赖其他节能监测标准。

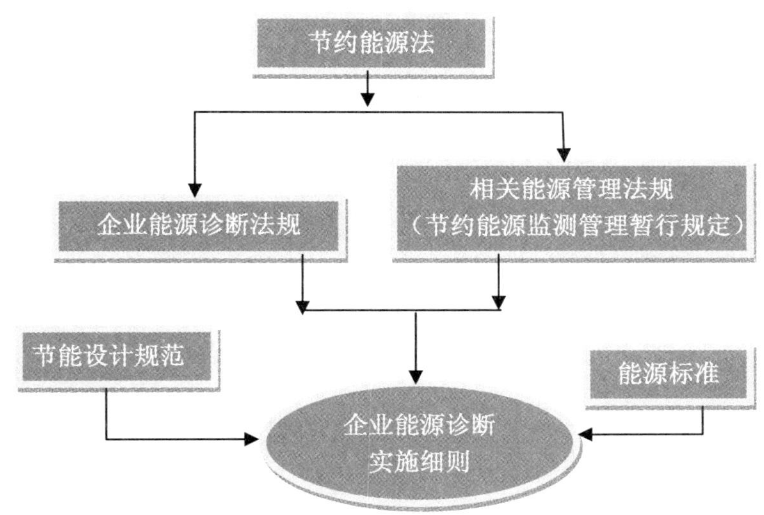


图3-3　能源审计法律法规和技术标准框架

其次，能源审计工作属于市场职能还是政府职能的定位尚不清楚，能源审计服务机构的市场准入制度尚未建立，能源审计的基础工作还比较薄弱。

### （三）设立能源管理岗位

设立能源管理岗位是企业加强能源管理能力建设的重要部分，也是《节约能源法》规定重点用能单位必须执行的节能管理内容之一。

《节约能源法（2008年版）》第五十五条规定：重点用能单位应当设立能源管理岗位，在具有节能专业知识、实际经验以及中级以上技术职称的人员中聘任能源管理负责人，并报管理节能工作的部门和有关部门备案。能源管理负责人负责对本单位用能状况进行分析、评价，组织编写本单位能源利用状况报告，提出本单位节能工作的改进措施并组织实施。能源管理负责人应当接受节能培训。

2006年，国家发展和改革委员会发布的《千家企业节能行动实施方案》中规定千家企业要设立能源管理岗位，明确节能工作岗位的任务和职责。2009年，工信部在《关于印发2009年工业和通信业节能与综合利用工作要点的通知》中要求建立重点用能企业能源管理负责人制度，开展能源管理负责人和专职人员岗位培训，在重点用能企业开展节能管理师试点工作。2010年，工信部在《2010年工业节能与综合利用工作要点》中进一步要求，重点用能企业按照《节约能源法（2008年版）》要求设立能源管理岗位，建立节约用电、节约用气、节约用煤等能源节约管理制度，规范企业能源管理。此外，工信部还计划发布《重点用能企业能源管理负责人培训大纲》，组织地方和中介机构开展重点用能企业能源管理负责人岗位培训。工信部还要求各地工业主管部门要加强对本地区重点用能企业能源管理制度建设工作的组织、指导和服务；根据本地区实际情况，积极开展重点用能企业能源管理负责人的培训工作，提高企业能源管理水平。

### （四）能源管理体系

能源管理体系是一套用于规范组织能源管理，旨在降低组织能源消耗、提高能源利用效率的管理标准[①]。能源管理体系是企业管理的重要组成部分，对企业降低能源成本、实现节能目标等具有重要意义。

"十一五"期间，中国出台了能源管理体系国家标准——《能源管理体系 要求》（GB/T23331—2009），水泥、电力、化工等行业相继制定能源管理体系的实施指南；在省级层面，山东制定了《能源管理体系 要求》（DB37/T1013—2008）〔后修改为《工业企业能源管理体系 要求》（DB37/T1013—2009）〕，成为中国第一个拥有能源管理体系省级标准的地区。

在能源管理体系国家标准出台后，国家认证认可监督管理委员会（以下简称国家认监委）随即启动了为期两年的能源管理体系认证试点工作，鼓励先从钢铁、有色金属、煤炭、电力、化工、建材、造纸、轻工、纺织、机械制造等重点行业开展认证试点。国家认监委选择31家认证机构参与试点，并规定每家认证机构至少开展两家企业的能源管理体系试点工作。两年来，共有60多家企业参与到能源管理体系的推广应用中。

与此同时，山东省也启动了能源管理体系推广工作。首批试点在济南、淄博、泰

① 摘自《能源管理体系 要求》（GB/T23331—2009）。

安、德州4市6个行业的8家企业进行。2010年，山东又选择43家企业推广能源管理体系[①]。山东省能源管理体系推广工作的最大特色是将信息化手段与能源管理手段相结合，开发了IES-EMIS能源管理体系支持配套软件和企业能源管理中心系统，将能源管理体系的建设规范化、程序化，更加便于企业操作和应用。此外，山东省还提出要将能源管理体系建设情况纳入对各市和企业的节能目标责任制考核内容[②]。

“十一五”期间，能源管理体系国家标准的开发，系列化实施指南的研制，以及大量试点示范的开展，为中国能源管理体系的发展奠定了基础。此外，随着能源管理体系（ISO50001）国际标准的即将出台，中国企业推广应用能源管理体系，将不仅顺应潮流，更有可能成为生存必须。因此，相关部门应以国家标准为基础，一方面，进一步加大钢铁、电力等具体行业和交通、建筑等部门能源管理体系标准或指南的研究力度，并与地方政府相互合作，扩大能源管理体系推广范围；另一方面国内相关机构应积极参与国际标准的研制，扩大对外交流与合作，做好能源管理体系指南开发和示范的国际接轨工作。

## 三、完善央企和中小企业节能管理

2010年3月，国有资产监督管理委员会（以下简称国资委）颁布了《中央企业节能减排监督管理暂行办法》（以下简称《暂行办法》），用于指导中央企业节能减排。《暂行办法》依据实际能耗、污染物排放水平以及所处行业，将中央企业分为重点类（30家）、关注类（66家）和一般类（58家），并根据各类企业的不同任务和不同特点，提出完善指标监测和加强工作情况报送的分类要求。其中，重点类是指主业处于石油石化、钢铁、有色金属、电力、化工、煤炭、建材、交通运输、机械行业，且具备以下三个条件之一的企业，即年耗能超过200万吨标准煤，年二氧化硫排放量超过5万吨或者年化学需氧量排放量超过5000吨。“重点型”企业要设立万元产值综合能耗、单位产品能耗、物耗、污染物排放和符合行业特点的其他节能减排技术指标，并加强监测分析，每个季度要将统计分析报告抄报国资委。

2010年4月，工信部印发了《关于进一步加强中小企业节能减排工作的指导意见》，指出中小企业节能减排的工作重点是：国家重点行业调整和振兴规划涉及的中小企业，重点工业园区（产业集聚区）内的中小企业，以及各地确定的节能减排重点中小企业。提出争取用3～5年时间，培育和形成一批中小企业节能减排示范企业（产

① 摘自《关于公布2010年能源管理体系建设企业名单的通知》。
② 摘自《山东省企业能源管理体系建设指导意见》。

业基地、集聚区），推动重点节能减排技术在中小企业的广泛运用，加强中小企业节能减排管理人员培训和管理制度的完善；较大幅度提升中小企业能源资源利用水平和清洁生产水平，重点用能行业的中小企业单位能耗下降25%左右，使中小企业单位产品(工序)能耗、主要污染物排放、清洁生产等指标有显著改善。

# 第五节　节能经济政策

为了完成国家节能目标，使节能逐步成为企业、公众等的自觉行动，"十一五"期间，国家综合运用财政、价格、税收、金融等经济手段推进节能减排。国家节能经济政策以奖励为主，主要体现在国家每年投入巨额的财政资金支持节能技术改造、淘汰落后产能、推广节能产品，同时实施有利于节约能源资源的税收政策，对从事节能环保、资源综合利用的企业给予一定的税收减免；而国家节能经济政策中带有"惩罚"色彩的则相对较少，"差别电价"是其中之一。"十一五"期间，中国淘汰类企业电价加价标准从每千瓦时0.05元提高到0.3元，对能源消耗超过规定限额标准的企业，开始实行"惩罚性"电价。上述节能经济政策的实施，起到了促进节能技术和产品推广应用、扶持节能产业化发展、引导建立节能型生产和消费方式的多重作用[①]。

## 一、财政政策

财政政策历来是政府节能宏观调控的重大手段[①]。"十一五"期间，中国节能财政政策得到前所未有的加强，国家先后出台一系列节能财政举措，陆续设立了多个节能财政奖励或补贴资金，用于节能技术改造财政奖励、淘汰落后产能转移支付、合同能源管理财政奖励、节能产品推广等。节能财政政策成为了"十一五"中国综合性节能政策体系中最为重要的组成部分。

在法律地位上，《节约能源法（2008年版）》要求中央财政和县级以上地方财政设立节能专项资金，主要用于节能科技的研发、节能技术示范与产品推广、政府办公建筑节能改造等。

在资金投入上，"十一五"期间，用于节能减排的中央财政节能资金高达2000亿元，可以带动将近2万亿元的社会投资。仅节能技术改造资金一项，中央投入资金就

① 周伏秋，节能财政政策新近发展的特点与未来趋势，2011。

超过300亿元，见表3-6。

**表3-6 "十一五"期间中国节能减排项目财政补贴情况**

| 项目 | 启动时间（年） | 补贴对象 | 补贴方式 | 补贴资金 |
| --- | --- | --- | --- | --- |
| 节能技改 | 2007 | 开展"十大重点节能工程"的重点耗能企业 | 采取"以奖代补"方式对实现节能量的企业按照一定补助标准进行直接补贴 | 中央预算内投资安排资金81亿元、中央财政节能减排专项资金安排224亿元 |
| 淘汰落后产能 | 2007 | 经济欠发达地区的电力、钢铁等13个行业 | 采取转移支付方式对实现淘汰落后产能的企业进行直接补贴 | 中央财政安排219.1亿元资金 |
| 合同能源管理 | 2010 | 节能服务公司 | 按照经过审核的项目节能量，节能服务公司获得财政奖励资金 | 2010年中央财政安排20亿元资金 |
| 高效照明产品推广 | 2008 | 中标企业与居民 | 间接补贴消费者，由财政补贴给中标企业，用户再以优惠价格取得高效照明产品 | 中央和地方出资逾28亿元 |
| 节能产品惠民工程 | 2009 | 节能产品的生产企业 | 间接补贴消费者，由财政补贴给节能产品生产企业，用户再以优惠价格获得节能产品 | 中央财政安排160多亿元资金 |
| 节能与新能源汽车示范推广 | 2009 | 公共领域的示范推广单位；私人购买新能源汽车 | 公共领域：直接补贴消费者，财政资金直接补贴购买或消费节能与新能源汽车的示范推广单位<br>私人领域：补贴资金拨付给汽车生产企业，私人用户再以低价购车或租用 | — |

在节能效果上，节能财政资金对于实现国家节能目标发挥了重要作用。以节能技术改造财政奖励资金为例，从2007年到2010年，支持实施了5100多个十大重点节能工程项目，累计形成节能能力约3.4亿吨标准煤。

从政策出台的时间上看，2007年开始，财政资金集中投放在节能技术改造和淘汰落后产能上；2008年后，在"扩内需、保增长"和促节能的需求下，国家加大了对节能产品的推广力度；2010年后，在培育和发展战略性新兴产业的政策下，国家开始积极扶持以合同能源管理为主的节能服务产业发展。

### （一）节能技术改造财政奖励资金

2007年8月，财政部、国家发展和改革委员会联合颁发了《节能技术改造财政奖励资金管理暂行办法》（以下简称《暂行办法》）。该《暂行办法》规定：中央财政将安排必要的引导资金，采取"以奖代补"方式，对十大重点节能工程给予适当支持和奖励，奖励金额按项目技术改造完成后实际取得的节能量和规定的标准确定。财政奖励的节能技术改造项目是指《"十一五"十大重点节能工程实施意见》中确定的燃煤工业锅炉(窑炉)改造、余热余压利用、节约和替代石油、电机系统节能和能量系统优化等项目；财政奖励对象主要是实施节能技术改造项目的重点耗能企业，年节能量在10000吨标准煤以上。奖励标准为东部地区每吨标准煤200元，中西部地区每吨标准煤250元。

企业申请节能技术改造财政奖励资金的流程如图3-4所示。

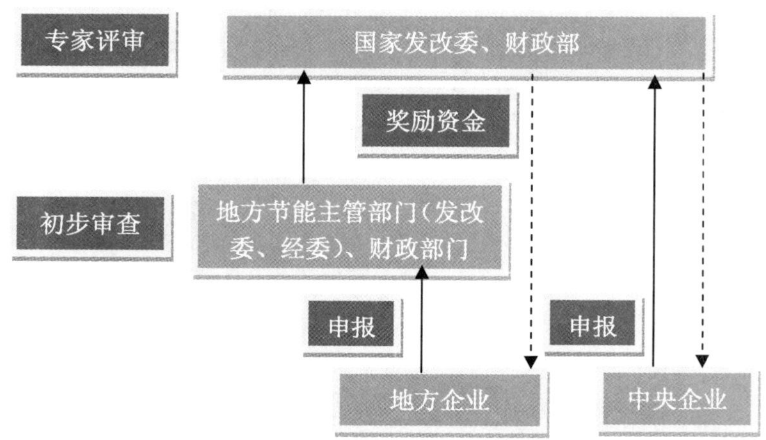


图3-4 中国节能技术改造奖励资金申请流程示意图*

注：＊戴彦德等，《实现单位GDP能耗下降目标的途径与措施》，中国计划出版社，北京，2008。

截至2010年，中央预算内投资安排资金81亿元、中央财政节能减排专项资金安排224亿元，支持实施了5100多个十大重点节能工程项目，累计形成节能能力约3.4亿吨标准煤。

### （二）淘汰落后产能转移支付

为加快结构调整，促进落后产能淘汰。2007年12月，财政部印发了《淘汰落后产能中央财政奖励资金管理暂行办法》的通知。中央财政设立专项资金，采取专项转移支付方式对经济欠发达地区淘汰落后产能给予奖励。

2007—2009年，中央财政通过转移支付安排162亿元资金[①]，2010年安排资金57.1亿元，对经济欠发达地区淘汰落后产能给予奖励。适用行业包括《国务院关于印发节能减排综合性工作方案的通知》规定的电力、炼铁、炼钢、电解铝、铁合金、电石、焦炭、水泥、玻璃、造纸、酒精、味精、柠檬酸13个行业。优先支持的对象包括：淘汰落后产能任务重、困难大的企业，主要是整体淘汰的企业；合规审批的落后产能；

① 张向东，以市场竞争淘汰落后产能，经济观察报，2010年7月5日。

在国家产业政策规定期限内淘汰的落后产能；没有享受国家其他相关政策的企业。

资金使用流程方面（如图3-5所示），由企业向地方财政部门进行申请，地方财政部门按照要求审核填写分行业淘汰落后产能企业基本情况表，省级财政部门汇总审核，并报经省级人民政府确认后，上报财政部。财政部将委托财政投资评审机构、行业协会、社会中介机构等单位对地方上报的淘汰计划进行现场审核，并对上一年度淘汰落后产能情况进行检查。根据审核情况确定并下达奖励资金预算，并按照财政国库管理制度有关规定拨付资金。

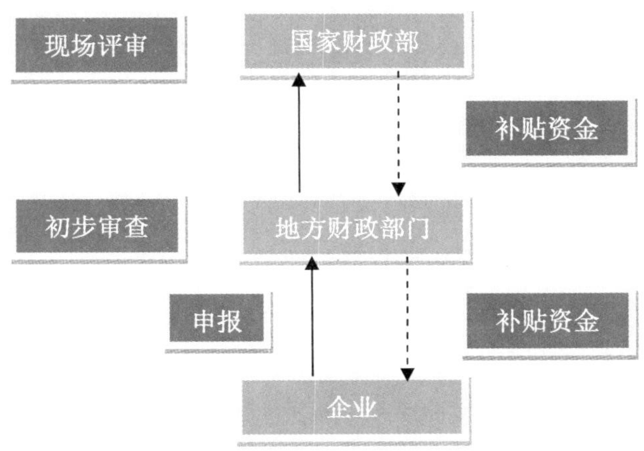


图3-5 中国淘汰落后产能转移支付资金申请流程示意图

## （三）合同能源管理项目财政奖励资金

根据《国务院办公厅转发发展改革委等部门关于加快推行合同能源管理促进节能服务产业发展意见的通知》的要求，中央财政安排资金对合同能源管理项目给予适当奖励。2010年，财政部和国家发展和改革委员会联合发布《合同能源管理项目财政奖励资金暂行管理办法》，中央财政决定在2010年安排20亿元，用于支持节能服务公司采取合同能源管理方式在工业、建筑、交通等领域以及公共建筑实施节能改造。在补助标准方面，中央财政补贴240元/吨标准煤，省级财政要求不低于60元/吨标准煤。

资金申请和拨付如图3-6所示。合同能源管理项目完工后，节能服务公司向项目所在地省级财政部门、节能主管部门提出财政奖励资金申请。省级节能主管部门会同财政部门组织对申报项目和合同进行审核，并确认项目年节能量。省级财政部门根据审核结果，据实将中央财政奖励资金和省级财政配套奖励资金拨付给节能服务公司，并在季后10日内填制《合同能源管理财政奖励资金安排使用情况季度统计表》，报财政部、国家发展和改革委员会。国家发展和改革委员会会同财政部组织对合同能源管理项目实施情况、节能效果以及合同执行情况等进行检查。

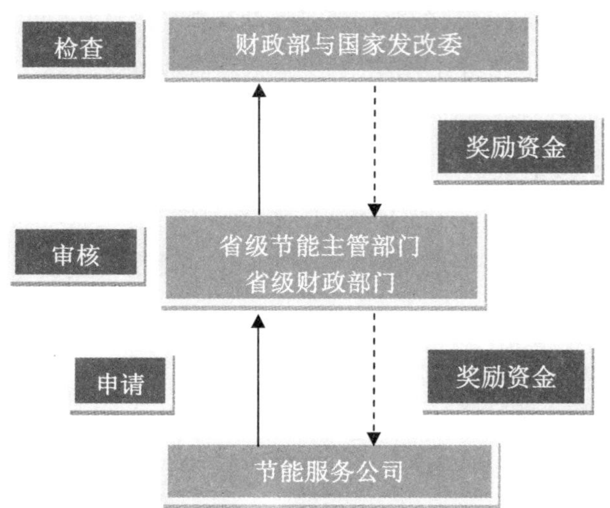


图3-6　中国合同能源管理财政奖励资金申请和拨付示意图

## （四）其他节能产品财政补贴

1. 高效照明产品财政补贴

2008年1月，财政部和国家发展和改革委员会联合发布了《高效照明产品推广财政补贴资金管理暂行办法》（以下简称《办法》）。该《办法》规定：中央财政安排专项补贴资金，用于支持采用高效照明产品替代白炽灯和其他低效照明产品；补贴资金采取间接补贴方式，由财政补贴给中标企业，再由中标企业按中标协议供货价格减去财政补贴资金后的价格销售给终端用户，如图3-7所示。

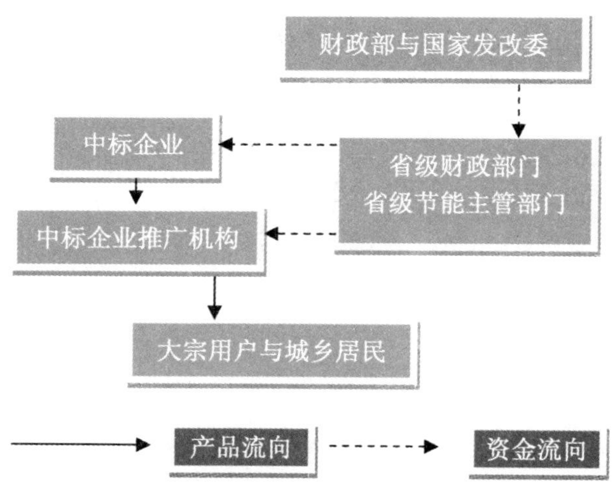


图3-7　中国财政补贴高效照明产品流向及资金申请路线

财政补贴的受益对象包括大宗用户和城乡居民用户，采用合同能源管理推广高效照明产品的节能服务公司可视为大宗用户。大宗用户每只高效照明产品，中央财政按中标协议供货价格的30%给予补贴；城乡居民用户每只高效照明产品，中央财政按中标协议供货价格的50%给予补贴。

截至2010年，中央和地方共补贴28亿元，实际推广3.7亿只高效照明产品，年节电量可达80多亿千瓦时，约合300万吨标准煤，减排二氧化碳750万吨。财政补贴高效照明推广取得了良好的节能减排效果，为实现"十一五"节能目标做出了突出贡献①。

2. 节能产品惠民工程

为了加快高效节能产品的推广和使用，国家将量大面广、用能量大、节能潜力明显的高效节能产品纳入财政补贴推广范围。2009年，财政部和国家发展和改革委员会发布了《关于开展"节能产品惠民工程的通知"》。采取间接补贴的方式对消费者购买的能效达到1级或者2级的空调、冰箱、洗衣机、电机等10类产品实施财政补贴。补贴方式是中央财政对高效节能产品生产企业给予补助，再由生产企业按补助后的价格进行销售，并最终补贴给消费者。生产企业在推广产品的本体和包装上按要求加施"节能产品惠民工程"标识和字样，如图3-8所示。当高效节能产品市场份额达到一定水平时，国家不再补贴推广。

图3-8 中国节能产品惠民工程标识

从2009年到2010年，中国组织实施了高效节能房间空调器、节能汽车、高效电机的推广工作，分别印发了《关于印发<"节能产品惠民工程"高效节能房间空调推广实施细则>的通知》、《"节能产品惠民工程"节能汽车(1.6升及以下乘用车)推广实施细则》和《节能产品惠民工程高效电机推广实施细则》等政策文件，发布了四批高效节能空调推广目录、四批"节能产品惠民工程"节能汽车推广目录（包括十几个汽车企业的68款车型）和第一批高效电机推广目录，见表3-7。

① 国家发展和改革委员会绿色照明办公室，2011。

表3-7 中国“节能产品惠民工程”的节能产品目录（截至2010年）

| 产品 | 节能产品目录 |
|---|---|
| 空调 | 高效节能房间空调器推广目录（第一批）（发改委〔2009〕5号） |
| | 高效节能房间空调器推广目录（第二批）（发改委〔2009〕6号） |
| | 高效节能房间空调器推广目录（第三批）（发改委〔2009〕23号） |
| | 高效节能房间空调器推广目录（第四批）（发改委〔2010〕7号） |
| 电机 | 高效电机推广目录（第一批）（发改委〔2010〕16号） |
| 汽车 | 节能汽车推广目录（第一批）（发改委〔2010〕13号） |
| | 节能汽车推广目录（第二批）（发改委〔2010〕19号） |
| | 节能汽车推广目录（第三批）（发改委〔2010〕26号） |
| | 节能汽车推广目录（第四批）（发改委〔2010〕32号） |

截至2010年底，为实施“节能产品惠民工程”，中央财政共安排160多亿元，推广高效节能空调3400多万台，节能汽车100多万辆。据初步测算，“节能产品惠民工程”实施一年多来，直接拉动消费需求1200多亿元，实现年节电195亿千瓦时，年节油30万吨，减排二氧化碳超过1400多万吨①。到2012年，中国高效节能产品市场份额有望提高10～20个百分点，达到30%以上，根本改变中国高效节能产品市场份额较低的局面；每年可拉动需求4000亿～5000亿元，实现节电750亿千瓦时（相当于少建15座百万千瓦级的燃煤电厂），有助于推动技术进步和产业升级，稳定扩大就业②。

3. 节能与新能源汽车示范推广

2009年1月23日，财政部和科技部联合印发了《节能与新能源汽车示范推广财政补助资金管理暂行办法》，决定在北京、上海、重庆、长春、大连、杭州、济南、武汉、深圳、合肥、长沙、昆明、南昌13个城市开展节能与新能源汽车示范推广试点工作，以财政政策鼓励在公交、出租、公务、环卫和邮政等公共服务领域率先推广使用节能与新能源汽车，同时提高节能汽车的知名度和市场占有率。

为了进一步扩大节能与新能源汽车示范推广工作，2010年5月31日，财政部、科技部、工信部、国家发展和改革委员会联合印发了《关于扩大公共服务领域节能与新能源汽车示范推广有关工作的通知》，决定在现有13个试点城市的基础上，增加天津、海口、郑州、厦门、苏州、唐山、广州7个试点城市。同年8月，财政部、科技部、工信部、国家发展和改革委员会联合下发《关于增加公共服务领域节能与新能源汽车示范推广试点城市的通知》，正式批复沈阳、成都、南通、襄樊、呼和浩特成为新的试点

① 扩内需调结构促节能——“节能产品惠民工程”成效显著。http://www.gov.cn/jrzg/2011-02/20/content_1806904.htm。
② 中国实施“节能产品惠民工程”政策效应初步显现。http://www.gov.cn/jrzg/2009-07/12/content_1363531.htm。

城市。截至2010年，进入节能与新能源汽车示范推广的试点城市增至25个。工信部公布18批《节能与新能源汽车示范推广应用工程推荐车型目录》，涉及233款车型。

除了扩大在公共服务领域推广使用节能与新能源汽车外，2010年国家启动了购买新能源汽车补贴试点工作。2010年6月，财政部、科技部、工信部、国家发展和改革委员会联合出台《关于开展私人购买新能源汽车补贴试点的通知》，确定在上海、长春、深圳、杭州、合肥5个城市开展私人购买新能源汽车补贴试点工作。

## 二、价格政策

能源价格直接影响能源用户的能源费用，因而能够直接影响到广大企业和居民等能源用户的节能积极性。"十一五"期间，中国继续实施差别电价政策，不断提高高耗能行业电价加价标准；2006年后，开始了电力优化调度，降低小火电上网电价。这"一高一低"，从电力消费端和生产端入手，起到了抑制高耗能行业过快增长和淘汰落后产能的作用。

### （一）差别电价

2003年之后，电荒问题频繁出现，而高耗能行业过快增长，又加剧了电力供需矛盾。为了推进产业结构升级，促进行业节能减排，从2004年起，中国开始实行差别电价政策。

中国差别电价政策经过了四个阶段，即政策出台阶段、政策修正阶段、政策调整阶段和政策强化执行阶段。

政策出台阶段：2004年，国家发展和改革委员会出台了电价调整方案，开始对电解铝、铁合金、电石、烧碱、水泥、钢铁六个高耗能行业按照国家产业政策要求，区分淘汰类、限制类、允许和鼓励类企业试行差别电价。2004年9月，国家发展和改革委员会同国家电监会下发了《关于进一步落实差别电价及自备电厂收费政策有关问题的通知》，对差别电价政策作了进一步完善。2005年11月，国家发展和改革委员会发布《关于继续实行差别电价政策有关问题的通知》，决定继续实行差别电价政策。

政策修正阶段：2006年9月，国务院办公厅转发国家发展和改革委员会《关于完善差别电价政策的意见》，增加了黄磷、锌冶炼两个行业，将限制类和淘汰类加价标准在3年内逐步提高到每千瓦时0.05元和0.20元。同时要求各地禁止自行出台优惠电价措施，已出台的要立即停止执行。

政策调整阶段：2007年4月和9月，国家发展和改革委员会、财政部、国家电监会印发了《关于坚决贯彻执行差别电价政策禁止自行出台优惠电价的通知》和《关于进一步贯彻落实差别电价政策有关问题的通知》，提出将执行差别电价增加的电费收入由上缴中央改为全额上缴地方国库，取消对高耗能企业的优惠电价政策。同年12月，国家发展和改革委员会、国家电监会再次发文，公布取消电解铝等企业用电价格优惠的具体措施。

政策强化执行阶段：2010年5月，三部委又联合印发了《关于清理对高耗能企业优惠电价等问题的通知》，进一步提高了限制类和淘汰类企业电价，并首次提出对"能源消耗超过规定限额标准"的企业实行"惩罚性电价"，具体规则是：超过限额标准一倍以上的，比照淘汰类电价加价标准执行；超过限额标准一倍以内的，由省级价格主管部门会同电力监管机构制定加价标准。

从2004到2010年，中国差别电价政策执行力度不断加大，集中反映为对限制类和淘汰类企业的电价加价标准不断提高，并开始实施"惩罚性电价"。2010年6月，国家发展和改革委员会、工信部、监察部、环境保护部、国家电监会、国家能源局六部门联合下发《关于立即组织开展全国电力价格大检查的通知》，决定从2010年6月1日起开始在中国范围内开展节能减排电力价格大检查。

**表3-8 中国差别电价政策历程***

| 政策阶段 | 主要文件 | 政策内容 |
|---|---|---|
| 政策出台 | 关于进一步落实差别电价及自备电厂收费政策有关问题的通知 2004-09；关于继续实行差别电价政策有关问题的通知 2005-11 | 对电解铝、铁合金、电石、烧碱、水泥、钢铁6个行业限制类、淘汰类征收差别电价；限制类和淘汰类企业差别电价标准分别为每千瓦时0.02元和0.05元 |
| 政策修正 | 关于完善差别电价政策的意见 2006-09 | 增加黄磷、锌冶炼两个行业，明确8个行业淘汰类、限制类企业的划分标准；分3年将淘汰类企业差别电价标准提高到0.20元，限制类提高到0.05元；差别电价增加的电费收入全部上缴中央国库 |
| 政策调整 | 关于坚决贯彻执行差别电价政策禁止自行出台优惠电话的通知 2007-04；关于进一步贯彻落差别电价政策问题的通知 2007-09 | 差别电价增加的电费收入全部上缴地方国库；取消国家对高耗能企业电价优惠政策；差别电价政策落实情况与电力规划、大用户购电试点挂钩 |
| 政策强化 | 关于清理对高耗能企业优惠电价等问题的通知 2010-05 | 将限制类企业执行的电价加价标准由现行每千瓦时0.05元提高到0.10元，淘汰类企业执行的电价加价标准由现行每千瓦时0.20元提高到0.30元；对能源消耗超过规定限额标准的，实行惩罚性电价 |

注：*《差别电价对节能减排影响的政策评估报告》，福州电监办。

### （二）电力优化调度

自2006年起，国家发展和改革委员会和国家电监会等部门选取江苏、河南、广东、四川、贵州五省进行电力节能调度试点。2007年8月，国家发展和改革委员会、国家电监会等四部委共同制定的《节能发电调度办法（试行）》获国务院批准下发，节能发电调度试点工作循序渐进。同时，在淘汰落后产能方面，按照国务院《关于加快关停小火电机组的若干意见》的精神，国家发展和改革委员会会同国家电监会出台了《关于降低小火电机组上网电价促进小火电机组关停工作的通知》(以下简称《通知》）。其主要内容是：①规范降低小火电上网电价的范围。②明确降低小火电机组上网电价的具体要求。《通知》规定，2004年及以后投产的小火电机组，其上网电价高于燃煤机组标杆上网电价的，一律降低到标杆上网电价水平；2004年以前投产的小火电机组，上网电价高于标杆电价，价差在0.05元/千瓦时以内的，分两年降低到标杆电价；价差为0.05～0.1元/千瓦时的，分三年降低到标杆电价；价差在0.1元/千瓦时以上的，分四年降低到标杆电价。③鼓励小火电机组向高效率机组转让发电量指标，已转让发电量指标并确保关停的小火电机组不再降价。

此外，目前中国大多数省、市、自治区实行了峰谷电价和分时电价，也对促进节能发挥了一定作用。

## 三、税收政策

税收作为社会经济调控的一种重要手段，直接影响着国民经济生产、流通与消费等各个环节，税收能够体现国家产业政策、促进结构调整，也能够反映国家节能减排政策。《节约能源法（2008年版）》明确表示，对列入推广目标的节能技术、节能产品实施税收优惠，实施节约能源资源的税收政策；并运用税收等政策，鼓励先进节能技术、设备的进口，控制在生产过程中耗能高、污染重的产品的出口。

### （一）企业所得税

《中华人民共和国企业所得税法》和《企业所得税实施条例》中对节能税收的有关规定如下：

第二十七条 从事符合条件的环境保护、节能节水项目的企业所得，可以免征、减征企业所得税。

《企业所得税实施条例》解释企业从事前款规定的符合条件的环境保护、节能节水项目的所得，自项目取得第一笔生产经营收入所属纳税年度起，第一年至第三年免征企业所得税，第四年至第六年减半征收企业所得税。

第三十四条 企业购置用于环境保护、节能节水、安全生产等专用设备的投资额，可以按一定比例实行税额抵免。

《企业所得税实施条例》解释企业所得税法第三十四条所称税额抵免，是指企业购置并实际使用《环境保护专用设备企业所得税优惠目录》、《节能节水专用设备企业所得税优惠目录》和《安全生产专用设备企业所得税优惠目录》规定的环境保护、节能节水、安全生产等专用设备的，该专用设备投资额的10%可以从企业当年的应纳税额中抵免；当年不足抵免的，可以在以后5个纳税年度结转抵免。享受前款规定的企业所得税优惠的企业，应当实际购置并自身实际投入使用前款规定的专用设备；企业购置上述专用设备在5年内转让、出租的，应当停止享受企业所得税优惠，并补缴已经抵免的企业所得税税款。

为了配合《企业所得税法》和《企业所得税实施条例》的执行，2008年8月，财政部、税务总局、国家发展和改革委员会公布了《环境保护专用设备企业所得税优惠目录（2008年版）》、《节能节水专用设备企业所得税优惠目录（2008年版）》（见表3–9）。同年9月，财政部、国家税务总局联合下发了《关于执行环境保护专用设备企业所得税优惠目录节能节水专用设备企业所得税优惠目录和安全生产专用设备企业所得税优惠目录有关问题的通知》，明确了上述优惠政策自2008年1月1日起开始实施，并对专用设备投资额、当年应纳税额的计算方法进行了说明。

表3–9 《节能节水专用设备企业所得税优惠目录（2008年版）》的设备类型

| | 主要设备 |
|---|---|
| 节能设备 | 节能中小型三相异步时机、空气调节设备、通风机、水泵、空气压缩机、变频器、配电变压器、高压电动机、节电器、交流接触器、用电过程优化控制器、工业锅炉、工业加热装置、节油、节煤、节气关键件 |
| 节水设备 | 洗衣机、换热器、冷却塔、灌溉机具 |

### （二）资源税

在资源税方面，现行《资源税暂行条例》规定对原油、天然气、煤炭等矿产征收资源税，实行从量定额的计征方式。自2004年以来，中国政府陆续提高了23个省(区、市)煤炭资源税税额标准以及原油、天然气的资源税税额标准。其中，部分油田的原油、天然气资源税税额已达到条例规定的最高标准，即30元/吨和15元/千立方米；东北老工业基地的地方政府可根据有关油田、矿山的实际情况和财政承受能力，对低丰度油田和衰竭期矿山在不超过30%的幅度内降低资源税适用税额标准。该政策有利于鼓励对低油田和衰竭期矿山资源的开采和利用，体现了节约能源的方针。

### （三）进出口退税

近年来，政府有关部门针对部分高耗能、高污染、资源性产业投资过热，产品出口大量增加，给国内能源、环境和资源造成压力这一问题，在采取压缩国内过剩产能、控制消费增长等措施的同时，相应调整有关出口退税政策，约束与限制高耗能、高污染、资源性产品的大量出口。“十一五”期间，中国政府多次对出口退税政策进行调整，实施进一步控制部分高耗能、高污染、资源性产品出口的有关措施，主要是：调整部分产品的出口退税率，停止部分产品的加工贸易，对部分产品征收出口暂定关税。调整高能耗、资源性产品出口政策调整共涉及30多个行业，约200个品种。2007年取消并降低了近3000种“两高一资”产品的出口退税，约占海关税则中全部商品总数的37%。同时，对煤炭、钢材、焦炭等高载能产品实施3%～15%不等的出口暂行税率（见表3-10）。2010年7月起取消包括部分钢铁、部分有色金属加工材、银粉、酒精、玉米淀粉、部分农药、化工产品、部分塑料、玻璃及制品、橡胶及制品等406种商品的出口退税。

**表3-10 中国近年来主要出口税收政策的调整（2004—2010年）**

| 公布时间 | 产品品种 | 政策调整 |
|---|---|---|
| 2004年12月22日 | 电解铝铁合金等商品 | 取消部分商品出口退税 |
| 2005年3月28日 | 钢坯 | 取消钢坯出口退税 |
| 2005年4月27日 | 钢铁制品 | 将钢铁制品出口退税从13%下调至11% |
| 2005年12月30日 | 煤焦油等产品 | 下调煤焦油等产品出口退税率 |
| 2006年3月9日 | 部分铜及铜材 | 出口暂定税率由5%调至10% |
| 2006年3月21日 | 汽油石脑油 | 暂停出口增值税退税 |
| 2006年9月14日 | 钢铁制品 | 出口退税从11%下调至8% |
| 2006年11月1日 | 钢坯、铁合金、生铁 | 出口开征10%的出口税 |
| 2007年3月20日 | 铬盐和松节油及其粗制品 | 取消出口退税政策 |
| 2007年4月10日 | 钢铁制品 | 出口退税从8%下调至0～5% |
| 2007年5月11日 | 磷酸二铵和磷矿石 | 开征季节性出口暂定关税 |
| 2007年5月20日 | 钢铁制品 | 出口设立许可证制度 |
| 2007年6月1日 | 钢铁制品 | 对80种钢铁制品出口开征5%～10%的出口税 |
| 2007年7月1日 | 较大范围商品（出口产品的37%） | 调整部分商品的出口退税政策，部分钢铁制品（石油套管除外）出口退税率下调至5% |
| 2007年12月14日 | 钢坯 | 对钢坯等部分出口商品实行暂定税率，其中，对一般贸易和边境小额贸易出口尿素、磷酸铵征收季节性暂定税率 |
| 2008年10月21日 | 纺织品、服装、玩具、日用及艺术陶瓷、塑料制品 | 将部分纺织品、服装、玩具出口退税率提高到14%，将日用及艺术陶瓷出口退税率提高到11%，将部分塑料制品出口退税率提高到9% |
| 2008年11月17日 | 劳动密集型产品 | 提高劳动密集型产品出口退税率 |
| 2010年6月22日 | 高耗能产品 | 取消包括部分钢材、有色金属建材等在内的406个税号的产品出口退税 |

## 四、金融扶持政策

《节约能源法（2008年版）》第六十五条规定：国家引导金融机构增加对节能项目的信贷支持，为符合条件的节能技术研究开发、节能产品生产以及节能技术改造等项目提供优惠贷款。国家推动和引导社会有关方面加大对节能的资金投入，加快节能技术改造。

为改进和加强节能环保领域的金融服务，“十一五”以来，中国人民银行出台了《关于改进和加强节能环保领域金融服务工作的指导意见》，中国银监会出台了《节能减排授信工作指导意见》，要求银行业金融机构要及时跟踪国家确定的节能重点工程、节能技术服务体系等项目，综合考虑信贷风险评估、成本补偿机制和政府扶持政策等因素，有重点地给予信贷需求的满足，并做好相应的投资咨询、资金清算、现金管理等金融服务，并积极开发与节能减排有关的创新金融产品。

此外，有关银行还对贷款实行差别定价，严控对高耗能、高污染企业的信贷投入，加大对环保企业和项目的信贷支持，改善环保领域的直接融资服务等。2010年5月，央行、银监会联合发布《关于进一步做好支持节能减排和淘汰落后产能金融服务工作的意见》指出，银行在审批新的信贷项目和发债融资时，要严格落实国家产业政策和环保政策的市场准入要求，严格审核高耗能、高排放企业的融资申请。同时，对不符合国家节能减排政策规定和国家明确要求淘汰的落后产能的违规在建项目，不得提供任何形式的新增授信支持；对违规已经建成的项目，不得新增任何流动资金贷款，已经发放的贷款，要采取妥善措施保全银行债权安全。

## 五、政府采购政策

节能产品政府采购主要针对政府集中采购以照明产品、家用电器、办公设备为主的节能产品，并根据部门需要，批量采购以风机、水泵、变压器等为主的节能设备。

“十一五”期间，中国政府采购由对节能产品的“优先采购”逐步演变为“强制性”采购制度。《节约能源法（2008年版）》第六十四条规定：政府采购监督管理部门会同有关部门制定节能产品、设备政府采购名录，应当优先列入取得节能产品认证证书的产品、设备。2007年7月，国务院办公厅发布《国务院办公厅关于建立政府强制采购节能产品制度的通知》（以下简称《通知》），要求建立节能产品政府采购清单管理制度。《通知》明确政府优先采购的节能产品和政府强制采购的节能产品类别，用于指导政府机构采购节能产品。同年，财政部、国家发展和改革委员会对原有的《节能产品政府采购清单》进行了调整，新清单中的节能产品种类由原来的18类4770种扩大到33类产品15087种，其中，空调机、双端荧光灯和自镇流荧光灯、电视机、电热水器、计算机、打印机、显示器、便器、水嘴9类产品被列为第一批实施政府强制采购的节能、节水产品。至此，中国政府强制采购节能产品制度正式实施。

截至2010年，国家财政部和国家发展和改革委员会已经公布了8批《节能产品政府采购清单》。通过节能产品政府采购，有效地促进了节能产品的使用，也更好地发挥了政府机构在节能方面的表率作用。

# 第六节　工业节能标准、标识与认证

为实现节能目的而制定的标准称之为节能标准。中国节能标准的体系框架是根据国家节能的重点领域来构建的，目前的节能标准体系框架主要包括综合基础类标准、用能产品能效标准、工业节能标准、建筑节能标准、交通运输节能标准和农业节能标准等子体系。节能标准是保证中国经济社会环节可持续发展、建设节约型社会的重要技术基础，是政府对于节能工作实施科学、有序和定量化管理的重要依据，是评价、衡量能源利用效率高低程度和能源利用工程是否科学合理及其先进程度的有力工具。

"十一五"期间，中国逐步完善工业节能标准，特别是发布了27项针对高耗能行业的能耗限额标准，开创了节能标准的先河。能耗限额标准作为降低高耗能行业能源消耗、推动企业提高能源利用水平的有效工具，也成为中国政府进行节能管理的重要依据。

为促进节能产品推广，中国在"十一五"期间继续开展了能源效率标识和节能产品认证活动。目前已经发布"能效标识产品目录"和"节能产品认证目录"，不仅大大约束了高耗能企业的用能行为，同时有利于在全社会形成节能型的生产和消费方式。

## 一、工业节能标准体系

工业节能标准体系可分为节能设计方面的标准、能量平衡方面的标准、能耗测试和计算方面的标准、能源消耗限额方面的标准、节能监测方面的标准、用能设备经济运行方面的标准、能源审计方面的标准、高效节能产品及装置方面的标准和节能综合管理与评价方面的标准等。

截至2010年底，中国已制定发布了430多项工业节能方面的标准，其中，国家标准190多项，行业标准近240项。190多项工业节能国家标准重点包括强制性的终端用

能产品能效标准、强制性高耗能单位产品能耗限额标准、基础性通用性标准、重点工业用能设备或系统节能监测标准、重点工业用能设备经济运行标准、评价企业合理用能标准以及能源审计、能源管理体系、合同能源管理等其他节能管理方面的标准。

强制性用能产品能效标准以及强制性能源消耗限额标准是能够直接产生节能效益的标准。这两类标准是用能产品和设备及高耗能行业产品在节能领域的市场准入标准，是淘汰落后产品、能效标识、节能产品认证、节能产品惠民工程等节能制度的技术依据，是高耗能行业淘汰落后产能，开展固定资产投资项目节能评估与审查，能效对标活动等节能管理机制的技术基础，见表3-11。

**表3-11　中国部分工业节能标准支持的节能政策和机制**

| 标准 | 支持的政策和机制 |
| --- | --- |
| 强制性能效标准 | 《节约能源法》、节能产品认证、能效标识、节能产品惠民工程 |
| 强制性能耗限额标准 | 《节约能源法》、淘汰落后产能、固定资产投资项目节能评估与审查、能效对标 |
| 节能监测系列标准 | 节能监测、节能监察 |
| 《能源审计技术通则》 | “十一五”千家企业能源审计 |
| 《合同能源管理技术通则》 | 《关于加快推行合同能源管理促进节能服务产业发展的意见》 |

### （一）单位产品能耗限额标准

《节约能源法（2008年版）》第十六条规定，生产过程中耗能高的产品的生产单位应当执行单位产品能耗限额标准。对超过单位产品能耗限额标准的用能生产单位，由管理节能工作的部门按照国务院有关规定的权限责令限期治理。

2007—2008年间，中国发布了第一批能耗限额标准，涉及有色金属、钢铁、化工、电力、建材五大行业的粗钢、焦炭、铁合金、碳素电极、烧碱、黄磷、合成氨、电石、平板玻璃、水泥、陶瓷、铝冶炼、铜冶炼、锌冶炼、镁冶炼、镍冶炼、锑冶炼、铅冶炼、锡冶炼、铜管材、铝及铝合金挤压产品和常规火力发电机组22个产品。这些能耗限额标准有三个重要指标，如图3-9所示。第一个指标是能耗限额限定值，技术指标制定的原则是淘汰20%～30%落后产能，在标准当中是一个强制性的指标；第二个指标是能耗限额准入值，它是为了配合《节约能源法（2008年版）》的实施，在固定资产投资项目节能评估和审查中，对新建和改扩建项目的一个强制性的准入门槛，原则是跟产业政策相协调的最严格的指标；第三个指标是能耗限额的先进值，确定原则是取国际先进水平或国内领先水平，给企业一个奋斗目标，在标准中是一个推荐性的指标。2010年国家又发布了5项能耗限额标准，分别为氧化铝，再生铅，铝电解用石墨质阴极炭块，铝电解用预焙阳极，铝及铝合金轧、拉制管、棒材，使能耗限额标准总数达到27项。

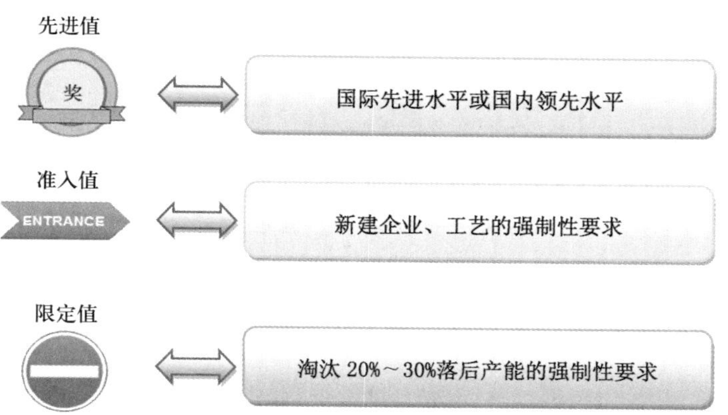


图3-9　中国单位产品能耗限额标准的三个重要指标

### （二）终端用能产品和设备能效标准

《节约能源法（2008年版）》第十七条规定：禁止生产、进口、销售国家明令淘汰或者不符合强制性能源效率标准的用能产品、设备，禁止使用国家明令淘汰的用能设备、生产工艺。

中国从20个世纪80年代开始组织研制用能产品和设备能效标准，目前已经发布终端用能产品和设备能效标准44项，涉及家用耗能器具、照明器具、工业通用设备、商用设备、电子信息产品和交通运输工具六大类。除了交通运输工具采用交通运输车辆的燃油消耗量限值指标，其他类别的能效标准都是依据统一的指标原则、统一的标准模式来制定的。所有的能效标准中都包括：强制性的能效限定值，是市场准入门槛；推荐性的节能评价值，是中国实施的自愿性节能产品认证制度的技术依据。此外，为了配合中国能效标识制度的实施，大多数能效标准中给出能效等级指标，为3级或5级，1级能效最高，如图3-10所示。

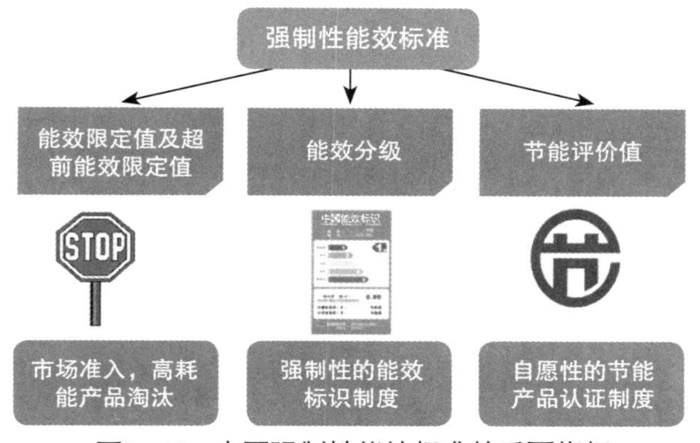


图3-10　中国强制性能效标准的重要指标

目前中国能效标准已经发布了44项，其覆盖的类别和产品见表3-12。

**表3-12　中国能效标准覆盖的产品类别**

| 类型 | 数量（种） | 产品或设备 |
|---|---|---|
| 家用耗能器具 | 12 | 家用电冰箱、房间空调、电动洗衣机、彩色电视机、电风扇、电饭锅、电热水器、燃气热水器，变频空调、电磁炉、平板电视、微波炉 |
| 照明器具 | 8 | 荧光灯镇流器、双端荧光灯、单端荧光灯、自镇流荧光灯、高压钠灯、高压钠灯镇流器、金属卤化物灯、金属卤化物灯镇流器 |
| 工业通用设备 | 10 | 中小型三相异步电动机、空压机、通风机、清水离心泵、配电变压器、电力变压器、交流接触器，石油加热炉和工业锅炉、工业锅炉、小功率电动机 |
| 商用设备 | 4 | 单元式空调、冷水机组、多联式空调和单路输出外部电源 |
| 办公设备 | 4 | 计算机显示器、复印机、打印机和传真机、机顶盒 |
| 交通工具 | 6 | 摩托车、轻便摩托车、乘用车、轻型商用车、三轮汽车、低速货车 |

### （三）其他重要工业节能标准

除了上述强制性标准外，工业领域已经发布的还有节能基础标准、节能监测标准、经济运行标准等其他重要基础管理和方法类标准，它们都在节能管理工作中发挥着重要作用①。

节能监测技术通则等节能监测标准达到21项。节能监测标准统一了进行节能监测的原则，明确了指标数量、测试方法和内容，为中国开展节能监测提供了指导。

重点工业用能设备经济运行标准8项。该标准规定了各类系统经济运行的测试方法、原则和技术要求。经济运行标准通过科学管理、运行工况调节或技术改进，达到合理匹配，实现系统低能耗和经济性好的工作状态，可以极大提高系统运行效率，实现系统节能效益。

能源计量器具配备标准达到7项。能源计量器具配备和管理要求推动了企业能源计量器具的管理工作，根据此系列标准，国家质检总局计量司已经开展了千家企业试点活动。

其他重要的节能管理标准包括《合同能源管理技术通则》和《能源管理体系 要求》等。

① 陈海红，中国标准化研究院，《节能标准现状》，全国节能减排标准化技术联盟系统培训之一，北京，2011年3月。

表3-13 中国其他重要工业节能标准

| 类型 | | 标准 |
|---|---|---|
| 节能基础 | 术语、图形符号 | 《热分析术语》、《热辐射术语》、《技术能量系统基本概念》、《技术文件用热工图形符号与文字代号》 |
| | 计算与技术通则 | 《综合能耗计算通则》、《企业能量平衡通则》、《企业节能量计算方法》、《能源审计技术通则》 |
| | 计量标准 | 《用能单位能源计量器具配备与管理通则》、钢铁、电力、化工、有色 金属、建材等行业能源计量器具配备和管理要求 |
| 节能监测 | | 《节能监测技术通则》、工业燃煤锅炉、风机机组与管网系统、热力输送系统、火焰加热炉等 |
| 经济运行 | | 三相异步电动机、工矿企业电力变压器、交流电气传动风机系统、工业用离心泵、混流泵、轴流泵与旋涡泵系统；工业锅炉、燃煤生活锅炉、空气调节系统等 |
| 其他重要管理和方法类标准 | | 《工业企业能源管理导则》、《节电措施经济效益计算与评价方法》、《企业合理用热技术导则》、《企业合理用电技术导则》、《工业余热术语、分类、等级及余热资源量计算方法》、《能源管理体系 要求》、《合同能源管理技术通则》 |

## 二、能效标识

2004年8月，国家发展和改革委员会、国家质检总局发布了《能源效率标识管理方法》，标志着能效标识制度正式建立。《能源效率标识管理方法》所调整的能源效率标识不包括节能认证标志等保证标识。

2004年11月，国家发展和改革委员会、国家质检总局、国家认监委联合发布了《中华人民共和国实行能源效率标识的产品目录（第一批）》、《中国能源效率标识基本样式》等。按照规定，"生产者和进口商应当对列入国家能源效率标识管理产品目录的用能产品标注能源效率标识，在产品包装物上或者说明书中予以说明，并按照规定报国务院产品质量监督部门和国务院管理节能工作的部门共同授权的机构备案"（《节约能源法（2008年版）》第十九条）。截至2010年，中国已经发布了七批《中华人民共和国实施能源效率标识的产品目录》，主要涵盖了家用电器领域（见表3-14）。产品目录中除规定产品的适用范围外，还给出了节能产品依据的能效标准，因此，能效标识是以能效标准为基础的产品节能管理制度。这些标准的实施大大约束了高耗能行业能源消耗，并为推广节能减排技术和规范市场秩序提供了技术支撑。

表3-14　中国目前颁布的能效标识产品目录（截至2010年底）

| 批次 | 产品 | 实施时间 |
|---|---|---|
| 第一批 | 家用电冰箱、房间空气调节器 | 2005年3月1日 |
| 第二批 | 电动洗衣机、单元式空气调节机 | 2007年3月1日 |
| 第三批 | 自镇流荧光灯、高压钠灯、中小型三相异步电动机（简称电动机）、冷水机组、家用燃气快速热水器和燃气采暖热水炉（简称燃气热水器） | 2008年6月1日 |
| 第四批 | 转速可控型房间空气调节器、多联式空调（热泵）、储水式电热水器、家用电磁炉、计算机显示器、复印机 | 2009年3月1日 |
| 第五批 | 自动电饭锅、交流电风扇、交流接触器、容积式空气压缩机、家用电冰箱（修订） | 2010年3月1日 |
| 第六批 | 电力变压器、通风机、房间空气调节器（修订） | 2010年11月1日 |
| 第七批 | 平板电视、家用和类似用途微波炉 | 2011年3月1日 |

## 三、节能产品认证

节能产品认证是指依据国家相关的节能产品认证标准和技术要求，按照国际上通行的产品质量认证规定与程序，经中国节能产品认证机构确认并通过颁布认证证书和节能标志，证明某一产品符合相应标准和节能要求的活动。目前，中国节能产品认证工作遵循国际上通用的"二八"分配原则，即市场上只有20%的产品能达到节能认证所要求的认证标准，以拉动整个产业向前发展，从而达到更高效、更节能的行业目标。

1999年2月，出台了《中国节能产品认证管理办法》（以下简称《办法》）。《办法》给出了节能产品以及节能产品认证的定义，节能产品认证的基本条件和程序等。2001年，公布《节能产品评价导则》（GB/T15320—2001）的国家标准，该标准规定了节能产品的定义、分类、评价原则和方法，以及节能产品认证的样式和所有权；2008年6月，《国务院关于印发节能减排综合性工作方案的通知》下发，强调要加大节能/节水产品认证管理力度，推动节能/节水产品认证。

从1999年3月中国家用电冰箱的节能产品认证工作启动以来，到2009年12月，已先后开展了60余种产品的节能认证工作，包括家用电器、办公设备、视听产品、照明产品、机械产品、燃气产品、建筑产品、电力设备等，有近500余家国内外一流大型企业的部分产品通过了"节字标志"认证，见表3-15。节能产品认证目录已经被中国政府所采信，成为政府节能产品采购清单的重要内容。

表3-15 中国节能产品认证目录（截至2009年底）

| 类 别 | 产品名称 |
| --- | --- |
| 办公设备 | 计算机、打印机、传真机、复印机、扫描仪、显示器、数码投影机、单路输出式交流-直流和交流-交流外部电源、微型计算机用开关电源 |
| 电力设备 | 电缆桥、交流电力系统阻波器、电力金具、低压配电节电器、电动机轻载调压节电器、不间断电源、风机及泵类负载变频调速节电装置 |
| 机电产品 | 容积式空气压缩机、中小型三相异步电动机、通风机、清水离心泵、三相配电变压器、工业缝纫机 |
| 家电产品 | 家用电冰箱、房间空调器、家用微波炉、洗衣机、家用贮水式电热水器、家用自动电饭锅、家用电磁灶、吸油烟机、饮水机、热泵热水机、燃气热水器、彩色电视广播接收机、DVD/VCD视盘机、热泵热水机、空调用压缩机、交流电风扇 |
| 商用设备 | 冷水机组、单元式空气调节机、溴化锂吸收式冷水机组、多联式空调（热泵）商业设备、水源热泵机组 |
| 照明设备 | 普通照明用自镇流荧光灯、普通照明用双端荧光灯、单端荧光灯、高压钠灯、金属卤化物灯、管型荧光灯镇流器、高压钠灯镇流器、金属卤化物灯用镇流器 |
| 建材 | 建筑外窗、中空玻璃、绝热模塑聚苯乙烯泡沫塑料板材、绝热用挤塑聚苯乙烯泡沫塑料板材、镀膜玻璃、胶粉聚苯颗粒保温浆料、建筑保温系统及材料、木塑制品、轮胎制品 |

2009年，国家认监委对已开展资源节约产品认证数量较大的25种节能产品、6种节水产品、3种可再生能源产品的统计结果显示，获证产品节能、节水效果显著。根据获证产品销量评估，投入使用后累计节电量达到817亿千瓦时，折合2907万吨标准煤。

# 第七节 节能新机制

## 一、合同能源管理

合同能源管理（EPC——Energy Performance Contracting）是指节能服务公司（简称ESCO）与用能单位以契约形式约定节能项目的节能目标，节能服务公司为实现节能目标向用能单位提供必要的服务，用能单位以节能效益支付节能服务公司的投入及其合理利润的节能服务机制①。节能服务公司通过销售节能量获得收益，也就是说节

① 《合同能源管理技术通则》（GB/T24915—2010）。

能服务公司必须能够实现最为合理经济的能源消耗以达到客户的要求。因此，合同能源管理项目对于节能服务公司的要求较高，节能服务公司必须有一定的专业性、技术性，以克服节能效益实现过程中的风险。同时合同能源管理项目有一定的经济风险，这也要求节能服务公司具备相当的资金实力和融资能力。

### （一）合同能源管理的相关政策

2000年6月30日，原国家经贸委发布了《关于进一步推广“合同能源管理机制”的通告》，此后，合同能源管理在各种国家政策文件中频繁出现。如2004年国务院办公厅的《关于开展资源节约活动的通知》；2005年国家发展和改革委员会制定的《节能中长期专项规划》和《“十一五”重大节能工程》以及国务院《关于做好建设节约型社会近期工作重点的通知》等；2006年《国务院关于加强节能工作的决定》和国家发展和改革委员会制定的《千家企业节能行动实施方案》；2007年国务院印发的《节能减排综合性工作方案》；2008年实施的《节约能源法》，同年10月份实施的《民用建筑节能条例》和《公共机构节能条例》等。这些法规政策中，都提出要推广合同能源管理节能机制，培育和发展节能服务产业。

2010年以来，合同能源管理的纲领性文件陆续颁布。如《国务院办公厅转发发改委等部门关于加快合同能源管理促进节能服务产业发展意见的通知》、国家发展和改革委员会、财政部联合印发了《合同能源管理财政奖励资金管理暂行办法》，提出了未来中国节能服务公司的发展目标，并决定在2010年安排中央财政资金20亿元，支持合同能源管理项目。根据上述政策文件精神，工信部发布了《关于开展节能服务公司推荐工作的通知》，国家发展和改革委员会、财政部联合发布了《关于合同能源管理财政奖励资金需求及节能公司审核备案有关事项的通知》，根据评审结果，工信部推荐100多家节能服务公司，国家发展和改革委员会备案460多家节能服务公司。

在合同能源管理国家标准制定方面，2010年8月，中国合同能源管理领域的第一项国家标准《合同能源管理技术通则》（GB/T24915—2010）发布。这项标准将极大促进合同能源管理发展，对中国节能服务产业的发展产生重要影响。

### （二）合同能源管理的发展概况

合同能源管理在中国的发展借助于国际合作项目[①]。20世纪90年代，世界银行、全球环境基金和原国家经贸委、财政部联合实施的中国节能促进项目，开始了合同能源管理在中国的引进和示范。在项目一期即示范阶段，核心内容是建立三个示范节能服务公司。这三家示范节能服务公司自1997年开始运营以来，到2001年底，共与180

① 赵明，中国节能协会节能服务产业委员会，《合同能源管理与节能投融资》，2010年工业节能研讨会，2010年8月，西安。

多家客户签订了208个节能改造项目服务合同，投资额3.7亿元人民币，总计获得76.49万吨标准煤的节能量和53.04万吨碳的减排量[①]。三家示范公司开展的示范活动，取得了很好的成效，也验证了合同能源管理在中国具有较好的发展前景。同时，期间开展了一系列的宣传培训活动，如支持成立了节能信息传播中心，对合同能源管理的传播起了很大的推动作用。为延续项目一期取得的成果，进一步推广合同能源管理，中国节能促进项目二期于2003年11月启动，项目二期包含两部分内容：①成立中国节能协会节能服务产业委员会，对ESCO的节能技术援助和咨询，开展合同能源管理机制培训，传播节能信息。②委托和授权中国经济技术投资担保有限公司，利用其信用担保业务优势，实施ESCO融资担保计划，增加其从国内银行获得商业贷款的机会，使ESCO的能效项目投资最大化。在推广阶段，特别是随着行业协会的成立和各方面对合同能源管理的关注和支持，合同能源管理在中国取得了长足的发展。

从"十一五"的统计数据来看，合同能源管理发展的速度非常惊人，几乎每年都以50%以上的速度增长。其中，节能服务产业的从业人数从2006年的1.6万人增加到2010年的17.5万人，增长了10倍；中国运用合同能源管理的节能服务公司也从76家发展到了现在的782家，增长了9倍；节能服务产业规模从47.3亿元增加到836.29亿元，增长了16倍。

目前，中国实施的合同能源管理项目涵盖了钢铁、有色金属、石油、石化、电力、煤炭、化工、建材、纺织、造纸、陶瓷、食品、制药、机械和工业与民用建筑等十几个行业，所产生的节能量与减排量较为可观。2010年合同能源管理项目共形成节能能力1064.85万吨标准煤，减排二氧化碳2662.13万吨，比2006年增长了11倍左右。

合同能源管理在中国经过十几年的发展，目前已经初具规模。随着国家激励政策的迭出和节能服务公司的发展壮大，合同能源管理逐渐克服其产业规模小、社会知名度不高、融资困难等主要问题，迎接节能服务产业的不断壮大。但是，合同能源管理要想获得更大的发展，除了在一些重点节能工程继续开展节能技术改造外，还要着力于长效机制的建立，为用户提供高效、专业的服务。

## 二、能效对标活动

能效对标活动是指企业为提高能效水平，与国际、国内同行业先进企业能效指标

① 曾上游，中国经济技术投资担保有限公司，《实施世行中国节能促进项目融资担保 发挥中国担保业联盟优势》，2004中国担保论坛，2004年10月，上海。

进行对比分析，确定标杆，并通过管理和技术措施，达到标杆或更高能效水平的实践活动①。

### （一）能效对标的相关政策

中国能效对标活动起源于“千家企业节能行动”。2007年5月，国务院发布了《关于印发节能减排综合性工作方案的通知》，其第二十五条明确提出：“今年要启动重点企业与国际国内同行业能耗先进水平对标活动，推动企业加大结构调整和技术改造力度，提高节能管理水平。”这是中国首次在规范性文件中明确提出开展能效对标工作。同年9月，国家发展和改革委员会印发了《重点耗能企业能效水平对标活动实施方案》，为重点用能企业扎实深入地推进能效对标工作提供了政策依据。

在中央明确发出开展能效对标活动的信号后，各地也纷纷开始制定能效对标的相关政策，筹划在行业层面和企业层面实践能效对标活动。2007年6月，云南省政府下发了《云南省重点用能企业节能对标管理实施意见》等12个节能降耗文件，规定在全省年综合能耗为5000吨标准煤及以上的重点用能企业开展节能对标管理活动，并决定在占云南省工业能耗80%以上的5大重点耗能行业（钢铁、化工、电力、水泥、有色金属）选出11家工艺技术先进、管理规范的重点用能企业作为节能对标管理活动的“领跑者”。2009年，山东省政府节能办编制了《山东省水泥行业能效对标指南》，用于指导全省水泥行业开展能效对标工作。同年，河北省发展和改革委员会决定在“双百”企业中开展为期两年的能效对标活动。陕西省政府的能效对标活动将在200家重点用能企业中分阶段展开，第一批试点企业是26家标杆企业。陕西省对标的主题是“指标管理节能”，根据实际情况，首先建立钢铁、石油、煤炭、火电、机械、水泥、纺织、甲醇、焦炭、合成氨、电石、钼、钛共13种主要高耗能产品的单位能耗指标，见表3-16。

**表3-16　中国部分省份计划开展的企业能效对标活动**

| 省份 | 计划开始时间 | 试 点 企 业 |
|---|---|---|
| 云南 | 2007年 | 全省年综合能耗为5000吨标准煤及以上的重点用能企业，首选钢铁、化工、电力、水泥、有色金属中的11家企业 |
| 山东 | 2009年 | 计划在全省水泥行业中开展能效对标工作 |
| 河北 | 2009年 | “双百”企业 |
| 陕西 | 2009年 | 省内200家重点用能企业，首先开展26家标杆企业（领跑者）节能对标活动 |

2009年以来，有关重点耗能企业能效对标活动的政策文件呈现上升趋势，中央政

① 《重点耗能企业能效水平对标活动实施方案》（发改环资〔2007〕2429号）。

府以及各地政府在政策文件中规定了参与能效对标活动的企业数量，企业能效对标开展的实施方案以及要完成的目标等。《2009年节能减排工作安排》、《工业和信息化部关于印发2009年工业和通信业节能与综合利用工作要点的通知》等，都要求开展重点耗能行业能效对标活动。在地方层面，2009年，山东省、河北省以及陕西省分别发布了各自的重点耗能行业能效对标实施指南或意见，促进省内企业能效对标工作的开展，见表3-17。

**表3-17 中国颁布的部分能效对标政策（截至2010年底）**

| | |
|---|---|
| 国家 | 《关于印发节能减排综合性工作方案的通知》（国发〔2007〕15号） |
| | 《重点耗能企业能效水平对标活动实施方案》（发改环资〔2007〕2429号） |
| | 《2009年节能减排工作安排》（国办发〔2009〕48号） |
| | 《工业和信息化部关于印发2009年工业和通信业节能与综合利用工作要点的通知》（工信部节〔2009〕148号） |
| | 《2010年工业节能与综合利用工作要点》（工信厅节函〔2010〕188号） |
| | 《关于开展重点用能行业能效水平达标活动的通知》（工信厅节函〔2010〕594号） |
| 山东省 | 《关于开展重点耗能企业能效对标活动的意见》（鲁经贸资字〔2009〕66号） |
| | 《工业企业能效对标导则》（DB37/T1566—2010） |
| | 《山东省水泥行业能效对标指南》 |
| 陕西省 | 《陕西省重点用能企业节能对标活动实施意见》 |
| 云南省 | 《云南省重点用能企业节能对标管理实施意见》（云政办发〔2007〕145号） |
| 河北省 | 《关于"双百"节能重点企业上报能效对标活动实施方案的通知》（冀发改环资〔2009〕1456号） |

2010年，在工信部《2010年工业节能与综合利用工作要点》中，提出能效对标要以钢铁、有色金属、化工、建材四个行业为突破口，深化推进粗钢、电解铝、水泥、平板玻璃、合成氨、烧碱、纯碱、电石生产企业能效对标达标。工信部为此发布了《关于开展重点用能行业能效水平达标活动的通知》，并先期选择钢铁、有色金属、化工、建材四个重点用能行业中粗钢(含焦化、烧结、球团、炼铁、转炉炼钢、电炉炼钢)、电解铝、合成氨、烧碱、电石、水泥、平板玻璃等13种产品（工序），以国内同类企业能效先进水平作为参照值，开展能效水平对标达标活动。

### （二）能效对标的发展和实施情况

2007年9月到2009年12月，由国家发展和改革委员会、联合国开发计划署和全球环境基金共同发起的中国终端能效项目（EUEEP），开展了针对重点耗能行业能效对标的研究和试点活动。项目挑选钢铁、化工、水泥三个试点行业中的10家企业，开展试点和培训工作，出版了针对钢铁、水泥、化工行业的《重点耗能行业能效对标指南》，带动了有色金属、煤炭等其他行业能效对标的研究和实践。同年，中国—欧盟能源环境项目开发出了一套能够满足标杆管理工作内容要求的计算机软件《能效对标工具软件》，实现对重点用能行业的企业能耗数据的采集、统计汇总和分析，并编制了软件操作手册。此外，2010年工信部发布了《钢铁、有色、建材、化工行业主要产品（工序）能效标杆指标》，进一步规范和指导四大行业能效对标活动。

目前，钢铁、化工、水泥、有色金属、电力和煤炭行业已经建立了比较完善的能效对标指标体系（见表3–18）。钢铁、水泥、化工、电力等行业都各有3～5家企业参与到能效对标活动试点（见表3–19）。其中，火电行业的能效对标工作走在行业前列。中电联在中国率先公布了第一批60万千瓦机组对标结果，2009年5月又公布了2009年中国火电30万千瓦级机组能效指标对标结果，目前正在开展20万千瓦和100万千瓦机组的能效水平对标活动。

**表3–18　中国部分行业能效对标工作技术基础的完善情况**

| 行　业 | 数据库 | 指 标 体 系 | 分 析 工 具 |
|---|---|---|---|
| 钢铁行业 | — | 钢铁企业能效对标指标体系 | — |
| 化工行业 | — | 烧碱企业能效对标指标体系 | — |
| 水泥行业 | 已有 | 水泥企业能效对标指标体系 | “BEST”水泥对标工具 |
| 有色金属行业 | 逐步完善 | 铜、铝、铅、锌对标指标体系 | 研发对标系统软件 |
| 电力行业 | 逐步完善 | 火力发电企业能效对标指标体系 | — |
| 煤炭行业 | — | 煤炭企业能效对标指标体系 | — |

经过“十一五”期间的大力发展，能效对标已成为中国加强重点用能企业节能管理、帮助企业提高能源效率的一项重要手段。但是目前的能效对标工作还有待发展，如继续扩大能效对标的实施范围，制定更多行业的能效对标指南，研制和推广能效对标管理工具等。此外，还需要进一步研究能效对标与能源审计、节能自愿性协议等节能机制结合的可能性，推动企业综合性节能管理制度的建立。

表3-19 中国企业能效对标活动的试点情况

| | 指南或活动方案 | 试点企业 | 支持协会 |
|---|---|---|---|
| 钢铁行业 | 《钢铁行业能效对标指南》 | 鞍钢、太钢、唐钢等 | 中国钢铁工业协会 |
| 化工行业 | 《化工（烧碱）企业能效对标指南》 | 山东恒通、河北盛华、河南宇航昊华、河北盛华灯化工公司等 | 中国化工节能技术协会/中国氯碱工业协会 |
| 水泥行业 | 《水泥行业能效对标指南》 | 宁夏赛马、山东鲁南中联、安徽舜岳、河南同力、淮南舜岳等水泥公司 | 中国水泥协会 |
| 有色金属行业 | 《有色金属工业重点耗能企业能效水平对标活动方案》 | 云南铝业等 | 中国有色金属工业协会 |
| 电力行业 | 《火电企业能效水平活动对标工作方案》、《全国60万千瓦火电机组能效水平对标技术方案（试行）》《全国60万千瓦机组能效对标结果（2008年）》 | 华能大连电厂等 | 中国电力企业联合会 |
| 煤炭行业 | — | 10家代表性煤炭企业 | 中国煤炭协会 |

## 三、电力需求侧管理

电力需求侧管理（Demand Side Management，简称DSM）是指在政府法规和政策的支持下，采取有效的激励和引导措施以及适宜的运作方式，通过发电公司、电网公司、节能服务公司、社会中介组织、产品供应商、电力用户等共同协力，提高终端用电效率和改变用电方式，在满足同样用电功能的同时减少电量消耗和电力需求，达到节约资源和保护环境，实现社会效益最好、各方受益、最低成本节能服务所进行的管理活动①。

电力需求侧管理的对象主要指电力用户的终端用能设备，以及与用电环境条件有关的设施，包括以下六个方面：①用户终端的主要用电设备，如照明系统、空调系统、电动机系统、电热、电化学、冷藏、热水器等；②可与电能相互替代的用能设备，如以燃气、燃油、燃煤、太阳能、沼气等作为动力的替代设备；③与电能利用有关的余热回收，如热泵、热管、余热和余压发电等；④与用电有关的蓄能设备，如蒸汽蓄热器、热水蓄热器、电动汽车蓄电瓶等；⑤自备发电厂，如自备背压式、燃气轮

① 国家发展和改革委员会，《电力需求侧管理工作指南》，中国电力出版社，北京，2009年2月。

机电厂以及柴油机电厂等；⑥与用电有关的环境设施，如建筑物的保温、自然采光和自然采暖及遮阳等。

电力需求侧管理作为一种重要的节能减排途径，主要包括能效管理、负荷管理和有序用电。其目标主要集中在电力和电量的改变上，一方面采取措施降低电网峰荷时段的电力需求或增加电网低谷时段的电力需求，以较少的新增装机容量达到系统的电力供需平衡；另一方面，采取措施节省电力系统的发电量，在满足同样的节能服务的同时节约社会总资源的耗费。

### （一）电力需求侧管理的相关政策

20世纪90年代初，电力需求侧管理（DSM）被介绍到中国，政府有关部门和电力企业给予了大力支持。电力需求侧管理被写入《节约能源法（1997年版）》中；原国家经贸委也下发专门文件，要求把电力需求侧管理放在与增加发电装机容量同等重要的地位；2004年5月，国家发展和改革委员会、国家电力监管委员会印发了关于《加强电力需求侧管理工作的指导意见》的通知，从组织管理、规划管理、负荷管理、节电管理、宣传与培训、资金来源与使用等各方面对电力需求侧管理提出具体的指导意见。

“十一五”期间，电力需求侧管理作为实现国家节能减排目标的有效手段也得到了较好的发展。2008年，为应对中国部分地区出现的电力供应紧张局面，国务院办公厅印发《关于加强电力需求侧管理实施有序用电的紧急通知》，强调加强电力需求侧管理管理，加大实施有序用电。2008年颁布的《节约能源法》明确“国家将支持推广需求侧管理”，为电力需求侧管理的开展创造了很好的法律环境。

2010年11月，国家发展和改革委员会、电监会等六部门联合印发《电力需求侧管理办法》，这是中国在电力需求侧管理方面的又一个重要的指导性文件。该办法明确了中国开展电力需求侧管理工作的责任和实施主体，提出了各级电力运行主管部门在电力需求侧管理工作中的管理措施以及电力需求侧管理主管部门的工作职责；明确了电力需求侧管理所需资金的来源和应用范围。

电力需求侧管理所需资金来源于电价外附加征收的城市公用事业附加，差别电价收入，其他财政预算安排等，其资金应主要用于电力负荷管理系统的建设、运行和维护，实施试点、示范和重点项目的补贴以及实施有序用电的补贴和有关宣传、培训、评估费用。《电力需求侧管理办法》的出台，将指导各地区尽快制定电力需求侧管理的实施细则，规范电力需求侧活动，推进和全面开展需求侧管理工作。

### （二）电力需求侧管理的实施情况

“十一五”以来，在各级政府和电网企业的积极推动下，电力需求侧管理在中国各地区广泛开展。

华北地区通过发挥政府的主导作用，电网公司积极配合，逐步健全组织管理体系、政策法规以及经济激励机制，推进电力负荷管理系统建设，较好地推动了电力需求侧管理工作的开展。其中，北京地区推广热泵新技术应用达1500万平方米，年节约电量2.2亿千瓦时；完成蓄冰空调项目60个，转移高峰负荷5.6万千瓦；利用财政资金1.1亿元，推广高效照明2000万只；安排专项资金补贴建设了面积2000多平方米的电力展示厅，成为宣传电力需求侧管理的窗口。

东北地区逐步建立健全组织体系和政策法规，电力负荷管理系统建设和能效管理工作取得了一定的成效。截至2009年底，东北地区315千伏安及以上用户负荷管理终端覆盖率达到76.97%，可监测负荷2036万千瓦。

华东地区开展城市试点，探索长效管理机制，通过经济激励措施全面带动电力需求侧管理项目实施，并取得显著成效。目前江苏、浙江100千伏安及以上，上海315千伏安及以上容量用户负荷管理终端覆盖率均达到100%。

华中地区运用负荷管理技术手段，通过有序用电减小自然灾害带来的损失。2007年至2009年期间，华中地区利用电力负荷控制系统所形成的调控能力，有效克服了极端恶劣天气、“5·12”特大地震等不利因素，不仅保障抢险救灾和重点单位用电需要，也为灾后恢复重建和社会经济发展做出了积极贡献。

西北地区贯彻节能减排政策，推动高耗能行业节能技术推广。西北地区通过积极开展绿色照明、高效电动机、无功补偿、节能变压器、生产工艺节能改造项目，取得了良好的节能效果和社会效益。其中，宁夏地区实现年节电量2920万千瓦时；甘肃地区实现年节约电量1.5亿千瓦时左右，推广热泵项目近百万平方米，节能灯具普及率达到80%；青海已建成太阳能光伏电站108座，工程涉及全省6州1市22县112个无电乡村，解决了1.5万户农牧民、5.5万人的基本生活用电问题。

南方地区加强政企合作，积极筹措资金，开展科学用电宣传和电力需求侧管理项目建设。南方电网公司与南方各省政府合作开展以“科学用电、节能减排”为主题的“绿色行动”，并以此为契机，先后与五省区签订了《关于建立电力需求侧管理长效机制，推进节能减排工作合作备忘录》，加快建立电力需求侧管理长效机制，大力推进节能减排工作。

“十一五”期间，电力需求侧管理在平衡电力电量、促进节能减排、确保电网安全等方面发挥了重要作用，也带来了巨大的经济、社会和环境效益。据不完全统计，“十一五”期间，通过实施电力需求侧管理，转移高峰负荷约1600万千瓦，延缓对新增电力装机容量的需求超过1600万千瓦[①]。2007年至2009年这3年间，电力需求侧管理带来的节电量约为900亿～1000亿千瓦时，节煤量超过5400万吨，减少二氧化碳排放量约1.35亿吨，减少二氧化硫排放量约90万吨。但是，目前中国还缺乏电力需求侧管理的激励机制，还需要进一步制定和完善相应的配套政策，提高相关从业人员对电力需求侧管理的正确认识。

## 四、节能自愿协议

节能自愿协议是指为达到节能减排目标、提高能源利用效率，政府与用能单位或行业组织签订协议的一种节能管理活动。节能自愿协议与“硬性”节约能源法律、法规和标准互为补充，是用能单位在政府政策引导下的一种主动承诺，它与国家强制性规定的节能减排目标有所不同。中国企业的强制性节能目标，即千家企业节能目标，主要通过政府与“千家企业”签署目标责任书的形式，将节能目标和责任一一落实。这种强制性目标是由政府单方面规定的，通过行政命令方式强制执行。中国政府为此发布了《单位GDP能耗考核体系实施方案》，制定了详细的量化考核办法和具体的奖惩措施。而节能自愿协议的主要思路是在政府的引导下更多地利用企业的积极性来促进节能减排，使企业在一定的利益驱动下自愿承担起节能与保护环境的义务[②]。自愿协议中的所有内容都是由政府和企业协商所得的结果，协议能够与政府提供的优惠政策挂钩。与强制性目标相比，自愿协议有成本低、适用性强等特点，更重要的是，自愿协议作为政府与企业之间沟通的桥梁，可以调节政府与企业之间的关系，从而成为全面推进节能减排工作的良好机制。

目前，中国适宜签订自愿协议的工业企业有三类：第一类，没有以整个集团为单位与政府签订《节能目标责任书》的大型国企集团；第二类，有节能意愿但未划入《节能目标责任书》政策范围之内的外资、三资或者乡镇企业和中小民营企业；第三类，尽管签订了《节能目标责任书》，但自愿实现更高节能目标的企业。

### （一）节能自愿协议的相关政策

2006年，国家发展和改革委员会等八部委联合印发的《“十一五”十大重点节能工程实施意见》中的“节能监测和技术服务体系建设工程”要求制定《节能自愿协议技术规范》和《节能自愿协议检测与评估方法》。2010年初，工信部发布《2010年

① 数据来自《中国电力需求侧管理报告》（2009年）。
② 《自愿协议 让企业跳着脚低碳——访中国节能协会高级工程师蒋芸》，中国能效协议简报，2010年10月，第二十三期。

工业节能与综合利用工作要点》中，明确提出要制定"创建国家工业、通信业节能自愿协议示范企业管理办法"，进一步在工业企业中推广节能自愿协议。2009年12月，《节能自愿协议技术通则》通过审查，并将向全社会发布。

山东省是最早开展节能自愿协议试点的省份。2004年，山东省出台《山东省节能自愿协议（试点）评估办法》。此后在一系列省政府政策文件中，明确要求扩大节能自愿协议试点范围，建立节能自愿协议专家咨询系统和中介服务机构等，2009年的《山东省节约能源条例》规定节能资金可用于支持开展节能自愿协议等。

### （二）节能自愿协议的实践活动

1999年，在原国家经贸委与美国能源基金会共同实施的"建立中国节约能源法规基础体系"研究项目的结论中，中国节能协会首次提出要在中国引入节能自愿协议机制，并提出了在中国试行"建立行业节能目标（自愿协议）"的政策建议。随后，中国节能协会在美国能源基金会的支持下启动了"中国节能自愿协议试点研究"的专项研究项目。项目选择在山东省的钢铁行业开展自愿协议政策试点[①]，并创造性地编制出了符合自愿协议特点且具有中国特色的自愿协议实施合同样本及一系列与自愿协议政策密切相关的配套方法。另外，该项目还直接促成了山东省经贸委和济南钢铁集团总公司、莱芜钢铁集团有限公司于2003年4月22日签署的中国第一个节能自愿协议。

2003年，山东省的试点工作成功开展后，中国其他许多地区也先后开展了规模不一的试点工作，如南京、扬州等地都有10多家企业与当地政府签订了节能自愿协议，见表3-20。

除各地区政府组织开展自愿协议工作外，许多国际机构也资助中国开展相关试点项目。如2001—2006年，由全球环境基金资助，联合国开发计划署UNDP/联合国工业发展组织UNDIO/中国农业部共同实施的"中国乡镇企业节能与温室气体减排（TVEs）项目"，在铸造、水泥、炼焦、制砖四个行业的43家乡镇企业试点引入自愿协议机制，实现了年节能8.1万吨标准煤，减排了二氧化碳20.3万吨的节能减排效果。2007年，欧盟自愿协议式环境管理项目二期选择了克拉玛依、南京、西安3个城市，石化、钢铁、电力、水泥、机械等行业的14家企业作为试点推广自愿协议。

① 首先对试点行业进行选择，项目组根据节能潜力、行业中大型企业的数量、节能技术水平、行业力量（组织、管理、行业协会）、其他受益、WTO竞争力等项选择标准，对钢铁、有色金属、建材、化工、石化五个重点耗能行业进行综合评估，最终选定了钢铁行业。随后，又根据是否出台了地方节约能源法配套法规、地区节能积极性如何、此省份所选行业的企业数量、是否成立了ESCO（节能服务公司）和是否有地方节能中心5项选择标准，在钢铁行业较发达的山东、上海、江苏、辽宁、河北5个省市中选定了山东省作为试点省份（《工业行业节能自愿协议机制研究——山东省试点项目实施方案设计》）。

表3-20 中国各地节能自愿协议开展情况（不完全统计）

| | 协议签订时间 | 企业或企业数量 | 节能效果或承诺节能量 |
|---|---|---|---|
| 山东 | | | |
| 山东省 | 2003年 | 莱钢、济钢 | 2005年实现节能量36.2万吨 |
| 青岛 | 2003年 | 15家企业 | 承诺三年累计节能量28.5万吨 |
| 济南 | 2005年 | 3家企业 | 2005年实现节能量28万吨 |
| 淄博 | 2005年 | 4家企业 | 2005年实现节能量12.78万吨 |
| 济宁 | 2005年 | 4家企业 | 2005年实现节能量6.25万吨 |
| 烟台、潍坊、泰安、枣庄东营、菏泽、滨州 | 2006年 | 38家企业 | 2007年实现节能51.3万吨 |
| 威海、日照、莱芜、聊城、德州、临沂等16个县市 | 2008年 | 89家 | 承诺年节能量184.8万吨 |
| 江苏 | | | |
| 南京 | 2006年 | 10家企业 | — |
| 扬州 | 2006年 | 10家企业 | 承诺"十一五"实现节能量80万吨 |
| 苏州 | 2009年 | 24家企业 | 实现节能量82.2万吨 |
| 江西 | | | |
| 九江 | 2010年 | 3家企业 | 承诺以2009年为基准，到2012年实现万元GDP能耗降低到0.225吨标准煤，规模以上工业增加值能耗下降12% |
| 景德镇 | 2010年 | 16家企业 | 2010年实现节能量3.74万吨标准煤 |
| 鹰潭 | 2010年 | 10家企业 | 到2010年底实现节能量3万吨标准煤 |
| 广东 | | | |
| 广州 | 2010年 | 广州供电局 | 承担更多节能减排义务 |

此外，在中国节能协会、中国通信企业协会的协调努力下，2009年11月，国家工信部与中国移动集团签订节能自愿协议。中国移动承诺以2008年能源消耗为基准，到2012年12月底实现单位业务量耗电下降20%的目标。这是国家级政府与大型企业集团签订自愿协议的有益尝试，具有里程碑意义。2010年，工信部与华为公司签订了节能

自愿协议后，华为公司承诺到2012年12月底实现发货产品单位业务量的平均能耗下降35%，见表3-21。

**表3-21 国家部委和国际项目推动节能自愿协议的开展情况（不完全统计）**

| 部委和国际合作项目 | 签订时间 | 企业或企业数量 | 承诺节能量 |
|---|---|---|---|
| 工信部 | 2009年 | 中国移动 | 承诺2012年12月底实现单位业务量耗电下降20% |
| | 2010年 | 华为公司 | 承诺到2012年12月底实现发货产品单位业务量的平均能耗下降35% |
| 欧盟自愿协议环境管理项目（二期） | 2007年 | 14家企业 | 承诺未来三年每年提高能效3%~5%，减少污染排放3%~5% |
| 中国乡镇企业节能与温室气体减排（TVEs）项目 | 2001年开始 2006年结束 | 43家企业 | 实现了年节能8.1万吨标准煤 |

节能自愿协议在中国从引进到试点，不足十年的时间，还处于发展阶段。部分省份已经开展了节能自愿协议的试点工作，并取得良好成效。但从总体上讲，节能自愿协议还未在全国形成推广之势，在工业行业中的实践中只限于个别省份的极个别企业中，并未出现整个行业上的自愿协议。究其原因，并不是节能自愿协议在中国不适用，而是新机制的发展和完善还有待时日，政府、企业和公众对新机制的认知也有待提高。

与任何一项政策措施一样，节能自愿协议不是解决所有问题的灵丹妙药，但毫无疑问，它对于推动工业企业开展节能工作将是一个有益的尝试。在现有政策框架下，节能自愿协议有利于鼓励更多的企业参与到节能减排中去，激励他们实现更高的节能目标，并促使政府转变节能管理方式，建立适应市场经济要求的节能工作机制。

# 第八节 节能技术政策

## 一、修改节能技术政策大纲

2005年，国家对原《节能技术政策大纲》进行了修改，颁布了《节能技术政策大纲（2006年版）》（以下简称《大纲》）。《大纲》以2010年前推行的节能技术为主，并考虑节能技术的中长期研发。

2006年《大纲》分为8章内容。在工业节能方面，《大纲》首先要求推广能源资源（重点是煤炭资源）优化开发利用与合理配置技术，并就煤炭生产、电力生产、钢铁生产、有色金属生产、黄金生产、建筑材料生产、化工生产、石油开采和生产以及纺织业生产等方面的节能技术做出明确规定；其次，建议推广这些重点行业生产过程中余热、余压、余能利用技术，包括工业窑炉余热、余能利用技术、钢铁生产过程余热回收利用技术等；再次，研发、推广高效节能型工业通用设备和专用设备，主要包括工业锅炉、工业窑炉、各种电动机、风机、泵、压缩机、气体分离设备、电力变压器等；最后，建议研发和推广一些节能新技术和节能新材料。

《大纲》从实际出发，根据节能技术的成熟程度、成本和节能潜力，分别采用“研究、开发”，“发展、推广”，“限制、淘汰、禁止”等措施，规范节能技术政策。《大纲》的发布，为节能技术研究开发、节能项目投资重点方向提供了指导，为编制能源开发利用规划和节约能源规划提供了技术支持，对推动中国节能工作，引导各行各业节能技术的开发、示范和推广，促进节能技术进步等发挥了积极作用。

## 二、发布节能技术推广和节能产品目录

作为中国推广节能技术的一部分，《节约能源法（2008年版）》明确要求建立中国节能技术推广目录和节能产品目录。

### （一）国家重点节能技术推广目录

为加快重点节能技术的推广普及，引导企业采用先进的节能新工艺、新技术和新设备，大幅度提高能源利用效率，国家发展和改革委员会于2008年5月组织和编制了中国首个节能技术推广目录。此后，分别在2009年和2010年，又发布了两批《国家重点节能技术推广目录》。这三批节能推广目录涉及11个行业的115项节能技术，见表3-22。

表3-22 中国目前颁布的《国家重点节能技术推广目录》（第一批至第三批）

| 批次 | 发布时间 | 行业类型 | 节能技术数量 |
|---|---|---|---|
| 第一批 | 2008年5月 | 煤炭、电力、钢铁、有色金属、石油石化、化工、建材、机械、纺织 | 50项 |
| 第二批 | 2009年12月 | 煤炭、电力、钢铁、有色金属、石油石化、化工、建材、机械、纺织、建筑、交通 | 35项 |
| 第三批 | 2010年12月 | 煤炭、电力、钢铁、有色金属、石油石化、化工、建材、机械、纺织、建筑、交通 | 30项 |

《国家重点节能技术推广目录》对节能技术的适用范围、相关生产环节能耗现状、技术内容、主要技术指标、技术应用情况、典型用户及投资效益、推广前景和节

能潜力做了详细说明，为行业了解技术详情提供了参考。此外，国家和地方政府对采用目录中的节能技术进行技术改造的企业予以资金支持，以推动节能技术推广和企业的节能技术升级。

### （二）节能机电设备（产品）推荐目录

电机是各种设备的动力源，广泛用于工业、农业、建筑以及公用设施等各领域。由于中国工业尤其是重化工业经济规模大，加上大量使用的是普通电机，因而电机用电量及其比重都很高。为促进高效节能机电设备的推广应用，结合工业、通信业节能减排工作实际，工信部从2009年以来，制定和发布了《节能机电设备（产品）推荐目录》（第一批和第二批），包括共10大类94项设备（产品）。其中，内燃机7项、工业锅炉16项、压缩机3项、泵15项、风机8项、变压器10项、内燃机2项、热处理12项、电动机4项、通用设备17项。

《节能机电设备（产品）推荐目录》的编制，选择在国民经济建设中广泛使用的工业锅炉、电机、变压器、电焊机、泵阀、风机、压缩机、制冷空调设备、内燃机、热处理设备、塑料机械、农业机械、重型机械、机床、低压电器、电炉等机电设备产品。这些高效机电产品具有比较广阔的发展前景，较高的技术含量，节能效果显著。

## 三、"两化"融合促进工业节能

节能减排作为信息化与工业化融合的重要切入点，通过加快信息技术与环境友好技术、资源综合利用技术和能源资源节约技术的融合发展，能够促进形成低消耗、可循环、低排放、可持续的产业结构和生产方式。

2008年以来，工信部推出诸多推动"两化"融合的具体指导意见，如开展企业"两化"融合发展水平评估，发布了第一批《国家鼓励发展的工业领域节能减排电子信息应用技术导向目录》，建立国家级"两化"融合试验区；开展"两化"融合促进节能减排试点示范，建立工业企业能源管理中心等。在"两化"融合促进节能减排试点示范方面，2010年9月，工信部公布了首批"两化"融合促进节能减排试点示范企业，包括中国石油天然气集团公司等60家企业，以及"两化"融合促进节能减排试点示范重点关注企业。

在工业企业能源管理中心建设方面，2009年7月，工信部发布《钢铁企业能源管理中心建设实施方案》，计划用3年时间（2009—2011年），在年生产能力300万吨钢以上的钢铁企业中推广建设能源管理中心，预计总投资为50亿元，预期可形成 600 万吨标准煤的节能能力。2009年10月，财政部、工信部发布了《工业企业能源管理中心建设示范项目财政补助资金管理暂行办法》，在工业领域开展能源管理中心建设示范工作，中央财政安排资金对示范项目给予适当支持，此举将进一步推进企业能源管理中心在钢铁、有色金属、化工、建材等重点用能行业的示范工作。

### 四、开展科技节能减排工程

“十一五”期间，中央财政安排达100亿元的科研经费，调动全社会约500多亿元的投入，实施“三大科技节能减排工程”。通过实施科技节能减排工程，中国推广一批重大节能减排技术，重点示范一批先进适用的节能减排技术，攻克一批重点行业、重要区域急需的节能减排关键技术和共性技术，为实现“十一五”节能减排目标奠定科技基础。

2007年至2008年，国家科技部编制了《工业领域节能减排科技专项行动方案》和《全国节能减排科技专项行动方案》，推广和实施了一批示范工程，提升了节能减排持续支撑能力。此外，科技部还与十大行业管理部门共同筛选了60余项重要科技示范项目。示范项目所分布的十大行业包括石化、钢铁、轻工、建材、有色金属、纺织、装备制造、汽车、造船、电力等高耗水、高耗能行业。这些示范项目预计将节煤800万吨，节水2.9亿吨，减排二氧化碳3600万吨，减排有害气体37万吨，增效1130亿元。

为实现中国节能减排目标，科技部还实施了一批节水减排增效科技工程和节能减排增效科技工程以及生物质能源规模化生产科技工程。这些示范项目推广实施以后，预计将节省1.7亿吨标准煤，节水23亿吨，减排二氧化碳6亿多吨，减排有害气体2000多万吨，增效3300亿元。

## 第九节　节能国际合作

“十一五”期间，中国工业领域继续加强与有关国际机构和组织的合作，不断借鉴国外先进经验，加大先进节能减排技术、理念和制度的交流力度，探索促进技术转移、推广的机制。中国巨大的节能市场潜力，以及中国节能工作对于全世界的巨大影响吸引着世界上许多重视节能的国家、地区或机构。

### 一、美国能源基金会中国可持续能源项目工业项目

美国能源基金会中国可持续能源项目主要集中在低碳发展之路、交通、建筑、工

业、电力、可再生能源六大方面。中国的高能耗行业，包括工业（钢铁、水泥、石化）、建筑、电力和交通是该项目的研究重点。其中，工业项目总目标是帮助中国政府制定并实施工业能效政策，促进工业部门的能效提高。

"十一五"期间，美国能源基金会中国可持续能源项目工业项目活动如下。

（1）帮助中国实施和推广千家企业节能项目和节能自愿协议，提高重点高耗能企业的能源利用效率，包括设计和实施苏州市"能效之星"计划、扬州市百家企业节能项目、四川重点用能行业能效对标、重庆市工业领域节能政策与战略研究、支持中国节能协会在两个试点省份开展节能自愿协议的推广和宣传等。

（2）帮助中国建立并实施工业设备及产品的强制性能效标准，支持中国标准化研究院设计"中国电机节能计划"，并支持中标认证中心研究分析火电行业、合成氨行业开发行业能源管理体系实施指南，指导企业建立并实施能源管理体系等。

（3）帮助中国制定和实施创新性的工业节能政策和传播最佳实践，开展"十二五"工业节能规划的研究和相关节约能源法规的制定，支持国内相关机构开展重点行业的节能潜力和能效分析，开展包括山东和四川省水泥节能潜力分析，中美钢铁行业能效比较分析，中国精细化工行业节能潜力，编制信息节能技术在高耗能行业的应用目录等在内的研究项目。

## 二、世界银行/GEF中国节能促进项目

"世界银行/全球环境基金中国节能促进项目"是国家发展和改革委员会与世界银行和全球环境基金（GEF）共同实施的，旨在节约能源和提高能效，减排温室气体，保护全球环境的重大国际合作项目，同时也是中国政府利用外资推进节能机制转换的大型国际合作项目。项目主要利用世界银行和GEF的资金和技术支持，在中国引进、示范和推广合同能源管理，建立以市场为导向，推动和实施节能措施的新机制，克服中国目前面临的种种节能市场障碍。

中国政府与世界银行/GEF于1998年12月开始合作实施项目一期。项目一期的主要任务是利用2200万美元的GEF赠款和6300万美元的IBRD贷款支持成立3个示范性的节能服务公司，建立国家级的节能信息传播中心以及为项目提供技术援助，一期支持成立了北京、辽宁、山东3个示范节能服务公司以及非赢利性的国家发展和改革委员会节能信息传播中心，一期的全部项目已于2006年正式结束。项目二期于2003年6月启动，主要任务是在项目一期示范成功的基础上建立更多的、各种类型的节能服务公司，并为他们的组建、运营和发展提供强有力的支持，促使中国节能服务产业

的形成和可持续发展。项目二期还支持成立了中国节能协会节能服务产业委员会，二期全部项目于2010年6月30日正式结束。2009年1月，中国政府同世界银行/GEF在节能促进一、二期项目合作基础上，合作开发了第三期项目——中国节能融资项目（CHEEF）。项目通过3家转贷银行利用世界银行贷款，向国内重点用能工业领域大中型企业节能技术改造项目提供贷款，支持企业加快节能技术改造，带动国内银行业开展可持续发展的节能贷款业务，从而解决大中型耗能企业节能改造资金短缺的问题。

## 三、中国能效融资项目（CHUEE）

中国节能减排融资项目是国际金融公司（IFC）根据中国财政部的要求，针对国内工商企业及事业单位提高能源利用效率，利用洁净能源及开发可再生能源项目而设计的一种新型融资模式。此项目是针对中国境内在建筑、工业流程和其他能源最终应用方面显著改善能源生产、销售及消费等环节效率的项目或商品、服务投资以及可再生能源利用项目，并由IFC依据《损失分担协议》承担一定损失分担责任的短期或中长期贷款。

CHUEE项目自2006年开始实施，到2010年6月为止共支持3家合作银行在中国20多个省、自治区、直辖市的128个节能和可再生能源项目（项目一期主要支持钢铁、水泥行业，二期新增了CDM项目），提供了逾40亿元人民币的贷款，总投资额超过50亿元。这些项目的实施将每年减少约1580多万吨二氧化碳的排放[①]。

## 四、法国开发署绿色信贷项目

2007年12月20日，法国开发署与中国财政部签署了贷款协议，法国开发署以主权贷款的形式向中国财政部提供6000万欧元的绿色中间信贷，专门用于推动节能减排领域的投资，为能效和可再生能源项目提供资金渠道。2008年1月15日法国开发署与华夏银行、上海浦东发展银行和招商银行在上海签订了项目备忘录，3家银行各获得2000万欧元优惠贷款。该绿色信贷项目资金主要支持两类企业：一类是耗能企业，一类是节能减排服务商，如江森自控、霍尼韦尔、开利、西门子等。而作为候选的项目，其节能效果应力求达到20%，或能耗争取减少20%。

鉴于中法绿色信贷一期项目所取得的积极成果，法国开发署及中国财政部、国家发展和改革委员会共同决定自2010年起开展第二期中间信贷，并将贷款总额扩大至1.2

① http://www.theclimategroup.org.cn/publications/20110414_climate_policy_briefing.pdf。

亿欧元。第二期项目仍由华夏银行、招商银行、上海浦东发展银行3家中国商业银行共同实施，每家银行负责4000万欧元贷款。法国开发署向中国银行业提供指定用途的优惠贷款，帮助银行业尽快掌握能效和可再生能源项目评估的基本知识，提高其在该领域的业务执行能力[①]。

## 五、ADB广东能效电厂项目

中国政府与亚洲开发银行合作在中国开展能效电厂项目始于2004年，广东省于2006年3月正式申请成为使用亚行贷款开展能效电厂项目的唯一试点省份。2008年9月29日，中国政府及广东省政府与亚行正式签署了第一批项目《贷款协议》和《项目协议》，项目贷款于2009年1月9日正式生效。该能效电厂项目将使用亚行贷款1亿美元，贷款期限为15年，期内可以循环使用。2009年2月27日，广东省亚行贷款能效电厂项目执行中心、广东省粤财信托有限公司与已确定纳入能效电厂第一批项目的7家子项目单位，在广州分别签订了《项目合同》和《贷款合同》，项目贷款总金额达1.6亿元，贷款期限3年，这标志着能效电厂项目进入了正式的实施阶段。能效电厂项目第一批项目包含电机、照明、空调、变压器及无功补偿、锅炉及电力系统等多类改造项目。据测算，此次签约的7家企业的子项目全部实施完成后，年节电量将达2.16亿千瓦时，每年可节能7.16万吨标准煤，节约86.76万吨纯净水。

广东能效电厂第二批项目贷款已于2010年6月7日由项目执行中心联合粤财信托与6个子项目单位分别签订了项目合同及贷款合同。目前第二批项目也进入了实施阶段[②]。

## 六、中国终端能效项目（EUEEP）

国家发展和改革委员会（NDRC）/联合国开发计划署（UNDP）/全球环境基金（GEF）共同发起的中国终端能效项目(EUEEP)。项目实施采用国家执行方式，项目国家执行机构为国家发展和改革委员会资源节约和环境保护司，下设中国终端能效项目管理办公室。中国终端能效项目于2005年6月6日在北京启动，旨在建立可持续的和基于市场的节能政策和标准，促进中国主要耗能部门（工业和建筑）能源利用效率水平的提高。该项目为一个12年规划性项目，分四期执行。其中项目一期为3年，目前已经结束。项目的第二到第四期主要是第一期成果的推广、应用和扩展。

① http://www.emca.cn/bg/rzfw/trzjg/afd.html。
② http://www.gdepp.cn/servlet/NewsInfoServlet?optionId=7&projectInfoId=190&projectsTypeId=5。

项目在工业领域的主要活动包括引入节能自愿协议的概念，并在钢铁、水泥、化工等行业试点；开发并实施工艺节能标准/规范，第一阶段将在水泥和化工行业中进行；扩展并改善高效电机系统的运行状况；深入开展工业、居民/商业建筑用能设备标准、节能认证和标识活动；实施大型高耗能企业能源信息管理系统的能力建设等。

中国终端能效项目启动五年来[①]，共得到全球环境基金援助款1700万美元，中国政府配套资金4378万美元，带动企业和民间投资3621万美元，实现节能量2180万吨标准煤，二氧化碳减排4798万吨，超额完成项目预定目标。

## 七、中美能源和环境十年合作框架——能效行动计划

2007年12月，在第三次中美战略经济对话（SED）上，中美两国政府达成如下共识：“两国同意在未来十年开展广泛合作，以应对能源和环境问题，这项十年合作框架将推动技术创新和高效、清洁能源及应对气候变化的技术应用，并推进自然资源的可持续性。”此后，在2008年6月第四次SED期间中美双方签署了《中美能源和环境十年合作框架文件》，正式启动了中美两国之间这一由SED产生的重要双边合作机制。

在十年合作框架下，中美双方相继确定了六大合作目标（优先合作领域），即“清洁、高效和有保障的电力生产和运输”、“清洁的水”、“清洁的大气”、“清洁和高效的交通”和“森林和湿地生态系统保护”和“能效”[②]。

在能效行动计划中，中美双方确定的合作领域包括：分享关于政策和商业资金如何能有效提高建筑、社区、工业和消费品能效的经验；交流高耗能企业（包括钢铁、化工、建材等行业）以及中小企业的能效审计的方法学、实践以及案例分析，在能效审计工具的开发和本土化方面开展合作，并挑选高耗能企业开展联合能效审计以示范这些工具；制定针对高耗能产业能效水平进行比较分析的方法，并通过能效对标促进节能，明确节能的机会，探讨在两国的生产设施上使用能效标识或评级体系。此外，双方还计划在消费品测试和标识、人员培训、示范项目、促进贸易和投资等方面开展合作。

在合作框架下，2010年5月26日，首届中美能效论坛在北京举行。中美论坛集中讨论了中美两国的能效政策、措施及进展，随后召开了建筑能效、工业能效、终端用能产品能效和节能服务市场化机制四个分论坛，与会代表深入探讨了两国在上述领域的成功案例、最佳实践和合作机会。此外，美国橡树岭国家实验室、劳伦斯伯克利国家实验室与北京科技大学签署了《关于成立工业能源效率大学联盟合作谅解备忘录》。

① 2010年12月30日中国终端能效项目总结会。
② http://tyf.ndrc.gov.cn/WebSite/ChinaUSA/Upload/File/201004/20100429155317421875.pdf。

# 第四章

# “十一五”中国工业节能回顾与展望

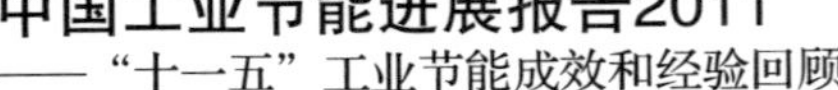


“十一五”期间，中国把工业节能减排作为调整产业结构和转变发展方式的重要举措，推动工业节能不断取得实质性成效。过去五年的节能实践表明，工业领域节能成绩最为显著，为确保国家节能目标的基本实现做出了重要贡献。

但是，未来中国工业节能仍然面临着严峻形势和新的挑战。工业能源需求持续增长的趋势在短时期内无法逆转，国家也将对工业节能提出新的更高要求。因此，“十二五”中国工业节能将继续以提高能源利用效率为核心，以加快转变工业发展方式为导向，综合运用市场、法律、管理、技术等多种手段，逐步建立节能长效机制，推进工业节能工作的深入开展。

# 第一节 “十一五”工业节能主要经验

## 一、“十一五”工业节能成功经验

### （一）技术进步成为推动工业节能的主要力量

技术进步作为中国工业节能的重要手段之一，发挥着支撑作用。整个“十一五”期间，国家加大节能技术投入，鼓励自主创新，同时注重先进技术的遴选、引进、消化、吸收和再创造，使得技术进步成为推动中国工业节能的主要力量。在自主创新方面，一批重大技术装备和关键技术取得突破，重大装备自主化和本土化水平不断提高；在技术遴选方面，《节能技术政策大纲》和三批《国家重点节能技术推广目录》的修改和出台，加快了重点节能技术的推广普及；在先进技术推广应用方面，国家组织实施了以“十大重点节能工程”为代表的节能技术改造项目，带动主要工业行业节能技术水平的提高。

有研究表明，“十一五”期间，技术节能占到中国节能总量的70%左右①。大型高效生产设备的广泛普及，如电力行业中30万千瓦以上机组已经成为中国火电发电的主力型机组，水泥行业中新型干法生产线得到大规模应用等，带动行业主要产品单位能耗的持续下降；干熄焦、蓄热式燃烧、纯低温余热发电、高压变频、新型阴极铝电解槽等一大批高效节能技术在钢铁、水泥、有色金属等行业得到普遍应用，产生了巨大的节能效益。

---

① 2010年清华大学何建坤教授研究发现：2006年到2009年上半年，技术进步对中国节能贡献率达到73.6%。

### （二）重点行业和企业成为工业节能的主力军

“十一五”期间，工业节能突出了两个重点：一是以钢铁、煤炭、电力、有色金属、化工、建材等重点耗能行业为突破口，大力推广应用先进节能技术、工艺、装备，加大淘汰落后产能力度，提高行业资源综合利用水平等。二是以重点用能企业为切入点，国家组织实施“千家企业节能行动”，中国30个省组织开展省级重点用能企业节能行动①，“千家企业”和“省级重点用能企业”占到工业能耗比重的80%，这些重点企业通过节能技术改造、加强节能管理等，成为中国工业节能的领头羊，为国家节能目标的基本实现做出了突出贡献。

为加强重点行业和企业节能管理，国家和地方综合运用行政、法律和经济手段，开展以下三个方面的工作：一是根据设定的节能目标和淘汰目标，开展目标责任制考核，并开始实施产品能耗强制性限额标准监督检查；二是以财政补贴和奖励的方式，鼓励企业进行节能技术改造，推广先进节能技术，开展能源管理中心示范等；三是进行工业企业节能管理能力建设，包括加强能源统计、计量、监测和审计，编制能源利用状况报告，开展工业企业能源管理负责人和能源管理岗位培训等。

### （三）产业结构调整是促进工业节能的重要手段

实现节能减排，根本途径是加快产业结构调整、促进经济发展方式转变。“十一五”期间，通过节能减排与产业结构调整相结合，增量优化与存量改造并举，为工业整体能效水平的提高发挥了积极作用。其一，严格控制“双高”和产能过剩行业新上项目，把节能、环保标准作为行业准入的重要条件，通过固定资产投资项目节能评估和审查，控制高耗能项目审批，同时采取取消优惠电价、限制高耗能产品出口等措施，严格控制高能耗行业盲目发展。其二，加大淘汰落后产能力度，“十一五”期间，国家组织开展了电力、煤炭、钢铁等十几个行业的淘汰落后产能专项行动，实行问责制、扩大差别电价的实施力度、加大执法处罚力度等措施有效促进了淘汰任务的完成。其三，提升传统产业水平，“十一五”期间，国家对电力、钢铁、有色金属、建材、化工、石油加工等传统行业进行技术改造，这既是产业结构调整过程，也是节能减排过程。其四，促进产业结构升级，国家培育和发展节能环保产业、新能源、新材料等战略性新兴产业发展，促进传统行业节能减排和技术进步，同时加快产业结构优化升级。

### （四）政府主导是实现节能目标的有力保证

从经济属性看，节能具有明显的西方经济学所描述的“外部性”特征，没有政

① 省级重点用能企业年综合能耗从5000吨标准煤到10万吨标准煤不等。

府的推动，单纯依靠市场，在一个重工业快速发展的国家是很难在短时间内，高效地实现"单位GDP能耗下降20%"的节能目标。"十一五"期间，中国政府以节能目标责任制为手段，通过节能目标的层层分解和节能责任的逐级落实，强化了各级政府和企业的节能减排意识；通过问责制和"一票否决"，进一步确保了节能目标能够落到实处。此外，国家逐步建立了强有力的节能减排领导协调机制，成立了以国务院总理挂帅的"国家应对气候变化及节能减排工作领导小组"，明确中央相关部委在各项节能工作中的任务职责；在节能分级管理上，工信部负责统筹管理工业节能工作，各级政府成立了工业节能管理部门、节能监察中心或节能中心，以强化机构职能。

### （五）国家财政投入有效带动企业节能积极性

"十一五"期间，中央财政先后拿出2000亿元用于节能减排投资，带动将近2万亿元的社会投资，用于节能技术改造财政奖励，淘汰落后产能转移支付，合同能源管理财政奖励，节能产品惠民工程，节能与新能源汽车示范推广试点等，产生了巨大的节能效益。同时，国家加大了对工业节能技术研发的支撑力度，发布了《钢铁企业烧结余热发电》、《水泥窑纯低温余热发电》等一批重点节能技术专项推广规划，研究制定《重点行业节能减排技术目录》、《重点行业节能减排技术指南》。在中央财政支持下，工信部开展了工业企业能源管理中心建设示范项目，重点支持钢铁、有色金属、化工、建材等重点用能行业企业能源管理中心建设。这些财政资金充分发挥了"四两拨千斤"的作用，提高了企业的积极性，在实现节能目标的同时，也使企业从节能中获益，增强了企业的竞争力和可持续发展能力。

### （六）相关法律政策的完善是工业节能重要保障

良好的政策环境是节能工作有效展开的重要保障。"十一五"以来，国家节能主管部门，从建立健全有利于节能的政策环境着手，将工业节能与转变经济发展方式紧密联系起来，不断完善强化节能管理的相关法律法规、政策标准，保障了工业节能工作的顺利推进。在法律方面，《节约能源法（2008年版）》明确了节能的战略地位，进一步规范了工业节能管理，明确了节能管理和监督主体，强化了相关的法律责任，为推行工业节能奠定了坚实的法律基础，成为工业节能政策措施出台和执行的依据。在法规方面，工业领域的节能条例也正在酝酿之中。在政策方面，工业节能政策从产业结构调整、节能管理、技术进步、财税激励等几个方面不断得到完善。在标准方面，建立了以高耗能产品能耗限额强制性国家标准、主要终端用能产品强制性能效标准及工业节能监测、经济运行标准为主体的工业节能标准体系。这些工作在政策层面为工业节能的深入开展提出了目标，明确了职责，提供了依据，扫清了障碍。

"十一五"期间，国家对一些节能新机制开展了积极探索，比如合同能源管理，能效对标，电力需求侧管理和节能自愿协议等。相关的金融机构、投资机构、研究机构、咨询机构等也参与到工业节能中，在一定程度上解决企业在技术咨询、项目实施、投融资等方面的障碍，促进了中国工业节能工作的不断向前。

## 二、"十一五"工业节能工作仍需完善

### （一）统筹经济发展与节能减排

节能减排的目的是转变经济发展方式，提高经济发展的质量和效益。从长期看，节能目标与经济发展目标应该是一致的。但是，处于工业化阶段的中国，以投资和扩大规模为主的传统工业增长模式仍然能够带来可观的经济效益，加上地区发展不平衡，处于不同发展阶段的省市区在处理发展与节能减排关系方面，就面临着一些问题。2010年，为了冲刺节能减排目标，不少地区出现了对钢铁、水泥等高耗能企业限产的临时性举措，部分地区甚至出现了针对居民的"拉闸限电"。这表明，一方面受制于发展水平、技术水平等因素，各个地区要完成既定的节能减排目标并非易事；另一方面，各级政府需要在思想上真正提高对节能减排工作的认识，要把节能减排作为转变经济发展方式、优化产业结构的有效手段，在大力发展经济的同时，更要科学地开展节能减排工作。

### （二）统筹行政手段与市场手段

由于中国政府在经济运行中的主导地位，"十一五"工业节能工作的推进主要以行政手段为主，节能市场机制有待发展。目前，资源、能源价格没有充分理顺，税费调节作用尚不显著；企业节能融资渠道依旧狭窄，金融机构对节能项目支持力度有待提高；节能服务市场缺乏规范，鱼目混珠的现象时有发生。从长期看，节能不能仅仅依靠行政手段和国家财政投入，更要综合利用市场手段，完善节能技术、金融和服务市场，充分调动相关金融机构、投资机构等的积极性，运用市场机制来推动节能，建立节能长效机制。

### （三）统筹政策制定和政策执行

目前，《节约能源法（2008年版）》中明确要求的多项节能机制尚未落实到位，多项配套法规仍在制定中，还有一系列的节能标准亟待补充。这些关键制度的滞后，一定程度上影响到了"十一五"节能工作的开展。从一些已经确立的基本政策来看，

这些政策出台后仍然需要随着时间的推移不断进行完善和细化，否则将出现地方政府和企业的具体落实与政策制定初衷背道而驰的现象。此外，执行能力不足也将会影响政策效果。在部分地方，节能管理能力和工作基础普遍薄弱，节能工作机构负荷过重，疲于应付，一些措施的实施效果难以保证。因此，加快制定和完善一些重要的节能管理政策，强化政策的执行力度，是目前工业节能工作亟待重视的首要问题。

**（四）统筹单项节能与系统节能**

“十一五”期间，从终端用能产品和设备能效标准的制定，到重点节能技术的推广应用，节能的着眼点仍然局限在单项节能。随着能源生产和管理实践的深入，拥有先进的单体生产设备和专项节能技术只是保持局部的能效先进性，而运用系统分析和控制的手段才能实现全局的节能降耗。此外，“十一五”期间，固定资产投资项目节能评估与审查制度并没有充分发挥其“源头节能”的重要作用，部分高耗能行业产能增长过快，为中国节能减排工作增加了一定困难。因此，工业节能减排不仅要重视节能工艺技术和装备的使用，更要从源头控制，从生产工艺和能源管理的全过程着眼，提高能源的综合利用效率。

**（五）统筹机制建设和能力建设**

“十一五”期间，中国节能工作的重要命题之一是建立“节能长效机制”。但是，合同能源管理、固定资产投资项目节能评估和审查、能源审计、电力需求侧管理等节能机制还未健全，未充分发挥它们在节能工作中应有的作用。除了机制本身起步较晚的原因外，另外一个重要原因是能力建设不足，主要表现在节能基础薄弱、人才队伍参差不齐和信息传播、技术扩散能力有限。因此，要完善节能长效机制，除了需要进一步加强政府引导、建立市场规范，也要积极培育节能中介机构、培养节能人才等，从而为工业节能提供强大的能力支撑。

# 第二节　“十二五”工业节能展望

## 一、工业节能面临的新形势、新挑战和新任务

### （一）工业能源需求持续增长将加剧中国能源供给压力

“十二五”仍是中国工业化发展的关键阶段，居民消费结构将继续升级，对工业品的需求也将继续增加，工业经济增长将带动中国工业能源需求的持续攀

升。"十一五"期间中国工业能耗年增长率在7%左右，若按同样的增长速度，到"十二五"期末中国工业能耗将达到34亿吨标准煤左右，几乎相当于国家能源局拟定的2015年中国能源消费控制总量的80%；若按工业增加值能耗降低20%，工业经济发展速度年均增长10%进行测算，2015年中国工业能耗在32亿～33亿吨标准煤左右，比2010年增加了约8亿吨标准煤。

中国工业的巨大能源需求将会加剧中国能源供给压力，并对煤炭生产、运输等产生巨大影响，带来一系列社会和环境问题。此外，能源需求增长还会进一步扩大中国能源的对外依存度，增加能源安全隐患。来自国家能源局的数据表明：2010年中国一次能源消费中的12%是由进口支撑的，中国的石油对外依存度已经超过55%，天然气依存度已经超过16%，煤炭已经是净进口。国际上能源价格波动、供应风险等都会对中国产生巨大影响，使能源安全成为制约中国经济发展的瓶颈。

### （二）全球应对气候变化将对中国工业发展提出新挑战

目前，应对气候变化已经成为国际热点，低碳经济等新一轮经济形态正在深刻影响着国际政治、经济和技术格局。作为一个正在扩大影响力的大国，中国与世界的联系更加紧密，国际责任也在逐步增加。

从哥本哈根会议之后，一些发达国家要求中国承担减排责任的呼声不断。作为一个负责任的发展中国家，中国坚持在"共同但有区别的责任"的原则下，履行自己的国际义务。但随着中国能源消费量和碳排放量的不断增大——2010年中国能源消费总量已经占到世界总量的20%，未来中国可能要背负同许多发达国家类似的减排责任。一方面，这就意味着中国发展空间将会受到影响；另一方面，作为世界第一大出口国，中国工业出口将面临着发达国家以发展低碳经济为由而设置的各种"绿色壁垒"。据估算，如每吨$CO_2$征收45美元碳关税，美国每年可从中国进口货物中获得550亿美元碳关税收入，这将对遍布全球的"中国制造"形成巨大冲击。

### （三）"十二五"中国节能减排为工业节能布置新任务

中国"十二五"规划确定了单位GDP能耗下降16%的节能目标，根据该目标，工业领域节能奋斗目标是：万元工业增加值能耗下降20%左右，其中，高耗能行业万元工业增加值能耗加权平均下降15%，高耗能产品单位能耗加权平均下降5%左右。由于前期中国工业节能挖潜力度较大，要完成上述"十二五"工业节能目标，难度将会加大。

此外，为实现能源合理增长，控制能源消费总量已纳入政府关注范围。在已完成的"十二五"能源规划初稿里，2015年中国一次能源消费总量将控制在41亿～42亿吨

标准煤（对应的GDP年增长8.5%，单位GDP能耗下降16%）。这意味着处于工业化阶段的中国，必须通过产业结构调整，特别是控制高耗能产业快速发展，不断提高工业发展质量和效益，从而减少工业经济发展对能源的过分依赖。

### （四）节能减排是加快转变工业发展方式的迫切需求

目前，中国正处在经济社会发展的战略转型期，能源资源不足和生态环境脆弱对工业发展形成巨大约束，工业转型升级和绿色发展的任务十分繁重。而节能减排可以作为中国转变工业发展方式的重要抓手。通过产业结构调整、技术进步，大幅度提高能源利用效率，将会逐步改变中国经济单纯依靠外延发展，忽视挖潜改造的粗放型发展模式，走新型工业化道路，努力实现经济持续发展，社会全面进步，资源永续利用，环境不断改善和生态良性循环的协调统一。

## 二、工业节能应对措施与建议

### （一）以提高能效为核心

提高能源利用效率将仍然是中国工业节能的核心。目前，中国工业单位产品能耗比工业发达国家高10%～20%，有的甚至高达50%，中国能源利用效率提升空间很大。通过优化工业结构、应用先进生产工艺、加快节能技术的推广，可以有效地降低钢铁、石化、建材等行业的主要产品能耗，提高工业能效整体水平。此外，还可以通过对钢铁、水泥等高耗能行业实行合理的总量调控，引导高耗能行业健康发展，同时做好固定资产投资项目节能评估和审查，控制新增能源消费，以缓解能源供给压力。

### （二）加快产业结构调整，建立现代工业体系

“十二五”期间中国工业要逐步走向有利于资源节约、环境友好的产业体系，以节能减排为重要抓手，构建产业结构优化、产业链完备、科技含量高、资源消耗小、污染排放少、可持续发展的工业体系。

一是加强行业规划，把单位工业增加值能耗作为衡量工业发展方式转变的关键指标，把资源节约和环境友好作为编制工业发展规划的重要指导原则。二是在钢铁、有色金属、建材等行业进一步加大淘汰落后产能力度，科学界定淘汰标准，同时对新增产能要按照新标准来约束，保证高起点、高标准。三是要用信息化技术改造现有的产能。四是加快培育、发展战略性新兴产业，特别是节能环保、新能源等战略性新兴产业。

### （三）继续加强重点行业和重点企业节能管理

“十二五”期间中国工业节能要继续立足于重点行业和企业，明确企业的主体责任，发挥企业内在的节能动力。

重点行业节能方面：继续以电力、钢铁、建材、石化、有色金属等行业为节能重点。加强行业分类指导，在发布钢铁、水泥行业节能指导意见的基础上，加紧制定石化、有色金属等行业的节能综合性指导意见；要完善工业企业固定资产投资项目节能评估与审查制度，从源头上控制高耗能行业的过快增长；还要积极发挥行业协会对本行业节能的技术支持作用，组建行业性节能技术服务队伍，适度赋予行业协会部分行业节能管理职能，开展能效对标工作，公布行业能效领先者名单，树立行业先进典型等。

重点企业节能方面：继续深化目标责任制考核，设立科学的节能目标并将节能目标层层落实到相关职能部门，进一步研究制定工业企业节能目标责任评价指标体系,逐步加强对年综合能源消费量在5000吨标准煤以上的重点用能企业节能目标考核；推动企业加强能源管理组织机构建设，设立能源管理机构，明确能源岗位，配置能源管理人员，加强能源计量和统计管理，健全年度能源利用状况报告制度；在钢铁、有色金属、化工、建材等重点行业选择一批试点企业,经过2～3年试点,每个行业建立一批示范企业，建立不同行业“两型”企业评价标准和指标体系；针对企业能源使用和管理特点，建立能源管理体系建设，推动企业内部能源管理制度的系统化等。

### （四）强化技术改造和创新，支持技术示范工程

“十二五”期间，技术节能会继续发挥积极作用。国家应该继续加强企业技术改造，重点支持一批节能减排重点工程和项目，在各行业实施重大节能技术示范工程，研究重大节能技术筛选方法，围绕钢铁、建材、有色金属、石油化工、装备制造等重点行业需求，选择一批技术成熟、减排潜力大的节能技术，实施一批技术产业化示范工程，提高企业节能减排技术水平。同时，加快研发和推广节能新技术、新工艺、新设备和新材料。

在技术促进手段上，应该加快制定《重点行业节能减排先进适用技术目录》、《重点工序节能技术政策》和《重点节能技术推广专项规划》等，以促进先进节能技术的推广。同时以工业终端用能设备为重点，制定技改方案，完善节能设备租赁和融资体系，推进节能新技术和新装备的产业化。此外，还应对重大节能技术研发成果进行评定和奖励，加快科研成果的推广。

### （五）推动节能市场化，建立节能长效机制

“十二五”期间，国家应该尽快建立健全企业节能投融资机制，理顺资源能源价

格，继续发挥税费在节能减排和资源综合利用中的积极作用。同时也要健全以固定资产投资项目节能评估与审查，强制性能耗限额标准监督管理，合同能源管理，能效对标达标，电力需求侧管理，能源审计等为主的节能长效机制，推进节能工作的深化。

在推进节能市场化方面：“十二五”期间，国家应该发挥政策的引导作用，鼓励、吸引社会资本共同投入，把国家的约束性指标变成对节能的市场需求，以市场的需求拉动节能。首先，政府在节能资金投入的同时，要适当降低节能量限制门槛（如针对“十大重点工程”的节能技术改造奖励资金），对中小企业以及量大面广、节能潜力较大的节能项目和节能技术给予更多的财税支持。其次，要帮助企业，特别是中小企业建立商业银行绿色信贷、风险投资和节能融资租赁等节能融资渠道，对于大型企业要充分鼓励企业依靠自有资金进行节能投资。再次，要建立和完善合同能源管理、清洁发展机制、节能量交易等融资机制，同时要合理利用国际金融机构的投资担保机制。最后，要强化对资金利用效率的监督。

在建立节能长效机制方面：一是要尽快建立和完善切实可行的工业领域固定资产投资项目节能评估和审查指南等指导文件，推动相关试点工作的开展。二是要制定强制性能耗限额标准监督检查的执行意见等规范性文件，做好组织实施工作。三是要加大合同能源管理的推广力度，制定完善激励政策和融资支持，引导重点用能单位积极采用合同能源管理方式实施节能改造，同时也要支持节能服务发展，加强人才培养、技术研发等，鼓励节能服务公司做大做强。四是要积极推进能效对标达标，研究和完善奖励方法和激励手段，鼓励企业积极成为行业“标杆”企业，积极协调节能技改资金和财政节能专项资金，扶持标杆企业，带动本行业和其他行业的企业自动参与到能效水平对标达标活动中来。五是要推进电力需求侧管理，统筹协调电力资源配置和工业结构调整，通过优化工业用电结构转变工业用电方式，促进电力资源配置向高技术、高效率、高附加值工业领域转移。六是要强化能源审计，尽快制定相关法律法规并建立能源审计市场准入制度，规范能源审计工作。

### （六）做好节能基础性工作，开展能力建设

针对“十一五”工业节能基础工作相对薄弱的现象，未来五年内，国家应该把加强节能监测、统计、培养节能人才等放在节能减排工作的重要位置，从而为“十二五”工业节能减排工作提供强大的能力支撑。

继续构建节能监测和统计体系。加强地方各地节能主管部门和企业的节能监察、统计能力建设，开展节能统计、监测、节能量核算等方面的培训等。

建立工业节能管理信息平台。建设工业节能管理信息平台及数据库，开发能源审

计、节能诊断、能效对标工具包。

强化节能人才队伍建设。建立企业能源管理负责人制度，规范企业能源管理岗位设置和能力要求，组织开展对企业能源管理负责人和岗位人员的培训，并将其参加培训及持证上岗情况，纳入节能目标责任考核范围，提高企业能源管理人员的节能专业知识和节能业务素质。在试点的基础上，建立能源管理师制度，壮大企业节能人才队伍。

培育专业节能中介服务组织。培育专业化、特色化的节能中介服务组织，增强其为企业和政府提供节能咨询服务的能力。培育一批咨询机构，能够根据政府委托，开展调查研究，对重大节能政策措施进行论证分析，评价执行效果，协助节能管理部门制定节能政策法规标准。

### （七）加快工业节能法制化进程

加强《节约能源法（2008年版）》配套法规体系建设。细化《节约能源法（2008年版）》中有关工业节能的相关要求，研究制定《工业节能管理条例》、《工业节能管理办法》、《重点用能企业节能管理办法》、《工业节能监察管理办法》、《工业节约用电管理办法》等配套法规制度。

建立和完善工业节能标准体系。加快产品/设备能效、单位产品能耗限额、系统经济运行等相关标准的制定与调整工作。

# 附录1 中国节能法律法规、政策及标准汇总

（截至2010年）

## 一、法律、法规与部门规章

1.《中华人民共和国节约能源法》（国家主席令〔2007〕77号）
2.《中华人民共和国可再生能源法》（国家主席令〔2005〕33号，2009年修订）
3.《中华中华人民共和国循环经济促进法》（国家主席令〔2008〕4号）
4.《中华人民共和国电力法》（国家主席令〔1995〕60号）
5.《中华人民共和国建筑法》（国家主席令〔1997〕91号）
6.《中华人民共和国清洁生产促进法》（国家主席令〔2002〕72号）
7.《中华人民共和国政府采购法》（国家主席令〔2002〕68号）
8.《中华人民共和国企业所得税法》（国家主席令〔2007〕63号）
9.《民用建筑节能条例》（国务院令〔2008〕530号）
10.《公共机构节能条例》（国务院令〔2008〕531号）
11.《企业所得税实施条例》（国务院令〔2007〕512号）
12.《中华人民共和国认证认可条例》（国务院令〔2003〕390号）
13.《清洁生产审核暂行办法》（国家环保总局令〔2004〕16号）
14.《中国节能产品认证管理办法》（国家节能产品认证管理委员会1999年发布）
15.《能源效率标识管理办法》（国家发展改革委 国家质检总局令〔2004〕17号）
16.《重点用能单位节能管理办法》（原国家经贸委令〔1999〕7号）
17.《民用建筑节能管理规定》（建设部部长令〔2005〕143号）
18.《公路、水路交通实施节约能源法办法》（交通部2008年9月1日发布）
19.《节约用电管理办法》（原国家经贸委 国家发展计划委〔2000〕7号）
20.《固定资产投资项目节能评估与审查暂行办法》（发改委令〔2010〕6号）

## 二、国家宏观政策与战略规划

21.《关于做好建设节约型社会近期重点工作的通知》（国发〔2005〕21号）

22.《关于加快发展循环经济的若干意见》（国发〔2005〕22号）

23.《能源发展“十一五”规划》（发改能源〔2007〕653号）

24.《可再生能源中长期发展规划》（发改能源〔2007〕2174号）

25.《可再生能源发展“十一五”规划》（发改能源〔2008〕610号）

26.《节能中长期专项规划》（发改环资〔2004〕2505号）

27.《关于加强节能工作的决定》（国发〔2006〕28号）

28.《关于“十一五”期间各地区单位生产总值能源消耗降低指标计划的批复》（国函〔2006〕94号）

29.《关于印发节能减排综合性工作方案的通知》（国发〔2007〕15号）

30.《2008年节能减排工作安排》（国发〔2008〕80号）

31.《2009年节能减排工作安排》（国发〔2009〕48号）

32.《关于进一步加大工作力度确保实现“十一五”节能减排目标的通知》（国发〔2010〕12号）

33.《关于印发2009年工业和通信业节能与综合利用工作要点的通知》（工信部节〔2009〕148号）

34.《2010年工业节能与综合利用工作要点》（工信厅节函〔2010〕188号）

## 三、产业结构调整政策

### （一）产业发展政策

35.《汽车产业发展政策》（国家发改委令〔2004〕8号）

36.《钢铁产业发展政策》（国家发改委令〔2005〕35号）

37.《水泥工业产业发展政策》（国家发改委令〔2006〕50号）

38.《造纸产业发展政策》（国家发改委公告〔2007〕71号）

39.《煤炭产业政策》（国家发改委公告〔2007〕80号）

40.《天然气利用政策》（发改能源〔2007〕2155号）

### （二）十大产业调整与振兴规划

41.《物流业调整和振兴规划》：

http://www.gov.cn/zwgk/2009-03/13/content_1259194.htm

42.《钢铁产业调整和振兴规划》：

http://www.gov.cn/zwgk/2009-03/20/content_1264318.htm

43.《汽车产业调整和振兴规划》：

http://www.gov.cn/zwgk/2009-03/20/content_1264324.htm

44.《电子信息产业调整和振兴规划》：

http://www.gov.cn/zwgk/2009-04/15/content_1282430.htm

45.《纺织工业调整和振兴规划》：

http://www.gov.cn/zwgk/2009-04/24/content_1294877.htm

46.《有色金属产业调整和振兴规划》：

http://www.gov.cn/zwgk/2009-05/11/content_1310436.htm

47.《装备制造业调整和振兴规划》：

http://www.gov.cn/zwgk/2009-05/12/content_1311787.htm

48.《轻工业调整和振兴规划》：

http://www.gov.cn/zwgk/2009-05/18/content_1317783.htm

49.《石化产业调整和振兴规划》：

http://www.gov.cn/zwgk/2009-05/18/content_1317790.htm

50.《船舶工业调整和振兴规划》：

http://www.gov.cn/zwgk/2009-06/09/content_1335839.htm

（三）国务院与各部委产业结构调整政策

51.《关于发布促进产业结构调整暂行规定的通知》（国发〔2005〕40号）

52.《关于加快推进产能过剩行业结构调整的通知》（国发〔2006〕11号）

53.《关于加快推进产业结构调整遏制高耗能行业再度盲目扩张的紧急通知》（发改运行〔2007〕933号）

54.《关于抑制部分行业产能过剩和重复建设引导产业健康发展若干意见的通知》（国发〔2009〕38号）

55.《关于进一步加强淘汰落后产能工作的通知》（国发〔2010〕7号）

56.《2010年工业行业淘汰落后产能企业名单公告》（工产业〔2010〕111号）

57.《关于加快发展服务业的若干意见》（国发〔2007〕7号）

58.《关于促进企业兼并重组的意见》（国发〔2010〕27号）

59.《关于加快培育和发展战略性新兴产业的决定》（国发〔2010〕32号）

（四）行业节能规划或指导意见

60.《有色金属工业节能减排工作方案》（中国有色金属工业协会制定，2007）

61.《关于钢铁行业节能减排的指导意见》（工信部节〔2010〕176号）

62.《关于水泥工业节能减排的指导意见》（工信部节〔2010〕582号）

（五）相关行业产业结构调整政策

63.《关于炼油、乙烯工业有序健康发展的紧急通知》（发改办工业〔2005〕2617号）

64.《关于天然气化工产业有关问题的通知》（发改办工业〔2005〕2493号）

65.《关于加快焦化行业结构调整的指导意见的通知》（发改产业〔2006〕328号）

66.《关于加强纯碱工业建设管理促进行业健康发展的通知》（发改办工业〔2006〕391号）

67.《关于推进铁合金行业加快结构调整的通知》（发改产业〔2006〕567号）

68.《关于加快铝工业结构调整指导意见的通知》（发改运行〔2006〕589号）

69.《关于加快水泥工业结构调整的若干意见的通知》（发改运行〔2006〕609号）

70.《关于加快电力工业结构调整促进健康有序发展工作通知》（发改能源〔2006〕661号）

71.《关于加快电石行业结构调整有关意见的通知》（发改产业〔2006〕699号）

72.《关于加快纺织行业结构调整促进产业升级若干意见的通知》（发改运行〔2006〕762号）

73.《关于钢铁工业控制总量淘汰落后加快结构调整的通知》(发改工业〔2006〕1084号)

74.《关于规范铅锌行业投资行为加快结构调整指导意见的通知》（发改运行〔2006〕1898号）

75.《关于关停小火电机组若干意见的通知》（国发〔2007〕2号）

76.《关于做好淘汰落后水泥生产能力有关工作的通知》（发改办工业〔2007〕447号）

77.《关于进一步加大节能减排力度加快钢铁工业结构调整的若干意见》（国办发〔2010〕34号）

（六）行业准入条件

78.《铁合金行业准入条件（修订）》（发改委〔2008〕13号）

79.《焦化行业准入条件》（发改委〔2004〕76号）

80.《铜冶炼行业准入条件》（发改委〔2006〕40号）

81.《电解金属锰企业行业准入条件（修订）》（发改委〔2008〕13号）

82.《玻璃纤维行业准入条件》（发改委〔2007〕3号）

83.《平板玻璃行业准入条件》（发改委〔2007〕52号）

84.《铝行业准入条件》（发改委〔2007〕64号）

85.《电石行业准入条件（2007年修订）》（发改委〔2007〕70号）

86.《氯碱（烧碱、聚氯乙烯）行业准入条件》（发改委〔2007〕74号）

87.《印染行业准入条件》（发改委〔2008〕14号）

88.《乳制品加工行业准入条件》（发改委〔2008〕26号）

89.《铅锌行业准入条件》（发改委〔2007〕13号）

90.《钨行业准入条件》（发改委〔2006〕94号）

91.《锡行业准入条件》（发改委〔2006〕94号）

92.《锑行业准入条件》（发改委〔2006〕94号）

93.《黄磷行业准入条件》（工产业〔2008〕17号）

94.《纯碱行业准入条件》（工产业〔2010〕99号）

95.《水泥行业准入条件》（工原〔2010〕127号）

96.《多晶硅行业准入条件》（工信部〔2010〕137号）

97.《稀土行业准入条件》（工信部，征求意见稿）

## 四、节能管理与节能机制

98.《国务院批转节能减排统计监测及考核实施方案和办法的通知》（国发〔2007〕36号）

99.《关于加强固定资产投资调控从严控制新开工项目意见的通知》（国办发〔2006〕44号）

100.《关于加强固定资产投资项目节能评估和审查工作的通知》（发改投资〔2006〕2787号）

101.《关于印发固定资产投资项目节能评估和审查指南（2006）的通知》（发改环资〔2007〕21号）

102.《关于加强工业固定资产投资项目节能评估和审查工作的通知》（工信部节〔2010〕135号）

103.《关于印发重点用能单位能源利用状况报告制度实施方案的通知》（发改环资〔2008〕1390号）

104.《中央企业节能减排监督管理暂行办法》（国资委令〔2010〕23号）

105.《关于进一步加强中小企业节能减排工作的指导意见》（工信部办〔2010〕173号）

106.《关于印发〈钢铁企业能源管理中心建设实施方案〉的通知》（工信部节

〔2009〕365号）

107.《钢铁行业生产经营规范条件》（工原〔2010〕105号）

108.《关于转发发展改革委等部门节能发电调度办法（试行）的通知》（国办发〔2007〕53号）

109.《节能发电调度试点工作方案（试行）》（国办发〔2007〕53号）

110.《节能发电调度办法实施细则（试行）》（发改能源〔2007〕3523号）

111.《关于进一步加强电力行业节能减排监管工作的通知》（电监稽查〔2010〕17号）

112.《加强电力需求侧管理工作的指导意见》（发改能源〔2004〕939号）

113.《关于加强电力需求侧管理实施有序用电的紧急通知》（国办发明电〔2008〕13号）

114.《关于印发〈电力需求侧管理办法〉的通知》（发改运行〔2010〕2643号）

115.《关于开展能源管理体系认证试点工作的通知》（国认可〔2009〕44号）

116.《关于能源管理体系认证试点机构条件及审批事项的通知》（国认可〔2010〕2号）

117.《关于印发重点耗能企业能效水平对标活动实施方案的通知》（发改环资〔2007〕2429号）

118.《关于开展重点用能行业能效水平达标活动的通知》（工信厅节函〔2010〕594号）

119.《关于加快推行合同能源管理促进节能服务产业发展的意见》（国办发〔2010〕25号）

120.《关于开展节能服务公司推荐工作的通知》（工信厅节〔2010〕84号）

## 五、国家重大节能工程与行动

121.《关于印发千家企业节能行动实施方案的通知》（发改委环资〔2006〕571号）

122.《关于印发“十一五”十大重点节能工程实施意见的通知》（发改环资〔2006〕1457号）

## 六、节能技术、产品政策与目录

123.《中国节能技术政策大纲（2006）》（发改环资〔2007〕199号）

124.《中国节水技术政策大纲》（国家发改委公告〔2005〕17号）

125.《国家鼓励发展的资源节约综合利用和环境保护技术》（国家发改委公告〔2005〕65号）

126.《国家重点节能技术推广目录（第一批）》（发改委〔2008〕36号）

127.《国家重点节能技术推广目录（第二批）》（发改委〔2009〕24号）

128.《国家重点节能技术推广目录（第三批）》（发改委〔2010〕33号）

129.《节能机电设备（产品）推荐目录（第一批）》（工信部节〔2009〕41号）

130.《节能机电设备（产品）推荐目录（第二批）》（工信部节〔2010〕112号）

131.《钢铁行业烧结烟气脱硫实施方案》（工信部节〔2009〕340号）

132.《钢铁企业烧结余热发电技术推广实施方案》（工信部节〔2009〕719号）

133.《关于印发新型干法水泥窑纯低温余热发电技术推广实施方案的通知》（工信部节〔2010〕25号）

134.《中华人民共和国实行能源效率标识的产品目录（第一批）》（国家发改委 国家质检局 国家认监委〔2004〕71号）

135.《中华人民共和国实行能源效率标识的产品目录（第二批）》（国家发改委 国家质检局 国家认监委〔2006〕65号）

136.《中华人民共和国实行能源效率标识的产品目录（第三批）》（国家发改委 国家质检局 国家认监委〔2008〕8号）

137.《中华人民共和国实行能源效率标识的产品目录（第四批）》（国家发改委 国家质检局 国家认监委〔2008〕64号）

138.《中华人民共和国实行能源效率标识的产品目录（第五批）》（国家发改委 国家质检局 国家认监委〔2009〕17号）

139.《中华人民共和国实行能源效率标识的产品目录（第六批）》（国家发改委 国家质检局 国家认监委〔2010〕3号）

140.《中华人民共和国实行能源效率标识的产品目录（第七批）》（国家发改委 国家质检局 国家认监委〔2010〕28号）

141.《高效节能房间空调器推广目录（第一批）》（发改委〔2009〕5号）

142.《高效节能房间空调器推广目录（第二批）》（发改委〔2009〕6号）

143.《高效节能房间空调器推广目录（第三批）》（发改委〔2009〕23号）

144.《高效节能房间空调器推广目录（第四批）》（发改委〔2010〕7号）

145.《高效电机推广目录（第一批）》（发改委〔2010〕16号）

146.《节能汽车推广目录（第一批）》（发改委〔2010〕13号）

147.《节能汽车推广目录（第二批）》（发改委〔2010〕19号）

148.《节能汽车推广目录（第三批）》（发改委〔2010〕26号）

149.《节能汽车推广目录（第四批）》（发改委〔2010〕32号）

## 七、节能经济政策

150.《节能技术改造财政奖励资金管理暂行办法》（财建〔2007〕371号）

151.《淘汰落后产能中央财政奖励资金管理暂行办法》（财建〔2007〕873号）

152.《合同能源管理项目财政奖励资金暂行管理办法》（财建〔2010〕249号）

153.《工业企业能源管理中心建设示范项目财政补助资金管理的暂行办法》（财建〔2009〕647号）

154.《高效照明产品推广财政补贴资金管理暂行办法》（财建〔2007〕1027号）

155.《关于开展“节能产品惠民工程的通知”》（财建〔2009〕214号）

156.《关于印发“节能产品惠民工程”高效节能房间空调推广实施细则的通知》（财建〔2009〕214号）

157.《节能与新能源汽车示范推广财政补助资金管理暂行办法》（财建〔2009〕6号）

158.《“节能产品惠民工程”节能汽车（1.6升及以下乘用车）推广实施细则》（财建〔2010〕219号）

159.《关于扩大公共服务领域节能与新能源汽车示范推广有关工作的通知》（财建〔2010〕227号）

160.《关于开展私人购买新能源汽车补贴试点的通知》（财建〔2010〕230号）

161.《节能产品惠民工程高效电机推广实施细则》（财建〔2010〕232号）

162.《关于增加公共服务领域节能与新能源汽车示范推广试点城市的通知》（财建〔2010〕434号）

163.《关于进一步落实差别电价及自备电厂收费政策有关问题的通知》（发改电〔2004〕159号）

164.《关于继续实行差别电价政策有关问题的通知》（发改价格〔2005〕2756号）

165.《关于完善差别电价政策的意见》（国办发〔2006〕77号）

166.《关于降低小火电机组上网电价促进小火电机组关停工作的通知》（发改价格〔2007〕703号）

167.《关于坚决贯彻执行差别电价政策禁止自行出台优惠电价的通知》（发改价

格〔2007〕773号）

168.《关于进一步贯彻落实差别电价政策有关问题的通知》（发改价格〔2007〕2655号）

169.《关于清理对高耗能企业优惠电价等问题的通知》（发改价格〔2010〕978号）

170.《关于立即组织开展全国电力价格大检查的通知》（发改价检〔2010〕1023号）

171.《可再生能源发电价格和费用分摊管理试行办法》（发改价格〔2006〕7号）

172.《可再生能源发电有关管理规定》（发改能源〔2006〕13号）

173.《可再生能源电价附加收入调配暂行办法》（发改价格〔2007〕44号）

174.《发电权交易监管暂行办法》（电监市场〔2008〕15号）

175.《关于节能发电调度试点经济补偿有关问题的通知》（电监价财〔2009〕47号）

176.《关于执行环境保护专用设备企业所得税优惠目录节能节水专用设备企业所得税优惠目录和安全生产专用设备企业所得税优惠目录有关问题的通知》（财税〔2008〕48号）

177.《关于企业所得税若干优惠政策的通知（2008）》（财建〔2008〕1号）

178.《关于调整部分商品出口退税率和增补加工贸易禁止类商品目录的通知》（财税〔2006〕139号）

179.《关于取消部分商品出台退税的通知》（财税〔2010〕57号）

180.《关于改进和加强节能环保领域金融服务工作的指导意见》（银发〔2007〕215号）

181.《关于进一步做好支持节能减排和淘汰落后产能金融服务工作的意见》（银发〔2010〕170号）

182.《关于印发〈节能产品政府采购实施意见〉的通知》（财库〔2004〕185号）

183.《关于建立政府强制采购节能产品制度的通知》（国办发〔2007〕51号）

184.《关于中国清洁发展机制基金及清洁发展机制项目实施企业有关企业所得税政策问题的通知》（财税〔2009〕30号）

## 八、产品能耗限额标准

185.《粗钢生产主要工序单位产品能源消耗限额》（GB 21256—2007）

186.《焦炭单位产品能源消耗限额》（GB 21342—2008）

187.《铁合金单位产品能源消耗限额》（GB 21341—2008）

188.《炭素单位产品能源消耗限额》（GB 21370—2008）
189.《水泥单位产品能源消耗限额》（GB 16780—2007）
190.《建筑卫生陶瓷单位产品能源消耗限额》（GB 21252—2007）
191.《平板玻璃单位产品能源消耗限额》（GB 21340—2008）
192.《烧碱单位产品能源消耗限额》（GB 21257—2007）
193.《电石单位产品能源消耗限额》（GB 21343—2008）
194.《合成氨单位产品能源消耗限额》（GB 21344—2008）
195.《黄磷单位产品能源消耗限额》（GB 21345—2008）
196.《铜冶炼企业单位产品能源消耗限额》（GB 21248—2007）
197.《锌冶炼企业单位产品能源消耗限额》（GB 21249—2007）
198.《铅冶炼企业单位产品能源消耗限额》（GB 21250—2007）
199.《镍冶炼企业单位产品能源消耗限额》（GB 21251—2007）
200.《电解铝企业单位产品能源消耗限额》（GB 21346—2008）
201.《镁冶炼企业单位产品能源消耗限额》（GB 21347—2008）
202.《锡冶炼企业单位产品能源消耗限额》（GB 21348—2008）
203.《锑冶炼企业单位产品能源消耗限额》（GB 21349—2008）
204.《铜及铜合金管材单位产品能源消耗限额》（GB 21350—2008）
205.《铝合金建筑型材单位产品能源消耗限额》（GB 21351—2008）
206.《常规燃煤发电机组单位产品能源消耗限额》（GB 21258—2007)
207.《再生铅单位产品能源消耗限额》（GB 25323—2010 ）
208.《铝电解用石墨质阴极炭块单位产品能源消耗限额》（GB 25324—2010）
209.《铝电解用预焙阳极单位产品能源消耗限额》（GB 25325—2010）
210.《铝及铝合金轧、拉制管、棒材单位产品能源消耗限额》（GB 25326—2010）
211.《氧化铝企业单位产品能源消耗限额》（GB 25327—2010 ）

# 附录2 能源数据

附表2-1 中国能源与经济主要指标

| 项目 | 1990年 | 1995年 | 2000年 | 2005年 | 2006年 | 2007年 | 2008年 | 2009年 | 2010年 |
|---|---|---|---|---|---|---|---|---|---|
| 人口（万人） | 114333 | 121121 | 126743 | 130756 | 131448 | 132129 | 132802 | 133450 | 134091 |
| 城镇人口比重（%） | 26.41 | 29.04 | 36.22 | 42.99 | 44.34 | 45.89 | 46.99 | 48.34 | 49.95 |
| GDP增长率（%） | 3.80 | 10.90 | 8.30 | 11.31 | 12.70 | 14.20 | 9.60 | 9.20 | 10.40 |
| GDP（亿元） | 18668 | 60794 | 99215 | 184937.4 | 216314.4 | 265810.3 | 314045.4 | 340902.8 | 401202 |
| 第一产业 | 27.1 | 19.9 | 15.1 | 12.2 | 11.3 | 11.1 | 11.3 | 10.3 | 10.1 |
| 第二产业 | 41.3 | 47.2 | 45.9 | 47.7 | 48.7 | 48.5 | 48.6 | 46.3 | 46.8 |
| 第三产业 | 31.6 | 32.9 | 39 | 40.1 | 40 | 40.4 | 40.1 | 43.4 | 43.1 |
| 一次能源消费量（Mtce） | 987 | 1311.8 | 145531 | 235997 | 258676 | 280508 | 291448 | 306647 | 324939 |
| 石油进口依存度（%） | -20.5 | 7.6 | 33.8 | 43.9 | 48.8 | 50 | 50.9 | 56.6 | 55* |
| 城镇居民人均可支配收入（元） | 1510 | 4283 | 6280 | 10493 | 11759 | 13786 | 15781 | 17175 | 19109 |
| 农村居民人均纯收入（元） | 686 | 1578 | 2253 | 3255 | 3587 | 4140 | 4761 | 5153 | 5919 |
| 人均住房面积 | | | | | | | | | |
| 城市（建筑面积）（平方米） | 13.7 | 16.3 | 20.3 | 26.1 | 27.1 | 28 | 29.1* | 31.3 | 31.6 |
| 农村（居住面积）（平方米） | 17.8 | 21 | 24.8 | 29.7 | 30.7 | 31.6 | 32.4 | 33.6 | 34.1 |
| 重工业增加值占工业增加值比重（%） | 50.60 | 52.70 | 60.20 | 69.00 | 69.80 | 70.30 | 70.50 | 70.84 | 71.20 |
| 全社会固定资产投资（亿元） | 4517 | 20019 | 32918 | 88774 | 109998 | 137324 | 172291 | 224595.8 | 278121.9 |
| 能源工业固定资产投资（亿元） | 847 | 2369 | 2840 | 10206 | 11826 | 13701 | 16417 | 19477.9 | 21627.1 |
| 发电量（TWh） | 621.2 | 1007 | 1355.6 | 2500.3 | 2865.7 | 3281.6 | 3466.9 | 3681.2 | 4207.2 |
| 粗钢产量（Mt） | 66.4 | 95.4 | 128.5 | 353.2 | 419.2 | 489.7 | 503.05 | 572.18 | 637.23 |
| 水泥产量（Mt） | 209.7 | 475.6 | 597 | 1068.9 | 1235 | 1360 | 1400 | 1644 | 1881.91 |
| 货物出口总额（亿美元） | 620.9 | 1487.8 | 2492 | 7619.5 | 9690.7 | 12180.1 | 14285 | 12016.1 | 15777.5 |
| 货物进口总额（亿美元） | 533.5 | 1320.8 | 2250.9 | 6599.5 | 7916.1 | 9558.2 | 11331 | 10059.2 | 13962.4 |
| $SO_2$排放量（Mt） | 15.02 | 23.7 | 19.95 | 25.49 | 25.89 | 24.68 | 23.21 | 22.14 | 21.85 |
| 人民币兑美汇率 | 4.783 | 8.351 | 8.278 | 8.192 | 7.972 | 7.604 | 6.945 | 6.831 | 6.770 |

注：1. *为估算值。
2. GDP按当年价格计算，增长率按可比价格计算。
3. 石油进口依存度为净进口量占国内消费量比重。
4. 能源工业固定资产投资包括煤炭开采洗选业、石油和天然气开采业、石油加工和炼焦业、电力和热力生产及供应业、燃气生产和供应业。

资料来自：国家统计局。

## 附表2-2 2000—2010年中国产业结构和行业结构的变化

（单位：%）

| | 2000年 | 2001年 | 2002年 | 2003年 | 2004年 | 2005年 | 2006年 | 2007年 | 2008年 | 2009年 | 2010年 |
|---|---|---|---|---|---|---|---|---|---|---|---|
| 产业结构 | | | | | | | | | | | |
| 第一产业 | 15.1 | 14.4 | 13.7 | 12.8 | 13.4 | 12.1 | 11.1 | 10.8 | 10.7 | 10.3 | 10.1 |
| 第二产业 | 45.9 | 45.1 | 44.8 | 46.0 | 46.2 | 47.4 | 47.9 | 47.3 | 47.4 | 46.3 | 46.8 |
| 工业 | 40.4 | 39.7 | 39.4 | 40.5 | 40.8 | 41.8 | 42.2 | 41.6 | 41.5 | 39.7 | 40.1 |
| 建筑业 | 5.6 | 5.4 | 5.4 | 5.5 | 5.4 | 5.6 | 5.7 | 5.8 | 6 | 6.6 | 6.7 |
| 第三产业 | 39.0 | 40.5 | 41.5 | 41.2 | 40.4 | 40.5 | 40.9 | 41.9 | 41.8 | 43.4 | 43.1 |
| 工业结构 | | | | | | | | | | | |
| 轻工业 | | 62.9 | 62.6 | 65.8 | 67.6 | 69.0 | 69.8 | 70.3 | 70.5 | 70.8 | 71.2 |
| 重工业 | | 37.1 | 37.4 | 34.2 | 32.4 | 31.0 | 30.3 | 29.7 | 29.5 | 29.2 | 28.8 |

资料来自：国家统计局。

## 附表2-3 2000—2010年中国主要工业品产量

| 产品 | 单位 | 2000年 | 2001年 | 2002年 | 2003年 | 2004年 | 2005年 | 2006年 | 2007年 | 2008年 | 2009年 | 2010年 |
|---|---|---|---|---|---|---|---|---|---|---|---|---|
| 粗钢 | 万吨 | 12850.0 | 15163.4 | 18236.6 | 22233.6 | 28291.1 | 35324.0 | 41914.9 | 48928.8 | 50305.0 | 57218.2 | 63723.0 |
| 钢材 | 万吨 | 13146.0 | 16067.6 | 19251.6 | 24108.0 | 31975.7 | 37771.1 | 46893.4 | 56560.9 | 60460.0 | 69405.0 | 80276.6 |
| 十种有色金属 | 万吨 | 784.0 | 884.0 | 1012.0 | 1228.1 | 1441.1 | 1635.0 | 1916.3 | 2379.2 | 2553.6 | 2648.5 | 3121.0 |
| 水泥 | 万吨 | 59700.0 | 66104.0 | 72500.0 | 86208.1 | 96682.0 | 106884.8 | 123676.5 | 136117.3 | 142355.7 | 164398.0 | 188191.7 |
| 纯碱 | 万吨 | 834.0 | 914.4 | 1033.2 | 1133.6 | 1334.7 | 1421.1 | 1560.0 | 1765.0 | 1854.6 | 1944.8 | 2034.8 |
| 烧碱 | 万吨 | 667.9 | 788.0 | 878.0 | 945.3 | 1041.1 | 1240.0 | 1511.8 | 1759.3 | 1926.0 | 1832.4 | 2228.4 |
| 乙烯 | 万吨 | 470.0 | 480.6 | 543.0 | 611.8 | 629.9 | 755.5 | 940.5 | 1027.8 | 987.6 | 1072.6 | 1421.3 |
| 发电量 | 亿千瓦小时 | 13556.0 | 14808.0 | 16540.0 | 19105.8 | 22033.1 | 25002.6 | 28657.3 | 32815.5 | 34957.6 | 37146.5 | 42072.0 |
| 原煤 | 亿吨 | 10.0 | 11.6 | 13.8 | 16.7 | 19.9 | 22.1 | 23.7 | 25.3 | 28.0 | 29.7 | 32.4 |
| 原油 | 万吨 | 16000.0 | 16395.9 | 16700.0 | 16960.0 | 17587.3 | 18135.3 | 18476.6 | 18631.8 | 19043.1 | 18949.0 | 20301.4 |
| 天然气 | 亿立方米 | 272.0 | 303.3 | 326.6 | 350.2 | 414.6 | 493.2 | 585.5 | 692.4 | 803.0 | 852.7 | 948.5 |

资料来自：国家统计局。

附表2-4　2000—2010年中国一次能源生产量及结构

| 年 份 | 能源生产量（万吨标准煤）（发电煤耗计算法） | 占能源生产量的比重（%） | | | |
|---|---|---|---|---|---|
| | | 原 煤 | 原 油 | 天然气 | 核电、水电、风电 |
| 2000 | 135048 | 73.2 | 17.2 | 2.7 | 6.9 |
| 2001 | 143875 | 73.0 | 16.3 | 2.8 | 7.9 |
| 2002 | 150656 | 73.5 | 15.8 | 2.9 | 7.8 |
| 2003 | 171906 | 76.2 | 14.1 | 2.7 | 7.0 |
| 2004 | 196648 | 77.1 | 12.8 | 2.8 | 7.3 |
| 2005 | 216219 | 77.6 | 12.0 | 3.0 | 7.4 |
| 2006 | 232167 | 77.8 | 11.3 | 3.4 | 7.5 |
| 2007 | 247279 | 77.7 | 10.8 | 3.7 | 7.8 |
| 2008 | 260552 | 76.8 | 10.5 | 4.1 | 8.6 |
| 2009 | 274619 | 77.3 | 9.9 | 4.1 | 8.7 |
| 2010 | 296916 | 76.5 | 9.8 | 4.3 | 9.4 |

资料来自：国家统计局。

附表2-5　2000—2010年中国一次能源消费量及结构

| 年 份 | 能源消费总量（万吨标准煤）（发电煤耗计算法） | 占能源消费总量的比重(%) | | | |
|---|---|---|---|---|---|
| | | 煤 炭 | 石 油 | 天然气 | 水电、核电、风电 |
| 2000 | 145531 | 69.2 | 22.2 | 2.2 | 6.4 |
| 2001 | 150406 | 68.3 | 21.8 | 2.4 | 7.5 |
| 2002 | 159431 | 68.0 | 22.3 | 2.4 | 7.3 |
| 2003 | 183792 | 69.8 | 21.2 | 2.5 | 6.5 |
| 2004 | 213456 | 69.5 | 21.3 | 2.5 | 6.7 |
| 2005 | 235997 | 70.8 | 19.8 | 2.6 | 6.8 |
| 2006 | 258676 | 71.1 | 19.3 | 2.9 | 6.7 |
| 2007 | 280508 | 71.1 | 18.8 | 3.3 | 6.8 |
| 2008 | 291448 | 70.3 | 18.3 | 3.7 | 7.7 |
| 2009 | 306647 | 70.4 | 17.9 | 3.9 | 7.8 |
| 2010 | 324939 | 68.0 | 19.0 | 4.4 | 8.6 |

资料来自：国家统计局。

## 附表2-6 2005—2009年中国分行业能耗

（单位：万吨标准煤）

| 行 业 | 2005年 | 2006年 | 2007年 | 2008年 | 2009年 |
|---|---|---|---|---|---|
| 钢铁 | 39180 | 44355 | 49801 | 51468 | 55989 |
| 石化 | 39427 | 41946 | 45358 | 45546 | 47192 |
| 建材 | 15537 | 17458 | 19283 | 20100 | 21200 |
| 有色金属 | 8085 | 9840 | 11697 | 12151 | 11401 |
| 电力 | 10272 | 11437 | 11745 | 11492 | 12145 |
| 合计 | 112501 | 125036 | 137884 | 140757 | 147927 |

注：1. 钢铁行业能耗取黑色金属冶炼及压延业加工业能耗值，因其统计口径与中国钢铁协会统计不完全可比，此数据分析仅供参考。
2. 石化行业包括天然气和油气开采业，石油加工、炼焦及核燃料加工业，化学原料及化学制品制造业，化学纤维制造业，橡胶制品业。
3. 建材行业包括非金属矿采选业与非金属矿物制品业。
4. 有色金属行业包括有色金属矿采选业与有色金属冶炼及压延业。
5. 电力行业是指电力、热力的生产与供应业，该数据分析仅供参考。
6. 以上行业数据均为发电煤耗计算法得到的能耗值。

资料来自：
1. 2005—2008年钢铁、电力数据来自《2009年中国能源统计年鉴》，2009年钢铁、电力数据来自《2010年中国能源统计年鉴》。
2. 2005—2009年石化、建材和有色金属能耗数据分别来自中国石油和化学工业联合会、中国建筑材料联合会以及中国有色金属工业协会。

## 附表2-7 2005—2010年中国主要工业品单位产品能耗

| 产品 \ 能耗 | 单位 | 2005年 | 2006年 | 2007年 | 2008年 | 2009年 | 2010年 |
|---|---|---|---|---|---|---|---|
| 吨钢综合能耗 | kgce/t | 694.0 | 645.1 | 628.0 | 628.9 | 619.4 | 604.6 |
| 吨钢可比能耗 | kgce/t | — | 623.0 | 614.3 | 609.6 | 595.4 | 581.1 |
| 原油加工综合能耗 | kgoe/t | 73.0 | 76.9 | 75.2 | 74.1 | 72.1 | 69.43 |
| 乙烯综合能耗 | kgoe/t | 690.0 | 677.0 | 669.5 | 659.1 | 637.1 | 616.5 |
| 合成氨综合能耗 | kgce/t | 1452.8 | 1482.7 | 1426.3 | 1426.2 | 1390.4 | 1356.4 |
| 烧碱综合能耗 | kgce/t | 596.5 | 620.5 | 618.0 | 577.5 | 534.3 | 476.4 |
| 纯碱综合能耗 | kgce/t | 395.8 | 401.7 | 397.5 | 354.7 | 332.6 | 331.7 |
| 电石综合能耗 | kgce/t | 1120.0 | 1141.1 | 1107.3 | 1094.0 | 1020.0 | 1018.8 |
| 水泥综合能耗 | kgce/t | 126.0 | 120.0 | 115.0 | 104.0 | 103.8 | 85.0* |
| 熟料综合能耗 | kgce/t | 148.0 | 142.0 | 138.0 | 130.0 | 124.2 | — |
| 氧化铝综合能耗 | kgce/t | 998.2 | 802.7 | 868.1 | 794.4 | 631.3 | 590.6 |
| 铝锭综合交流电耗 | kW·h/t | 14575.0 | 14697.0 | 14441.0 | 14283.0 | 14152.0 | 13964.3 |
| 铜冶炼综合能耗 | kgce/t | 733.1 | 594.8 | 485.8 | 444.3 | 404.1 | 398.8 |
| 铅冶炼综合能耗 | kgce/t | 654.6 | 542.3 | 551.3 | 463.3 | 475.7 | 421.1 |
| 湿法炼锌综合能耗 | kgce/t | 1957.0 | 1247.5 | 1063.3 | 1027.6 | 963.1 | 999.1 |
| 供电煤耗 | gce/kW·h | 370.0 | 367.0 | 356.0 | 345.0 | 340.0 | 333.0 |
| 发电煤耗 | gce/kW·h | 343.0 | 342.0 | 332.0 | 322.0 | 320.0 | 312.0 |

注 *为国家发展和改革委员会数据。

资料来自：中国钢铁工业协会，中国石油和化学工业联合会，中国建筑材料联合会，中国有色金属工业协会以及中国电力企业联合会。

## 附表2-8 2001—2010年中国能源消费弹性系数与中国工业能源消费弹性系数

| 年份 | 能源消费总量增长率（%） | GDP增长率（%） | 能源弹性系数 | 工业能源消费总量增长率（%） | 工业增加值增长率（%） | 工业能源消费弹性系数 |
|---|---|---|---|---|---|---|
| 2001 | 3.35 | 8.30 | 0.404 | 3.17 | 8.67 | 0.366 |
| 2002 | 6.00 | 9.08 | 0.661 | 5.65 | 9.97 | 0.567 |
| 2003 | 15.28 | 10.03 | 1.523 | 15.74 | 12.75 | 1.235 |
| 2004 | 16.14 | 10.09 | 1.600 | 16.64 | 11.51 | 1.446 |
| 2005 | 10.56 | 11.31 | 0.934 | 10.56 | 11.58 | 0.912 |
| 2006 | 9.61 | 12.70 | 0.757 | 12.58 | 12.90 | 0.975 |
| 2007 | 8.44 | 14.20 | 0.594 | 8.50 | 14.90 | 0.570 |
| 2008 | 3.90 | 9.60 | 0.406 | 4.37 | 9.90 | 0.441 |
| 2009 | 5.21 | 9.20 | 0.567 | 4.46 | 8.70 | 0.513 |
| 2010 | 5.97 | 10.40 | 0.574 | 9.49 | 12.10 | 0.784 |

注：1. 中国能源消费弹性系数与中国工业能源消费弹性系数是作者根据相关数据计算得到，供参考。
2. 2001—2005年GDP和工业增加值增长率是2000年不变价，2006—2010年GDP和工业增加值增长率是2005年不变价。

资料来自：
1. GDP增长率以及工业增加值增长率来自国家统计局。
2. 2010年工业能源消费量来自工信部。

## 附表2-9 2005—2010年中国单位GDP能耗和工业增加值能耗下降情况

| 年份 | 单位GDP能耗（tce/万元） | 单位GDP能耗下降率（%） | 单位GDP能耗（tce/万元） | 工业增加值能耗下降率（%） |
|---|---|---|---|---|
| 2005 | 1.276 | — | 2.59 | — |
| 2006 | 1.241 | 2.74 | 2.54* | 1.98 |
| 2007 | 1.179 | 5.04 | 2.40* | 5.46 |
| 2008 | 1.118 | 5.20 | 2.20* | 8.43 |
| 2009 | 1.077 | 3.61 | 2.05* | 6.62 |
| 2010 | 1.033* | 4.01 | 1.92* | 6.61* |
| 累计下降 | — | 19.1 | — | 26 |

注：1. 2006—2010年中国单位GDP能耗值下降率和累计下降率均来自国家发展和改革委员会；2005—2009年中国单位GDP能耗来自国家发展和改革委员会，2010年数据是作者推算，仅供参考。
2. 2006—2010中国工业增加值能耗数值系作者根据相关部门发布数据进行的折算，仅供参考。
3. 2010年工业增加值能耗下降率是作者根据工信部公布的"十一五"中国工业增加值能耗累计下降率进行的折算，仅供参考。
4. 标注*数据供参考。

## 附表2-10 “十一五”中国重点工程和重点行业节能量

（单位：亿吨标准煤）

| 项 目 | 节能量 | 占全国节能量比重 |
|---|---|---|
| 千家企业节能行动 | 1.5 | 23% |
| 十大重点工程 | 3.4 | 54% |
| 六大高耗能行业 | 4.0 | 63% |
| 其中：化学原料及化学制品制造业 | 1.0 | 16% |
| 非金属矿物制品业 | 1.0 | 16% |
| 黑色金属冶炼及压延业 | 0.7 | 11% |
| 电力、热力的生产与供应业 | 0.8 | 13% |

资料来自：国家统计局，国家发展和改革委员会。

## 附表2-11 “十一五”各地区节能目标完成情况

| 地 区 | 2005年 | | 2010年 | |
|---|---|---|---|---|
| | 单位GDP能耗(tce/万元) | “十一五”时期计划降低（%） | 单位GDP能耗(tce/万元) | 比2005年降低（%） |
| 北 京 | 0.792 | −20.00 | 0.582 | −26.59 |
| 天 津 | 1.046 | −20.00 | 0.826 | −21.00 |
| 河 北 | 1.981 | −20.00 | 1.583 | −20.11 |
| 山 西 | 2.890 | −22.00 | 2.235 | −22.66 |
| 内蒙古 | 2.475 | −22.00 | 1.915 | −22.62 |
| 辽 宁 | 1.726 | −20.00 | 1.380 | −20.01 |
| 吉 林 | 1.468 | −22.00 | 1.145 | −22.04 |
| 黑龙江 | 1.460 | −20.00 | 1.156 | −20.79 |
| 上 海 | 0.889 | −20.00 | 0.712 | −20.00 |
| 江 苏 | 0.920 | −20.00 | 0.734 | −20.45 |
| 浙 江 | 0.897 | −20.00 | 0.717 | −20.01 |
| 安 徽 | 1.216 | −20.00 | 0.969 | −20.36 |
| 福 建 | 0.937 | −16.00 | 0.783 | −16.45 |
| 江 西 | 1.057 | −20.00 | 0.845 | −20.04 |
| 山 东 | 1.316 | −22.00 | 1.025 | −22.09 |
| 河 南 | 1.396 | −20.00 | 1.115 | −20.12 |
| 湖 北 | 1.510 | −20.00 | 1.183 | −21.67 |
| 湖 南 | 1.472 | −20.00 | 1.170 | −20.43 |
| 广 东 | 0.794 | −16.00 | 0.664 | −16.42 |
| 广 西 | 1.222 | −15.00 | 1.036 | −15.22 |
| 海 南 | 0.920 | −12.00 | 0.808 | −12.14 |

（续表）

| 地 区 | 2005年 | | 2010年 | |
|---|---|---|---|---|
| | 单位GDP能耗(tce/万元) | “十一五”时期计划降低（%） | 单位GDP能耗(tce/万元) | 比2005年降低（%） |
| 重 庆 | 1.425 | −20.00 | 1.127 | −20.95 |
| 四 川 | 1.600 | −20.00 | 1.275 | −20.31 |
| 贵 州 | 2.813 | −20.00 | 2.248 | −20.06 |
| 云 南 | 1.740 | −17.00 | 1.438 | −17.41 |
| 西 藏 | 1.450 | −12.00 | 1.276 | −12.00 |
| 陕 西 | 1.416 | −20.00 | 1.129 | −20.25 |
| 甘 肃 | 2.260 | −20.00 | 1.801 | −20.26 |
| 青 海 | 3.074 | −17.00 | 2.550 | −17.04 |
| 宁 夏 | 4.140 | −20.00 | 3.308 | −20.09 |
| 新 疆 | 另行考核 | | | |

注：西藏自治区数据由西藏自治区政府提供。
资料来自：国家发展和改革委员会。

## 附表2-12 “十一五”中国淘汰落后产能完成情况

| 行 业 | 淘汰内容 | 单 位 | 淘汰目标 | 实际淘汰量 |
|---|---|---|---|---|
| 电力 | 实施“上大压小”关停小火电机组 | 万千瓦 | 5000 | 7682.5 |
| 煤炭 | 关闭小煤矿 | 亿吨 | 2 | 4.5 |
| 炼钢 | 年产20万吨及以下的小转炉、小电炉 | 万吨 | 5500 | 7224 |
| 炼铁 | 300立方米以下高炉 | 万吨 | 10000 | 12272 |
| 水泥熟料 | 等量替代立窑水泥熟料 | 万吨 | 25000 | 37000 |
| 平板玻璃 | 淘汰“平拉法”（含格法）落后产能 | 万重量箱 | 3000 | 3800 |
| 焦炭 | 碳化室高度4.3米以下的小机焦 | 万吨 | 8000 | 10538 |
| 铁合金 | 6300千伏安以下矿热炉 | 万吨 | 400 | 663 |
| 电石 | 6300千伏安以下炉型 | 万吨 | 200 | 305.47 |
| 电解铝 | 小型预焙槽 | 万吨 | 65 | 80 |
| 造纸 | 年产3.4万吨以下草浆生产装置；年产1.7万吨以下化学制浆生产；排放不达标的年产1万吨以下以废纸为原料的纸厂 | 万吨 | 650 | 1030 |

注：1. 淘汰目标来自2007年《国务院关于印发节能减排综合性工作方案的通知》(国发〔2007〕15号)和《国务院关于进一步加强淘汰落后产能工作的通知》（国发〔2010〕7号）。
2. 电解铝行业淘汰落后产能数据为行业协会估算值，仅供参考。
3. 煤炭、平板玻璃、焦炭、铁合金、造纸行业淘汰落后产能数据来自国家统计局，其他数据分别来自中国电力企业联合会、中国钢铁工业协会、中国建筑材料联合会、中国石油和化学工业联合会以及中国有色金属工业协会。

# 附录3 能源计量单位及换算

## 1. 常用能源计量单位

| | |
|---|---|
| tce | 吨标准煤（吨煤当量）。标准煤是按煤的热当量值计算各种能源的计量单位。1kgce=7000kcal=29307kJ |
| Mtce | 百万吨标准煤 |
| kgce | 千克标准煤 |
| gce | 克标准煤 |
| toe | 吨油当量。油当量是按石油的热当量值计算各种能源的计量单位。1kgoe=10000kcal=41816kJ |
| Btu | 英热单位。1Btu=252cal=1055J |
| kcal | 千卡 |
| Mt | 百万吨 |
| st | 短吨。1st=2000Ib=907.185kg |
| MW | 千千瓦（兆瓦） |
| GW | 百万千瓦（吉瓦） |
| TW | 10亿千瓦（太瓦） |
| kW·h | 千瓦时 |
| GWh | 百万千瓦小时 |
| TWh | 10亿千瓦小时 |

## 2. 常见能源名词

（1）能源分类

| | |
|---|---|
| 一次能源 | 从自然界取得未经改变或转变而直接利用的能源，如原煤、原油、天然气、水能、风能、太阳能、海洋能、潮汐能、地热能、天然铀矿等 |
| 二次能源 | 由一次能源经过加工直接或转换得到的能源，如石油制品、焦炭、煤气、热能等 |
| 可再生能源 | 指一次能源中，可以再生的水能、太阳能、生物能、风能、地热能和海洋能等资源的统称 |
| 非可再生能源 | 指一次能源中，只能一次性使用，不可循环再生的能源成为非可再生能源，如石油、煤炭、天然气等 |
| 清洁能源 | 指在生产和使用过程中不产生有害物质排放的能源。可再生的、消耗后可得到恢复或非再生的及经洁净技术处理过的能源（如洁净煤油等） |
| 非清洁能源 | 指在生产和使用过程中对环境产生较大污染的能源，如煤炭、石油及核燃料等 |

（2）热工术语

| | |
|---|---|
| 燃料发热量 | 单位质量燃料完全燃烧时放出的热量，其单位是kJ/kg或kJ/m$^3$。燃料发热量有高、低位发热量之分，热平衡计算的基准通常使用低位发热量 |
| 高位发热量 | 燃料完全燃烧，并当燃料产物中的水蒸气凝结为水时的全部反应热 |
| 低位发热量 | 燃料完全燃烧，其燃烧产物中水蒸气仍以气态存在时的反应热。它等于从高位发热量中扣除水蒸气凝结后的热量，是燃料燃烧时实际放出的可利用热量 |
| 当量热值 | 单位量的某种能源，在绝热状况按能量守恒定律全部转换为热量，这一热量即为该能源的当量热值，如1千瓦小时电的当量热值为3596kJ（860大卡） |
| 等价热值 | 为得到单位量的二次能源（如水蒸气、电、煤气、焦炭等）或单位量的载能体（如水、压缩空气、氧气等）实际所消耗的一次能源的热量，即为该二次能源或者载能体的等价热值。如要获得1千瓦时电能，需要消耗320克标准煤（每千克标准煤为29307kJ），则取电的等价热值为9378kJ |
| 标准煤 | 计算综合能耗时用以表示能源消耗量的单位。应用基低位发热量为29307kJ（7000大卡）的固定燃料称为1kg标准煤 |
| 标准油 | 计算综合能耗时用以表示能源消耗量的单位。应用基低位发热量为41868kJ（10000大卡）的液体燃料称为1kg标准油 |
| 综合能耗 | 规定的耗能体系在一段时间内实际消耗的各种能源实物量，按规定的计算方法和单位，分别折算为一次能源后的总和 |
| 终端能耗 | 指一定时期内全国（地区）各行业和居民生活消费的各种能源在扣除了用于加工转化二次能源和损失量以后的能源消耗量 |

（3）能源利用术语

| | |
|---|---|
| 单位国内生产总值综合能耗 | 指一定时期内，一个国家或者地区每生产一个单位的国内生产总值所消耗的能源 |
| 单位工业增加值能耗 | 指一定时期内，一个国家或地区每生产一个单位的工业增加值所消耗的能源 |
| 能源消费弹性系数 | 能源消费增长速度与国民经济增长速度之间的比值 |
| 节能量 | 统计报告期内能源实际消耗量与按比较基准计算的总量之差。比较基准可以是单位产品能耗、单位产值能耗和能源消耗定额等 |
| 节能率 | 报告期节能量与基准期的能源消耗量之比，即采取节能措施之后节约的能量与未采取节能措施之前能源消费量的比值 |

资料来自：《2009年中国能源统计年鉴》，杨申仲《能源管理工作手册》等。

## 3. 能源计量单位换算

（1）中国

| 能源名称 | 平均低位发热量 | 折标准煤系数 |
|---|---|---|
| 原　煤 | 20908kJ(5000kcal)/kg | 0.7143 kgce/kg |
| 洗精煤 | 26344kJ(6300kcal)/kg | 0.9000 kece/kg |
| 其他洗煤 | | |
| 洗中煤 | 8363kJ/(2000kcal)/kg | 0.2857 kgce/kg |

（续表）

| 能源名称 | 平均低位发热量 | 折标准煤系数 |
|---|---|---|
| 煤　泥 | 8363 ~ 12545kJ/(2000 ~ 3000kcal)/kg | 0.2857 ~ 0.4286 kgce/kg |
| 焦　炭 | 28435kJ/(6800kcal)/kg | 0.9714 kgce/kg |
| 原　油 | 41816kJ/(10000kcal)/kg | 1.4286 kgce/kg |
| 燃 料 油 | 41816kJ/(10000kcal)/kg | 1.4286 kgce/kg |
| 汽　油 | 43070kJ/(10300kcal)/kg | 1.4714 kgce/kg |
| 煤　油 | 43070kJ/(10300kcal)/kg | 1.4714 kgce/kg |
| 柴　油 | 42652kJ/(10200kcal)/kg | 1.4571 kgce/kg |
| 液化石油气 | 50179kJ/(12000kcal)/kg | 1.7143 kgce/kg |
| 炼厂干气 | 45998kJ/(11000kcal)/kg | 1.5714 kgce/kg |
| 天 然 气 | 38931kJ/(9310kcal)/kg | 1.3300 kgce/$m^3$ |
| 焦炉煤气 | 16726 ~ 17981kJ/(4000 ~ 4300kcal)/$m^3$ | 0.5714 ~ 0.6143 kgce/$m^3$ |
| 其他煤气 | | |
| 发生炉煤气 | 5227kJ/(1250kcal)/$m^3$ | 0.1786 kgce/$m^3$ |
| 重油催化裂解煤气 | 19235kJ/(4600kcal)/$m^3$ | 0.6571 kgce/$m^3$ |
| 重油热裂解煤气 | 35544kJ/(8500kcal)/$m^3$ | 1.2143 kgce/$m^3$ |
| 焦炭制气 | 16308kJ/(3900kcal)/$m^3$ | 0.5571 kgce/$m^3$ |
| 压力气化煤气 | 15054kJ/(3600kcal)/$m^3$ | 0.5143 kgce/$m^3$ |
| 水煤气 | 10454kJ/(2500kcal)/$m^3$ | 0.3571 kgce/$m^3$ |
| 煤 焦 油 | 33453kJ/(8000kcal)/kg | 1.1429 kgce/kg |
| 粗　苯 | 41816kJ/(10000kcal)/kg | 1.4286 kgce/kg |
| 热力（当量） | | 0.03412 kgce/MJ |
| 电力（当量） | 3596kJ/(860kcal)/kW · h | 0.1229 kgce/kW · h |
| 生物质能 | | |
| 人　粪 | 18817kJ(4500kcal)/kg | 0.643 kgce/kg |
| 牛　粪 | 13799kJ/(3300kcal)/kg | 0.471 kgce/kg |
| 猪　粪 | 12545kJ/(3000kcal)/kg | 0.429 kgce/kg |
| 羊、驴、马、骡粪 | 15472kJ/(3700kcal)/kg | 0.529 kgce/kg |
| 鸡　粪 | 18817kJ/(4500kcal)/kg | 0.643 kgce/kg |
| 大豆秆、棉花秆 | 15890kJ/(3800kcal)/kg | 0.543 kgce/kg |
| 稻　秆 | 12545kJ/(3000kcal)/kg | 0.429 kgce/kg |
| 麦　秆 | 14635kJ/(3500kcal)/kg | 0.500 kgce/kg |
| 玉 米 秆 | 15472kJ/(3700kcal)/kg | 0.529 kgce/kg |
| 杂　草 | 13799kJ/(3300kcal)/kg | 0.471 kgce/kg |
| 树　叶 | 14635kJ/(3500kcal)/kg | 0.500 kgce/kg |
| 薪　柴 | 16726kJ/(4000kcal)/kg | 0.571 kgce/kg |
| 沼　气 | 20908kJ/(5000kcal)/kg | 0.714 kgce/$m^3$ |

（2）英国石油公司

原油换算

| | 吨 | 千升 | 桶 | 美制加仑 | 吨/年 |
|---|---|---|---|---|---|
| 吨= | 1 | 1.165 | 7.33 | 308 | — |
| 千升= | 0.858 | 1 | 6.2898 | 264 | — |
| 桶= | 0.136 | 0.159 | 1 | 42 | — |
| 美制加仑 | 0.00325 | 0.0038 | 0.0238 | 1 | — |
| 桶/日= | — | — | — | — | 49.8* |

注：*按世界平均比重计算。

石油制品换算

| | 桶换算成吨 | 吨换算成桶 | 千升换算成吨 | 吨换算成千升 |
|---|---|---|---|---|
| LPG | 0.086 | 11.6 | 0.542 | 1.844 |
| 汽油 | 0.118 | 8.5 | 0.740 | 1.351 |
| 煤油 | 0.128 | 7.8 | 0.806 | 1.240 |
| 粗柴油/柴油 | 0.133 | 7.5 | 0.839 | 1.192 |
| 燃料油 | 0.149 | 6.7 | 0.939 | 1.065 |

天然气（NG）和液化天然气（LNG）换算

| | 10亿立方米NG | 10亿立方呎NG | 百万吨油当量 | 百万吨LNG | 万亿英热单位 | 百万桶油当量 |
|---|---|---|---|---|---|---|
| 10亿立方米NG= | 1 | 35.3 | 0.90 | 0.73 | 36 | 6.29 |
| 10亿立方呎NG= | 0.028 | 1 | 0.026 | 0.021 | 1.03 | 0.18 |
| 百万吨油当量= | 1.111 | 39.2 | 1 | 0.805 | 40.4 | 7.33 |
| 百万吨LNG= | 1.38 | 48.7 | 1.23 | 1 | 52.0 | 8.68 |
| 万亿英热单位= | 0.028 | 0.98 | 0.025 | 0.02 | 1 | 0.17 |
| 百万桶油当量= | 0.16 | 5.61 | 0.14 | 0.12 | 5.8 | 1 |

热值当量

| 1吨油当量约等于： | |
|---|---|
| 热单位 | 1000万千卡<br>42吉焦<br>4000万英热单位 |
| 固体燃料 | 1.5吨硬煤<br>3吨褐煤 |
| 电 | 12兆瓦时 |

资料来自：BP Statistical Review of World Energy，July 2007。